高等职业技术院校园林工程技术专业任务驱动型教材

园林花卉

人力资源社会保障部教材办公室　组织编写
曾端香 / 主编

中国劳动社会保障出版社

简介

本教材主要内容包括园林花卉栽培学基础、露地花卉栽培与养护、温室花卉盆栽与养护、园林花卉现代栽培新技术四个模块十八个任务。任务遵循花卉生长发育的规律，按照繁殖、栽培、养护的顺序介绍代表性花卉。教材既可作为高等职业技术院校园林相关专业教材，也可作为从事园林工作人员的参考书、自学用书。

本教材由曾端香（国家林业局管理干部学院）任主编，郭怀林（甘肃林业职业技术学院）、苏小惠（甘肃林业职业技术学院）任副主编，黄笛、齐伟、王冬梅、黄文坤、李虹、杨玉梅、陆陈丹阳、鞠志新参加编写。吴铁明（湖南农业大学）审稿。

图书在版编目（CIP）数据

园林花卉 / 曾端香主编. —北京：中国劳动社会保障出版社，2017
高等职业技术院校园林工程技术专业任务驱动型教材
ISBN 978-7-5167-3098-0

Ⅰ. ①园…　Ⅱ. ①曾…　Ⅲ. ①花卉-观赏园艺-高等职业教育-教材　Ⅳ. ①S68

中国版本图书馆CIP数据核字（2017）第183792号

中国劳动社会保障出版社出版发行

（北京市惠新东街 1 号　邮政编码：100029）

*

中青印刷厂印刷装订　　新华书店经销

787 毫米 ×1092 毫米　16 开本　20.75 印张　391 千字
2017 年 9 月第 1 版　2020 年 10 月第 2 次印刷

定价：49.00 元

读者服务部电话：（010）64929211/84209101/64921644
营销中心电话：（010）64962347
出版社网址：http://www.class.com.cn
http://zyjy.class.com.cn

前　言

高等职业技术院校园林工程技术专业任务驱动型教材自出版以来，在学校的教学中发挥了重要作用。近年来，园林行业发展迅速，企业对从业人员的知识水平和职业能力也提出了更高的要求。为了适应这一变化，满足学校培养人才的需求，我们组织了一批教学经验丰富、实践能力强的教师与行业、企业专家，在充分调研的基础上，对现有教材进行了修订。

在内容上，新版教材仍然坚持以培养学生的四大能力，即园林工程施工技术能力、园林工程施工组织管理能力、园林测绘与设计能力、园林植物栽培养护及应用能力为目标，根据园林行业的现状和发展趋势以及企业的岗位需求，调整、更新了相关教材的结构和内容，体现行业新理念、新标准、新技术和新方法；根据教学需要增加了大量来源于园林工程实际的案例、实训和例题，以引导学生运用所学知识分析和解决实际问题。另外，为了更方便教学，此次修订将《园林花卉栽培与养护》分为《园林花卉》和《园林花卉识别》，《园林花卉》侧重于园林花卉的分类、习性、栽培养护及繁殖方法等，《园林花卉识别》侧重于园林花卉的形态特征与园林用途。

在表现形式上，新版教材充分考虑到学生的认知规律，通过设置“小知识”“技能提示”“知识链接”等不同栏目，增加教材的亲和力，激发学生的学习兴趣。同时，尽可能多地以图表代替冗长的文字叙述，使教材更加生动直观，易于学习。

本套教材的编写得到了有关省市人力资源和社会保障部门及一批高等职业技术院校的大力支持，教材的编审人员做了大量的工作，在此，我们表示诚挚的谢意！同时，恳切希望广大读者对教材提出宝贵的意见和建议。

人力资源社会保障部教材办公室

目　录

模块四 园林花卉现代栽培新技术 251

参考文献 323

模块一

园林花卉栽培学基础

任务一

园林花卉分类

任务目标

◇掌握园林花卉的不同分类方法

◇了解不同标准下的园林花卉分类

◇通过分类更好地理解园林花卉的栽培养护方法

任务提出

我国地域辽阔，气候复杂，南北地跨热带、温带和寒温带，生长着种类繁多、生态习性各异的花卉，现要求对不同类型的园林花卉（见图 1—1—1）进行快速有效的识别。

图 1—1—1　不同类型的园林花卉

任务分析

熟练掌握不同标准下的园林花卉分类方法，可以做到触类旁通，通过总结每一类花卉的共同特点来识别花卉；掌握不同类型花卉的繁殖栽培养护特性，也是一个实用且高效的办法。

相关知识

一、依据花卉生态习性分类

1. 一年生花卉

指在一个生长季内完成其全部生活史的花卉。即花卉从种子萌发到开花、死亡都在当年内完成，一般春季播种，夏秋开花结实，冬季死亡，亦称春播花卉。一年生花卉喜短日照，喜温暖，不耐寒，如鸡冠花、波斯菊、孔雀草、万寿菊、麦秆菊、凤仙花、百日草、半支莲等。

2. 二年生花卉

指在两个生长季内完成其全部生活史的花卉。即花卉从种子萌发到开花、死亡跨越两年，一般秋季播种，当年只进行营养生长，越冬后第二年春夏开花结实，然后死亡，亦称秋播花卉。二年生花卉喜长日照，不耐热，需在一定低温环境下进行春化作用，如石竹类、虞美人、桂竹香、金鱼草、紫罗兰、瓜叶菊、蒲包花等。个别品种在春季播种，如三色堇、雏菊、金盏菊等。

3. 多年生花卉

指个体寿命超过两年，能多次开花结实的花卉。按其地下部分的形态有无变态，可分为以下两类：

（1）宿根花卉　为地下部分形态正常，不发生变态，可以多年存活的花卉，如萱草、菊花、芍药、鸢尾、玉簪等。

（2）球根花卉　为地下部分变态肥大成球状或块状，贮藏大量养分，可多年存活的花卉，如百合、唐菖蒲、仙客来、美人蕉等。

4. 水生花卉

指生长在水中或沼泽地的花卉，如荷花、睡莲、王莲、凤眼莲等。

5. 木本花卉

指枝干木质化，直立或攀缘，呈乔木、灌木或木质藤本状的多年生长的花卉，如牡丹、月季、木槿、石榴等。

6. 仙人掌及多浆植物

指具有肥厚多汁的肉质茎、叶，并能在干旱环境中较长时间生长的植物。该类植物喜

空气干燥和日照充足的环境，如仙人掌、景天科、龙舌兰科植物等。

7. 兰科花卉

兰科花卉因形态、生理、生态都具有共性和特殊性而单独成为一类花卉，依其习性不同可分为：地生兰类，如春兰、蕙兰、寒兰、墨兰等；附生兰（气生兰）类，如蝴蝶兰、石斛兰、文心兰、万代兰、兜兰等。兰科花卉需要较高的空气湿度，可将其集中于一个温室中，形成一个独立而特殊的生态景观。

8. 室内观叶植物

指以绿色叶或彩色叶为主要观赏部位，比较耐阴并适于在室内生长的植物总称。包括众多科属的花卉，如：

（1）蕨类植物　喜温暖湿润，如肾蕨、凤尾蕨、铁线蕨、鸟巢蕨、树蕨桫椤等。

（2）食虫草类　一般是叶变态，原产热带，如猪笼草、扑蝇草、瓶子草等。

（3）凤梨科植物　这类植物对环境要求较特殊，如水塔凤梨、丽穗凤梨、五彩凤梨等。

（4）百合科植物　如龙血树、朱蕉、巴西铁等。

二、依据对环境因子的要求分类

1. 依据对温度的要求分类

（1）耐寒性花卉　多为原产于寒带和温带以北的二年生花卉及宿根花卉，抗寒力强，在我国寒冷地区能露地越冬。一般耐 0℃以下的低温，部分种类能耐 −5～−10℃的低温，如三色堇、诸葛菜、金鱼草、菊花、蜀葵、玉簪等。

（2）半耐寒性花卉　多为原产于温带较温暖处，能耐 0℃的低温，0℃以下需保护才能安全越冬的花卉，其耐寒力介于耐寒性花卉与不耐寒性花卉之间，在北方冬季需稍加防寒保护才可安全越冬，如紫罗兰、石竹、美女樱等。

（3）不耐寒性花卉　多为原产于热带及亚热带，不能忍受 0℃以下低温的花卉，需要 10℃以上的温度条件才能安全越冬，在北方不能露地越冬，需采用温室等保护设施进行栽培（常称为温室花卉），如富贵竹、散尾葵、新几内亚凤仙、矮牵牛、鸡蛋花等。

2. 依据对光照的要求分类

（1）依据对光照强度的要求不同分类

1）阳性花卉。该类花卉原产于热带及温带平原、高原南坡上及高山阳面岩石的花卉，需在全光照下生长，光照不足则生长不良。如大多数露地一二年生花卉、宿根花卉、仙人掌及多浆植物。

2）中性花卉。该类花卉对于光照强度的要求介于阳性花卉与阴性花卉之间，喜阳，但也有一定的耐阴性，在微阴条件下也能生长良好，如萱草、耧斗菜、桔梗等。

3）阴性花卉。该类花卉要求在适度荫蔽条件下方能生长良好，不耐强烈的直射光，生长期要求 50%～80% 荫蔽度的条件。阴性花卉多生长于热带雨林中、林下及阴坡处，如蕨类植物、兰科植物、苦苣苔科、凤梨科、天南星科及秋海棠科植物等。

（2）依据对光照长度（光周期）的要求不同分类

1）短日照花卉。指要求每天日照长度在 12 h 以下（一般为 8～12 h）才能完成花芽分化和开花的花卉，或者说低于临界日长促进成花，超过临界日长抑制开花或不开花的花卉。自然花期常为秋、冬季，如秋菊、一品红、蟹爪兰和多数一年生花卉。

2）长日照花卉。指要求每天日照长度在 12 h 以上（一般为 14～16 h）才能完成花芽分化和开花的花卉，或者说超过临界日长促进成花，低于临界日长抑制开花或不开花的花卉。自然花期多为春末和夏季，如唐菖蒲、紫茉莉、荷花及许多春季开花的二年生花卉。

3）中日照花卉。指光照长短对花芽分化和开花无明显影响，即不管在长日照或短日照的条件下，都能成花开花的花卉，如月季、香石竹、非洲菊等。

3. 依据对水分的要求分类

（1）旱生花卉　指耐旱力强，能忍受较长时间空气和土壤的干燥，能适应炎热干旱环境的花卉。原产于炎热干旱或沙漠地区，如仙人掌科、景天科等多肉多浆花卉。

（2）中生花卉　指既能适应干旱环境，也能适应一定程度的多湿环境的花卉。原产温带地区，大多数花卉属于此类，如月季、菊花、山茶、牡丹、芍药等。

（3）湿生花卉　指耐旱性弱，需要潮湿的环境才能正常生长的花卉。多为原产热带或亚热带沼泽地、阴湿森林中的花卉，如马蹄莲、龟背竹、海芋、广东万年青、千屈菜、热带兰类、蕨类和凤梨科植物等。

（4）水生花卉　指需要生活在水中或潮湿地带的花卉，它们的根或茎一般都具有较发达的通气组织与外界互相通气，吸收氧气以供根系需要，如荷花、王莲、睡莲、凤眼莲等。

三、依据观赏部位分类

1. 观花类花卉

以花为主要观赏器官的花卉，如月季、大丽花、牡丹、杜鹃、菊花、扶桑等。

2. 观叶类花卉

以叶为主要观赏器官的花卉，如蕨类植物、橡皮树、朱蕉、龟背竹、雁来红、文竹等。

3. 观果类花卉

以果实为主要观赏器官的花卉，如冬珊瑚、火棘、观赏椒、金银茄、金橘、石榴等。

4. 观茎类花卉

以茎干为主要观赏器官的花卉，如酒瓶兰、光棍树、佛肚竹等。

5. 观根类花卉

以根部为主要观赏器官的花卉，如人参榕、小叶榕、花叶榕等。

6. 芳香类花卉

以释放的芳香为欣赏特征的花卉，如米兰、茉莉、桂花、白兰花、含笑等。

四、依据花卉原产地分类

1. 中国气候型花卉

中国气候型的特点是冬寒夏热、年温差大。中国气候型花卉分温暖型和冷凉型两种。

（1）温暖型　中国长江以南（华东、华中、华南），如江苏、浙江、福建、湖北、江西、广东、广西等省（区）均属这一气候型。原产此气候型的花卉有喜温暖的球根花卉，如百合、马蹄莲、石蒜、中国水仙、唐菖蒲等；不耐寒的宿根花卉，如美女樱、非洲菊等。夏天炎热是此类花卉生长的主要限制因子。

（2）冷凉型　中国华北及东北南部属此气候型。原产此气候型的花卉主要是多年生耐寒的宿根花卉，如菊花、芍药、荷包牡丹等；也有少量抗寒性强的球根花卉，如百合等。冬天严寒是此类花卉生长的主要限制因子。

2. 欧洲气候型花卉

欧洲气候型特征明显，冬季气候温暖，夏季温度不高，雨水四季均有。原产该气候型的花卉是一些耐寒的一二年生草本花卉，如三色堇、雏菊、紫罗兰以及部分宿根花卉，如锦葵、剪秋罗等。

3. 地中海气候型花卉

地中海气候型的特点是夏季干燥。原产此气候型的主要是多年生花卉，常成球根形态，如风信子、郁金香、仙客来等。

4. 墨西哥气候型花卉

墨西哥气候型又称热带高原气候型，周年温度近 14～17℃，温差小，夏季多雨。原产这一气候型的花卉耐寒性弱，喜夏季冷凉。除多生长在墨西哥高原外，还生长在中国云南等地。原产此气候型的主要是春植球根花卉，如大丽花、晚香玉等。

5. 热带气候型花卉

热带气候型的特点是周年高温，温差小。原产这一气候型的花卉主要是不耐寒的一年生花卉及热带花木类，如鸡冠花、凤仙花、彩叶草等。在温带种植此类花卉需要在温室栽培，一年生草花可以露地在无霜期时栽培。

6. 沙漠气候型花卉

沙漠气候型的特点是少雨。原产此气候型的主要是仙人掌类及多浆植物，如仙人掌、

光棍树、龙舌兰等。

7. 寒带气候型花卉

寒带气候型的特点是冬季漫长寒冷，夏季短促凉爽。原产这一气候型的植物低矮，生长缓慢，常成垫状，主要是耐寒性植物和高山植物，如龙胆、雪莲等。

五、其他分类方法

1. 按园林用途 / 栽培方式分类

（1）花坛花卉　主要用于布置花坛，以一二年生草花为主，如凤仙花、千日红、孔雀草、三色堇、金盏菊等。

（2）盆栽花卉　主要用于盆栽观赏，如仙客来、瓜叶菊、蒲包花、文竹、菊花等。

（3）庭院花卉　用于庭院成片栽植观赏，大多为宿根花卉和木本花卉，如萱草、金鸡菊、芍药、牡丹等。

（4）切花花卉　主要用于生产鲜切花，如唐菖蒲、香石竹、月季、菊花、郁金香等。

（5）岩生花卉　原产于山野石隙间的花卉，较耐干旱瘠薄，主要用于布置岩石园，如白头翁、石竹、鸢尾、铁钱莲等。

（6）室内花卉　比较耐阴，适合在室内陈列观赏。

2. 按开花季节分类

（1）春花类花卉　如金盏菊、三色堇、牡丹、碧桃、迎春、连翘等。

（2）夏花类花卉　如茉莉、栀子、蜀葵、萱草、金光菊、金鸡菊、一枝黄花等。

（3）秋花类花卉　如菊花、桂花、孔雀草、翠菊、鸡冠花、千日红、百日草等。

（4）冬花类花卉　如蜡梅、一品红、水仙等。

3. 按经济用途分类

（1）药用花卉　如芍药、麦冬、菊花、连翘等。

（2）食用花卉　如食用菊、金针菜、木槿、百合等。

（3）香料花卉　如玫瑰、茉莉、桂花、晚香玉、薰衣草等。

思考与练习

1. 名词解释：一二年生花卉、宿根花卉、球根花卉、水生花卉、仙人掌及多浆植物。
2. 花卉依据生态习性要求不同分为哪几类？
3. 花卉依据对水分的要求不同分为哪几类？并各列举出 5 种花卉。
4. 花卉依据原产地分为哪几类？并分别列举一些常见花卉。

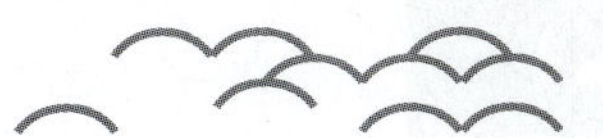

任务二
园林花卉繁殖

任务目标

◇了解各种繁殖方法的定义、方法及条件

◇掌握播种、扦插、嫁接、分生繁殖方法的技术要点

◇熟悉不同类型花卉通常采用的繁殖方法

任务提出

某花卉公司承接了某地区“五一劳动节”和“十一国庆节”的节日花坛、花境布置，现要求以最短时间繁育出符合要求的一串红、矮牵牛、鸡冠花、万寿菊、菊花等多种花卉种苗。

任务分析

上述任务所需草花种苗包括一二年生花卉、宿根花卉和木本花卉。根据花卉品种和生产要求的不同，采用的繁殖方法也不尽相同。总体来说，繁殖方法分为有性繁殖与无性繁殖两种。一二年生花卉的繁殖方法主要是有性繁殖（播种繁殖）或无性繁殖中的扦插繁殖；宿根花卉和木本花卉除可以采用有性繁殖（播种繁殖）外，还多采用扦插、嫁接、分株和压条等营养繁殖方法，也可以应用组织培养的方法进行扩繁。

相关知识

有性繁殖即播种繁殖，繁殖系数大；无性繁殖包括扦插、嫁接、分株和压条等，另外还有孢子繁殖和组织培养。孢子繁殖，是蕨类植物特有的繁殖方法，其孢子由蕨类植物孢子体直接产生，不经过两性结合，因此与播种繁殖有本质不同；组织培养根据其外植体是有性繁殖器官种子还是无性繁殖器官叶或茎段判别属有性繁殖或无性繁殖，但实际中常单列为现代新型扩繁技术。

一、播种繁殖

种子性状稳定、产种量大的花卉，可以用播种繁殖扩繁种苗，这种繁殖方法可在较小

的播种地上经过较短的时间获得较多的植株，具有简单、方便、成本低、符合植株自然生长发育规律的优点，缺点是一些栽培品种的实生苗容易失去母本的优良性状与品种特性的纯净度，或在栽培品种区造成混杂，且实生苗比扦插苗通常进入开花期略晚。

1. 种子的采集

采种要选择那些生长健壮，能体现品种特性，无病虫害，花色、花形、株形等观赏价值高的母株留种。大面积栽培管理适宜开辟留种地，专门培养采种母株。留种地应选择地势高、干燥、阳光充足的地方，进入结子期可适当多施磷、钾肥料，以使种子充实饱满。

掌握种子成熟时间和特征很重要。各种花卉种子的成熟期及特征差异很大，如石竹种子为黑色，一串红种子为深褐色，彩叶草花萼成熟期变黄，金银茄种子成熟期由白色变为黄色。有些种类的果实易开裂和弹射，需要及时采收，如香豌豆、三色堇、飞燕草、猩猩草等。有些花卉的种子是陆续成熟的，应每天观察，随时采收。过早采收会因成熟度不够而影响发芽和生长。采收宜在晴天清晨进行，因清晨空气湿度大，果实不易散裂。对一些不易开裂、不易散落或成熟期集中的品种，可以一次采收。浆果种子采收后要在水中淘洗干净，晾干后收藏。在同一植株上，应选择早开花的种子，以在主干或主枝上的果实种子为好。盛花期后的晚开花朵所结的种子及柔弱侧枝花朵所结的种子，一般不作留种用。种子采收后应立即标明品种名称。

2. 种子储藏方法

种子采收后，常用的储藏方法有以下几种：

（1）**自然干燥储藏** 即将种子阴干或晒干后装入袋中或箱中，放置在普通室内保存。如一串红、虞美人、翠菊、百日草等大部分花卉种子都可自然干燥储藏。

（2）**低温干燥密封储藏** 种子经阴干或晒干后放于容器内，在冷凉（0～4℃）、干燥的地方保存，大部分的种子都适于这种方法储藏（见图1—2—1）。

（3）**低温潮湿储藏** 种子采收后，立即储藏在能保持高湿度的容器内或与水分较大的河沙混合储藏。储藏的温度为1～5℃，相对湿度以80%～90%为宜。适宜这种储藏方法的花卉种子有文殊兰、芍药、牡丹、柑橘、枇杷等。

（4）**湿储藏** 种子采收后，立即储藏于水中，适宜这种储藏方法的有睡莲、王莲等水生花卉的种子。

图1—2—1 低温储藏库

3. 种子萌发条件及播前处理

（1）**种子萌发条件** 种子萌发的条件除了本身发育（如休眠或后熟）的内在因素外，还需要有适当的外界条件配合才能进行，所谓外界条件主要包括水分、氧气、温度

和光照等。

1）水分。水分是种子发芽所必需的。种子有了水分才能进行萌发的生理活动，种子储藏的养分才能水解发挥作用，细胞才能膨胀生长。

2）氧气。种子开始活动就需要氧气进行呼吸作用，所以播种时浇水太多，种子反而会腐烂，就是因为缺氧的缘故。

3）温度。种子的发芽温度一般在 0～30℃，但每一种植物都有其发芽的适温，也就是最适合其发芽的温度。植物种子的发芽适温因原产地不同而异，一般而言，温带植物以 15～20℃为适，亚热带及热带植物以 25～30℃为适，如一串红发芽温度为 20～25℃，需要 10～15 天发芽。

4）光照。有些植物的种子需要有光线照射才能发芽，称为好光性种子，如矮牵牛、凤仙等；有些植物则正好相反，称为嫌光性种子，如黑麦草等。播种后应考虑植物对光线的好恶来决定是否覆土。

（2）**播前处理** 为了提高种子的发芽率、整齐率和预防病虫害等，在播种前可以对其进行处理，主要方法有：

1）清水浸种。将种子浸入清洁的常温水中，浸种时水的用量不可过多，以种子全部浸没或水面略高于种子为宜。种子吸水后逐渐膨胀，待种子充分吸胀时浸种工作结束。再进行反复多次搓洗，除去种皮外的黏液，最后用清水洗净。

2）热水浸种。热水浸种前，先将种子放在常温水中浸泡 15 min，可促使种子上的病原菌萌动，使之易被烫死，然后将种子投入 55℃的热水中烫种 15 min，水量为种子体积的 5～6 倍。烫种过程中要及时补充热水，并不断搅拌使种子受热均匀，直至水温降到 30℃左右时才可停止搅拌。

3）药水浸种。为防止病虫害、促进发芽和幼苗健壮，可采用 100 倍的福尔马林液浸种 30 min，或用 50% 多菌灵 500 倍液浸种 1 h，或用 10% 的磷酸三钠浸种 20 min。浸种应严格掌握药水的浓度和浸种时间。种子浸入药水前，要用温清水先预浸 4～5 h，种子在药水中浸过后要立即用清水进行多次冲洗。

4）拌种。即将药剂、肥料和种子混合搅拌后播种，方法分为干拌和湿拌两种。现在也有已经处理好的种子，如包衣种子，直接播种即可。

4. 播种

（1）**苗床准备技术要领** 选择富含有机质的壤土作为播种床（见图 1—2—2），南方多雨或者性喜高燥的花卉多用高畦，北方干旱低温处多用低畦。因一二年生花卉种子大都细小，所以整地要细致，要求打碎土块，除去土中的石块，杀死潜伏的害虫，深翻 30 cm；播种前 7 天施有机肥作基肥，耙平畦面，苗床土厚 30 cm，宽 1 m，步道 30～40 cm。

图 1—2—2　播种苗床

（2）播种时间　花卉的播种适期应考虑气候条件及本身的适应性。以气候条件而言，一般以春、秋两季为宜，温度较接近种子的发芽适温。具体播种时间因地区而异，春播时间，南方约在 2 月下旬至 3 月上旬，中部地区约在 3 月上旬至下旬，北方约在 4 月上中旬。秋播时间，南方约在 9 月下旬至 10 月上旬，北方约在 8 月底至 9 月初。

近年来，随着栽培技术的提高和各类栽培设施的广泛应用，温室育苗日益普及，使得春播花卉和秋播花卉的区分不再明显，人们往往根据需要选择播种时期来进行周年生产，即根据花卉成品的需求时间来确定播种期。

（3）播种方法　一般用床播和穴盘播的方法。根据种子的大小，床播可以采取撒播法、条播法和点播法等。穴盘播种可人工点播，有的大型花卉生产企业也采用播种机或简易的播种机具进行播种。

（4）播种量　如果是传统的苗床播种，撒播播种量一般为 300～400 粒 /m^2，点播播种量一般为 100～200 粒 /m^2，穴盘播种每穴 1 粒。播种量的计算应考虑计划生产种苗数、种子千粒重、发芽率、净度、安全系数等因素，播种量的计算方法如下：

$$播种量=\frac{计划生产种苗数\times 千粒重\times 安全系数（1.2）}{1\,000\times 发芽率\times 净度}$$

二、扦插繁殖

对不易产生种子的花卉多采用扦插繁殖方法。扦插繁殖是多年生花卉的主要繁殖方法之一，也是营养繁殖中最常用的一种方法。扦插是利用植物营养器官（茎、叶、根）的再生能力或分生能力，将其从母体上切取下来，插入基质中，在适宜的条件下促其生根、发芽，培育出新个体的繁殖方法。扦插所用的繁殖材料称为插穗，插穗可取自根、茎、叶、芽和果实等。宿根花卉、木本花卉常采用此法繁殖，如芍药、宿根福禄考、牡丹、月季等。

扦插繁殖具有材料来源广、成本低、成苗快、开花早、简便易行、植株变异性小，又能大规模进行生产等优点。但也有管理要求高、费工、苗木根系浅、寿命比实生苗短、抗

性不如嫁接苗等缺点。

1. 扦插时间

一般来说，只要条件适宜，植物一年四季均可进行扦插繁殖。春季利用已度过自然休眠期的一年生枝进行扦插，夏季利用半木质化的新梢带叶扦插，秋季利用已停止生长的当年木质化枝进行扦插，冬季利用打破休眠的休眠枝进行保护地内扦插。在花卉繁殖中以生长期的扦插为主。一些宿根花卉的茎插，从春季发芽后至秋季生长停止前均可进行扦插。在露地苗床或冷床中进行时，最适时期约在夏季 7—8 月雨季期间。多数木本花卉宜在雨季扦插，此时空气湿度较大，插条叶片不易萎蔫，有利于成活。

2. 扦插的种类及方法

扦插可分为茎插、叶插、叶芽插和根插四种。

（1）茎插　茎插包括嫩枝扦插、半硬枝扦插和硬枝（休眠枝）扦插。

1）嫩枝扦插（见图 1—2—3）。在生长期用当年生幼嫩的枝梢作插穗，适用于某些常绿及落叶木本花卉和部分草本花卉。木本花卉如木兰属、蔷薇属、火棘、连翘和夹竹桃等，草本花卉如菊花、大丽花、矮牵牛、丝石竹、秋海棠等。对茎叶含较多汁液的植物，如凤梨、仙人掌等，插条剪下晾数小时后再扦插，可防止茎腐烂。嫩枝扦插在温室内全年均可进行，露地扦插在有遮阳设计时，于夏秋植物生长旺盛期也可进行。在环境条件适宜时，软枝很快能生根，半个月至 1 个月即可成苗。嫩枝扦插成活率高，应用广泛，具体方法见表 1—2—1。

表 1—2—1　　嫩枝扦插方法

剪插穗	扦插
选择健壮枝梢，一般剪成 3 ~ 10 cm 长，通常在节下剪断，因为大多数种类在节的附近发根。美女樱、菊花、金鱼草等不必非在节下剪断，因为在节上也能发根。嫩枝扦插一般带叶，保留 1 ~ 2 片整叶。有的也可将叶片剪成半叶，如桂花、茶花、菊花的扦插；有些较大叶片可卷成筒状，以减少蒸腾，如橡皮树的扦插	扦插基质以疏松的蛭石、珍珠岩或沙为主。扦插时应先开沟，把插穗按一定的株行距摆放在沟内，或者放到预先打好的孔内，然后覆盖基质，不同种类插穗的株行距不同，一般以叶片相互间不重叠为宜。插入基质深度为插穗长的 1/3 ~ 1/2，较长的插穗可斜插。扦插完毕浇 1 次透水。扦插初期应控制在较高的湿度，以减少蒸腾，必要时需遮阳

2）半硬枝扦插。以生长季发育充实的带叶枝梢作为插穗。常用于常绿或半常绿的木本花卉，如米兰、栀子、杜鹃、月季、海桐、黄杨、茉莉、山茶和桂花等。

3）硬枝扦插。用生长成熟的休眠枝作为插穗。一般北方地区宜在秋季采穗储藏后进行春插，而南方宜进行秋插。常用于落叶木本花卉的繁殖，如木芙蓉、紫薇、木槿、石榴、紫藤、银芽柳等。

插穗一般在秋季落叶后，或在早春树液流动前剪取。选择生长健壮、品种优良的幼嫩母树，剪取靠近主茎的1～2年生枝条作插条，如不立即扦插，应将枝条储藏过冬。一般将剪取的枝条捆成束，储藏于室内或地窖的湿沙中，保持0～5℃，也可在露天挖沟或坑埋藏，深度以超过冻土层为宜。冬天截取的枝条可储藏在雪中或地窖中，到扦插时取出剪截成插穗。硬枝扦插方法见表1—2—2、表1—2—3。

图1—2—3　嫩枝扦插

表1—2—2　　硬枝扦插方法

剪插穗	扦插
插穗一般剪成10～20 cm长，北方干旱地区可稍长，南方湿润地区可稍短。上剪口应在离顶芽0.5～1 cm处平剪，下剪口靠节部，剪成平口或斜口，每穗保留2～3个芽。下剪口是平口时，生根慢但生根多，根分布均匀；下剪口是斜口时，虽与基质接触面大，吸水多，利于成活，但是生根多在斜口先端，易形成偏根（见图1—2—4）。剪插条时，切口要求平滑不能撕裂	扦插前应将储藏的插条进行剪截、浸水、催根处理。硬枝扦插通常可分为长枝扦插、短枝扦插、单芽枝扦插三种

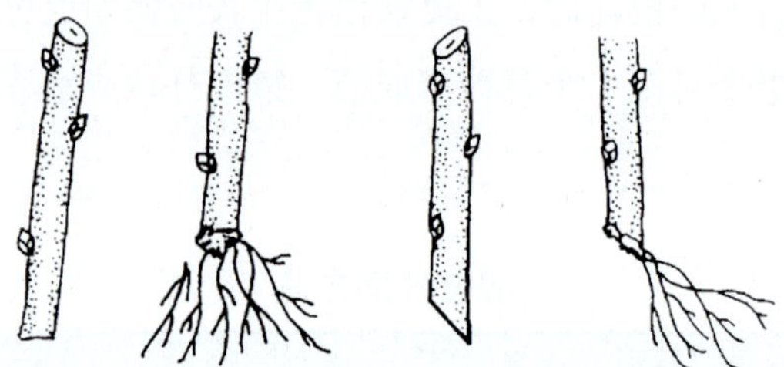

图1—2—4　插条下切口与生根的关系

（前两个下切口平剪，生根均匀；后两个下切口斜剪，根偏于一侧）

表1—2—3　　硬枝扦插类型与方法

长枝扦插	短枝扦插	单芽枝扦插
一般插穗超过4节，长度大于20 cm。根据插穗长短、粗细、硬度和生根难易选择扦插方式。细长柔软的插穗（藤本花卉）和生根困难的花木，可采取圈枝（将枝条弯成圈）平放或立放的扦插方式（见图1—2—5）。粗壮、硬度大的插穗采取斜插方式，比圈枝扦插省工、省地，便于大量生产大苗	插穗为2～3节，长度为10～20 cm。采取直插或斜插，基质面上仅留1芽露出。在干旱地区扦插后还应覆盖，以保持芽位湿度。这种方式适用广泛，便于大面积生产，是园林花卉及花木生产中最有效的扦插方法（见图1—2—6）	插穗为1节1芽，长度为5～10 cm，适于一些珍贵树种或材料来源少的树种。单芽枝扦插对插穗质量和扦插技术要求高，最好在保护地内采用营养钵或育苗盘扦插。如果直接在露地扦插，要求扦插后覆盖稻草或河沙，注意保湿。待生根萌芽后，撤去覆盖物（见图1—2—7）

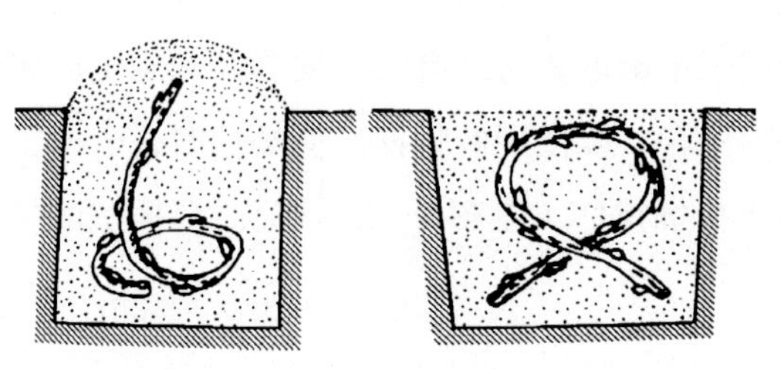

图 1—2—5　长枝（圈枝）扦插

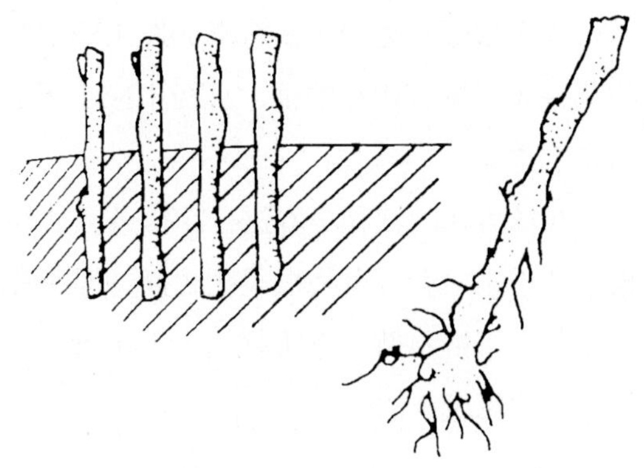

图 1—2—6　短枝扦插

图 1—2—7　单芽枝营养钵扦插

a）休眠枝单芽扦插　b）绿枝单芽扦插

（2）叶插　适用于能从叶上发生不定芽或不定根的种类。常见的有景天科、秋海棠类、虎尾兰、大岩桐、百合、非洲紫罗兰和橡皮树等具有粗壮叶柄、叶脉或肥厚叶片的花卉。

供叶插的叶片必须完全成熟、肥厚，使用整个叶片或将叶片切成几小块，每块上必须带有较粗的叶脉，并将叶脉用刀刻伤数处，再直插或平放在扦插基质上，平放时应覆盖一些土，以保持一定的温度和较高的湿度，叶脉、叶柄处很快长出根和芽，老的叶片逐渐衰亡。叶插通常在温室内进行，叶插时应根据具体种类而采用不同的方法（见图 1—2—8）。

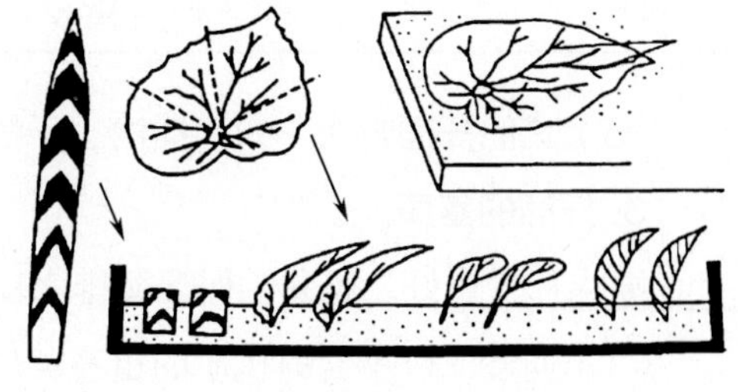

图 1—2—8　叶插

（3）叶芽插　适用于叶上不宜长出不定芽的花卉种类。插条为 1 节附 1 叶，并稍带木质部或带 1～2 cm 的枝段。扦插时将枝段平埋于土中，叶片露出土面。从叶柄基部产生不定根，而叶芽可萌发形成完整植株。叶芽插的基质以沙或沙和珍珠岩混合为好。可采用叶芽插的常见种类有山茶、杜鹃、桂花、橡皮树、栀子、柑橘类、菊花、大丽花、龟背竹和喜林芋等（见图 1—2—9）。

（4）根插　适用于易从根部发生不定芽的木本花卉及宿根花卉的繁殖。可用根插繁殖的花卉大多具有粗壮的根，直径不应小于 2 mm，如花菱草、福禄考、海棠花、牡丹、芍药和丁香等。

根插可在晚秋和早春进行。插条应从幼龄树根上剪取，可结合春、秋季苗木出圃时采根。秋季采根后，可将根段扎成捆，埋藏在沟内保存，以便翌春扦插。剪插穗时，一般上端平剪、下端斜剪，以防颠倒上下位置，并便于扦插操作（见图 1—2—10）。根插法的类型和方法见表 1—2—4。

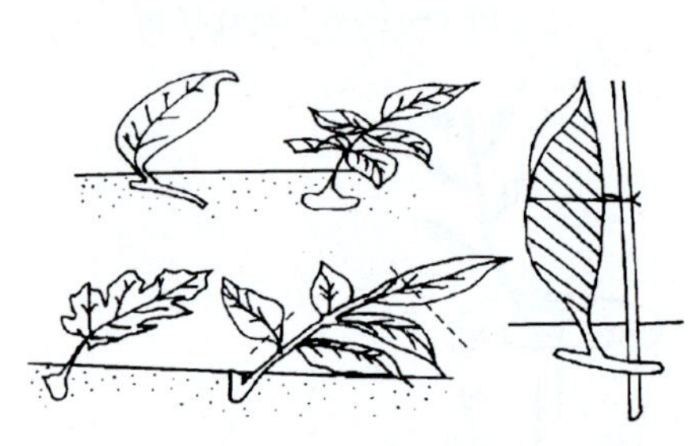
图 1—2—9　叶芽插

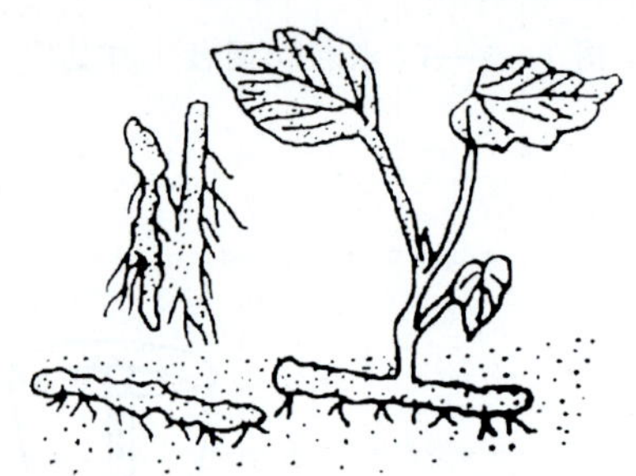
图 1—2—10　根插

表 1—2—4　根插类型与方法

细嫩根类	肉质根类	粗壮根类
将根切成长 3 ~ 5 cm，撒布于浅箱、花盆或插床的基质上，再覆一层基质，保持湿润，待发根出芽后移植。如宿根福禄考、锥花福禄考和剪秋罗等可用此法繁殖	将根截成 2.5 ~ 5 cm 的插穗垂直插入基质中，上端与基质面平齐或稍高出，待生成不定芽后移植。如荷包牡丹、东方罂粟、霞草和牡丹等可用此法繁殖	许多花灌木根较粗壮，可直接在露地进行根插，插穗一般长 10 ~ 20 cm，横埋于土中，深约 5 cm

（5）其他扦插方法　如水插法、干插法、气插法等。

3. 扦插的基质

要求通气良好、既易于保湿又排水良好的材料。常用的种类有：

（1）河沙　以不含有机质的粗石英砂为好，河沙排水通气性好，但保水性差。

（2）泥炭　保水力强，呈酸性（或微酸性），可与粗沙混合使用。

（3）蛭石及珍珠岩　通气好、保水性强，可与泥炭混合使用。对大多数宿根花卉扦插均适用。

（4）园土　含有机质丰富、疏松的园土，经日光曝晒、耙细后即可作露地苗床扦插基质。

4. 影响扦插成活的因素

（1）内部因素

1）植物本身的遗传特性。

易生根类：木本中的月季、栀子、石榴、橡皮树、巴西铁、富贵竹等；草本中的菊花、大丽花、万寿菊、矮牵牛、香石竹、秋海棠等。

较难生根类：木本中的山茶、桂花、火棘、南天竹等；草本中的芍药、宿根霞草、补血草等。

极难生根类：木本中的蜡梅、松类、海棠等；草本中的鸡冠花、紫罗兰、矢车菊、虞美人、百合、美人蕉及大部分单子叶植物。

2）母株采穗枝年龄。幼年母株，随年龄增长生根力降低。采穗枝随年龄增长生根力降低。

3）母枝着生位置及营养状况。树冠阳面枝比阴面枝好，侧枝比顶梢好，基部前生枝比上部冠梢好。

4）不同枝段的插穗。同一母枝上的以基部、中部为好，以“带踵”扦插为佳。

（2）外部因素

1）温度。温度以 15～25℃最为适宜。具体来说，原产热带的花卉要求温度较高，适宜温度在 25℃以上（如米兰、龙血树、朱蕉等），而桂花、山茶、杜鹃、夹竹桃等较适温度为 15～25℃。生长期嫩枝扦插比休眠期硬枝扦插要求温度高，约在 25℃。基质温度高于空气温度 3～5℃，有利于生根。

2）湿度。空气湿度为 80%～90% 时，可以最大限度地减少插穗水分蒸腾。基质湿度应适度，基质含水量宜在最大持水量的 50%～60% 为宜，含水量过大则通气不良，易引起插穗基部腐烂。

3）光照。一方面适度光照可提高基质和空气温度，同时促使生长素形成诱导生根，促进光合产物积累以促进生根。另一方面，光照会使插穗温度过高，蒸腾加大而萎蔫，故扦插初期应适当遮阴降温，后期逐渐延长见光时间。

4）基质。基质要求保温保湿、疏松透气、不含病虫源、质地轻、运输便利、成本低等，生产中常用的基质有砻糠灰、珍珠岩、蛭石、泥炭、煤渣和河沙等。

5. 促进插穗生根的方法

（1）药剂处理　促进插穗生根的化学药剂很多，目前使用最广泛的有吲哚乙酸（IAA）、吲哚丁酸（IBA）、萘乙酸（NAA）、ABT 生根粉和 2，4—D 等，对茎插均有显著作用，但对根插或叶插效果不明显，处理后常会抑制不定芽的发生。处理方法有水剂处理、粉剂处理、酯剂处理等。粉剂处理时，将插穗基部蘸上粉末，再进行扦插。使用生长素的量依据扦插种类、扦插材料的不同而异。吲哚乙酸、吲哚丁酸及萘乙酸等应用于易生根的插条时，其浓度为 500～2 000 μL/L，此浓度适于嫩枝扦插及半硬枝扦插。对生根较难的插穗，药剂浓度为 10 000～20 000 μL/L，配制试剂时应先将其溶于酒精（浓度为

95%），然后再加水定容至需要的浓度。

（2）物理处理　包括电流处理、超声波处理、环状剥皮、软化处理、热水处理等。

（3）全光喷雾　全光照间歇喷雾法是目前生产上最先进的扦插育苗技术，生根快、成活率高。全光照喷雾扦插以夏季嫩枝为主，一般在5—8月均可进行。插床用砖堆砌，床内铺粗沙、蛭石与园土的混合土，插床上架设喷雾喷头，喷雾装置由电磁阀控制系统控制，按要求定时喷雾。

三、嫁接繁殖

嫁接是将一株植物的一部分枝或芽接在另一株植物的茎或根上，使之愈合在一起，形成一个独立的新植株的方法。供嫁接用的枝或芽称为“接穗”，接受接穗的植株称为“砧木”，嫁接步骤如图1—2—11所示。

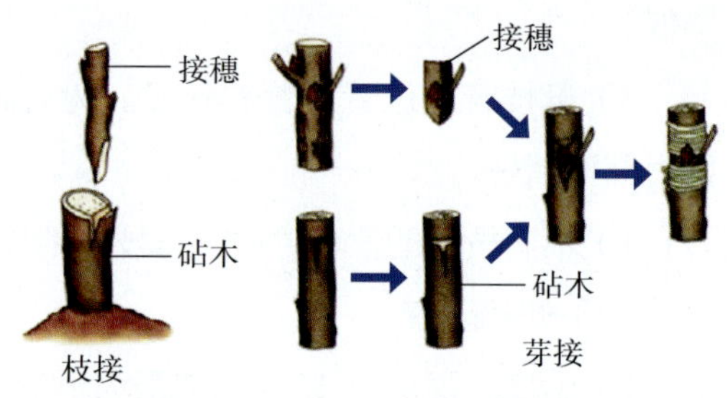

图1—2—11　嫁接步骤示意图

1. 嫁接的作用

嫁接是花卉繁殖的重要方法之一，除具有一般营养繁殖的优点外，还具有以下作用：一是对一些扦插不易生根或发育不良的种类，或不产生种子的重瓣花品种，可通过嫁接保持其优良种性和扩大繁殖系数；二是可增强接穗品种的抗寒、抗旱、耐涝、耐盐碱、抗病虫害、耐瘠薄等特性，提高嫁接苗对环境的适应能力；三是嫁接苗比实生苗和扦插苗生长快，可大大提前开花结果时间；四是可通过选用适宜的矮化砧或乔化砧，培育出不同株型的苗木。

嫁接繁殖也有一定的局限性，如嫁接主要限于双子叶植物，而单子叶植物则难以成活；嫁接苗寿命短；嫁接费工且对技术要求高；苗成活后砧木易滋生萌蘖；小苗嫁接处易折断；盆栽花卉在嫁接处往往肥大变形，影响整体的观赏价值等。

2. 嫁接成活的原理

嫁接成活的生理基础是植物的再生能力和分化能力。嫁接后砧穗接合部位各自的形成层细胞大量繁殖，形成愈伤组织。当两者的愈伤组织结合在一起后，进行组织分化，形成完整的输导系统，并与砧、穗的形成层和输导系统相接，成为一个整体，保证了水分、养分的上下输送和相互交流，使接穗成活并与砧木形成一个独立的新株。

3. 影响嫁接成活的因素

（1）嫁接亲和力　嫁接亲和力即接穗与砧木嫁接后能够生长成为一株植物的能力。亲缘关系近的，嫁接亲和力强，反之则弱。所以同种内不同品种之间嫁接最易成活，如单瓣茶花接重瓣茶花、毛鹃接西鹃、不同品种的月季之间嫁接等均易成活；同属异种间嫁接，

亲和力次之，但也有较多嫁接成功的实例，如杏接梅花、湖北海棠接垂丝海棠、紫玉兰接白玉兰、蒿接菊等均较易成活；同科异属间嫁接，亲和力小，成活较困难；不同科之间亲和力极弱，一般很难成活。当然，也会有些亲缘关系很近的植物，由于种种原因的影响，表现出不亲和的特性。

（2）形成层与髓射线的分裂作用　嫁接后，砧木与接穗伤口处的形成层与髓射线细胞大量分裂，形成愈伤组织。愈伤组织形成的快慢与嫁接成活关系密切。一般草本花卉的茎内有很多组织能进行细胞分裂，愈伤组织能快速形成，又易于组织分化，故草本植物比木本植物容易嫁接。木本植物中含营养物质多、韧皮部发达的种类其愈伤组织形成较快，嫁接成活率高。

（3）砧木和接穗的生长状况　发育健壮的接穗和砧木储藏积累的养分多，形成层易于分化，愈伤组织容易形成，成活率就高一些。如砧、穗一方组织不充实，发育不健壮，则直接影响嫁接的成活率。砧、穗的生活力，尤其是接穗在运输、储藏中生活力的保持是嫁接成活的关键。

（4）嫁接技术　熟练的嫁接技术非常重要，应准备锋利的工具刀、剪，嫁接时动作要快，使切口较短时间暴露在空气中，切口要光滑、平整，使砧木和接穗的形成层密接，以利成活，捆缚要松紧适宜。

嫁接工作完成以后，砧、穗间的愈合、成活过程还需适宜的温度、湿度、空气和光照等环境条件，在正常的自然条件下，一般不需要特殊的管理。

4. 砧木和接穗的准备

（1）砧木的选择与培育

1）砧木对接穗的影响。砧木对接穗最大的影响，首先是控制接穗长成植株的大小，使其矮化或者乔化，所以可通过选择砧木来达到控制植株高矮的目的。其次，砧木对接穗的生长势、开花、结果等均有影响，同时也常影响嫁接苗的寿命。一般矮化砧能促进接穗提早开花，但植株寿命较短；乔化砧则推迟接穗开花、结果时间，但能延长嫁接植株的寿命。再次，各种砧木对土壤的适应性和抗病虫害、抗寒、抗旱等能力不同，往往在接穗的生长中有所反映。

2）砧木选择的条件。在选择砧木时，应考虑以下几个条件：与接穗亲和力强；生长健壮，根系发达，对当地气候、土壤等环境条件有较强的适应性；种源充足，易繁殖；对接穗的生长、开花、结实和寿命等有良好的影响；对病虫害、旱、涝、低温、大气污染等有较好的抗性；在运用上能满足特殊的需要，如乔化、矮化、无刺等。

3）砧木苗的培育。播种苗具备根系发达、抗性强、寿命长、易于大量繁殖等优点，所以在生产上多用播种苗作砧木。但对于有些种类，实生苗不易繁殖而较易进行无性繁殖，也可用扦插、压条、分株等方法培育砧木苗。

砧木苗应适时灌溉、施肥、中耕除草，保证其生长旺盛，此外还应通过摘心控制苗木生长高度，促使茎部加粗，使其尽快达到需要的粗度。同时，在嫁接前要保证水分充分供应，使之生长旺盛，树液流动快，以利于砧、穗间的愈合和嫁接成活。

（2）接穗的选择与储藏

1）选择。由于接穗的年龄、充实度、芽的饱满度、枝条在树冠上的位置等都影响嫁接的成活，因此一般应在生长健壮的优良母株上剪取树冠向阳面中上部生长充实、枝条光洁、芽体饱满的幼龄枝作接穗。春季枝接多选用上年春季萌生枝条，较少用 2 年以上的老枝；生长期进行芽接或嫩枝接则大多选用生长粗壮、尚未木质化的当年春季萌发枝条作接穗。徒长枝或细弱枝、病虫枝均不宜作接穗。接穗应选枝条的中部，因枝顶端过于幼嫩，枝条不充实，而基部则芽不饱满。

2）储藏。春季嫁接的接穗可于休眠期采集，在低温下储藏越冬，于翌春砧木树液流动后进行嫁接。储藏前，应先将接穗适当剪截成 40～50 cm 长，30～40 枝接穗捆成 1 捆，挂上标有名称、采穗期等的标签，最好用药剂进行消毒，以防止霉烂、病虫滋生。接穗要用塑料薄膜包扎后置于冷库或地窖中低温保存，也可用湿沙埋藏（见图 1—2—12）。南方可在排水良好、朝北阴凉的露地保存；北方应于室内保存。储藏期间每 1～2 周检查 1 次，剔除病变腐烂枝条，一般可储藏 1～2 个月。

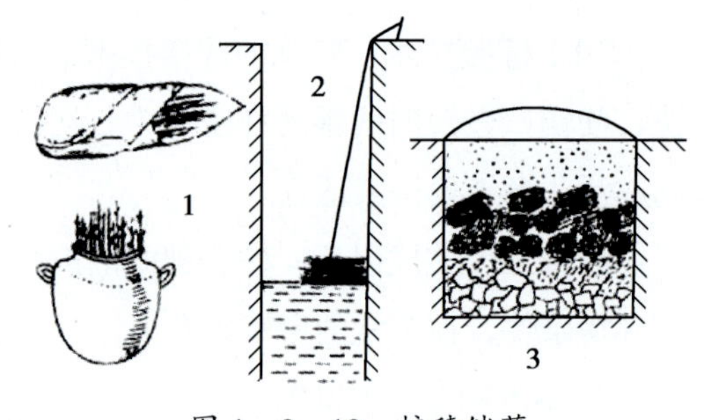

图 1—2—12 接穗储藏

草本植物、多浆植物及夏季嫩枝嫁接或芽接时最好随采随接，当天嫁接不完的枝条应用湿布包裹或把枝条下部浸于水中，以保持枝条有足够的含水量。此方法一般只能储藏 3～5 天。

5. 嫁接时期与准备工作

（1）嫁接时期

1）春季嫁接。春季是枝接的适宜时期，宜在芽未萌动前进行，主要在 2—4 月，一般在早春树液开始流动时即可进行。落叶花木宜选择经储藏后处于休眠状态的接穗，常绿花木宜选择现采的未萌芽的枝条作接穗。春季嫁接，由于气温低、接穗失水少、水分平衡较好，而易成活，但愈合较慢。大部分植物都适于春季嫁接。

2）夏季嫁接。夏季是嫩枝接和芽接的适宜时期，一般在 5—7 月，尤以 5 月中旬至 6 月中旬最为适宜。此时，由于接穗幼嫩、细胞活性强、气温适宜、愈伤组织形成和增殖快

以及砧、穗接口愈合早，因此成活率较高。如山茶、杜鹃、仙人掌类等植物适于夏季嫁接。

3）秋季嫁接。8—10 月也是芽接的适宜时期，这段时期新梢充实、养分储存多、芽充实，同时也是树液流动、形成层活动的旺盛时期，树皮易剥离，最适于芽接，芽接当年即能够愈合，利于接穗安全越冬。

4）冬季嫁接。具有保温设施时，很多植物在冬季 12 月至翌年 1 月进行嫁接，能取得较好的效果，而且翌春即可开始生长，且生长速度快。江苏一带的月季多实行冬季嫁接。

（2）嫁接前的工具准备　工具主要有枝剪、枝接刀、芽接刀、单面刀片、手锯等，要求钢质要好，刀口要锋利。常用的绑扎材料有麻皮、马蔺、塑料条等，草本植物可选用棉线、毛线、纱布条等。为了防止木本花卉嫁接后伤口部分风干坏死，除芽接和靠接外，最好用接蜡保护伤口。

6. 嫁接技术和方法

（1）枝接技术　用枝条作接穗的统称枝接，枝接的方法很多，主要介绍以下几种。

1）切接法。是枝接中最常用的方法，适用于大部分木本和草本花卉，其主要步骤如下（见图 1—2—13）：

①削接穗。将接穗剪成 5～8 cm 长，带 2～3 个芽，从距下切口最近的芽位背面下刀，将其下端削成正反相对的一长一短两个削面。刀要锋利，手要平稳，以保证削面平整、光滑。

②削砧木。先将砧木截开，然后在截面一侧稍带木质部纵切，切入深度 2～3 cm。注意要用利刀下切，不能人为掰劈，以保证切削面平整。

③结合。将削好的接穗大的切面向内插入砧木切口中，然后使砧、穗形成层对齐，接穗削面上端要露出 0.2 cm 左右，即俗称的“露白”，有利成活。如果砧、穗不等粗，可只对齐一侧形成层。

④绑缚。用塑料薄膜带等绑扎材料由下向上将砧、穗连同接口绑扎好。

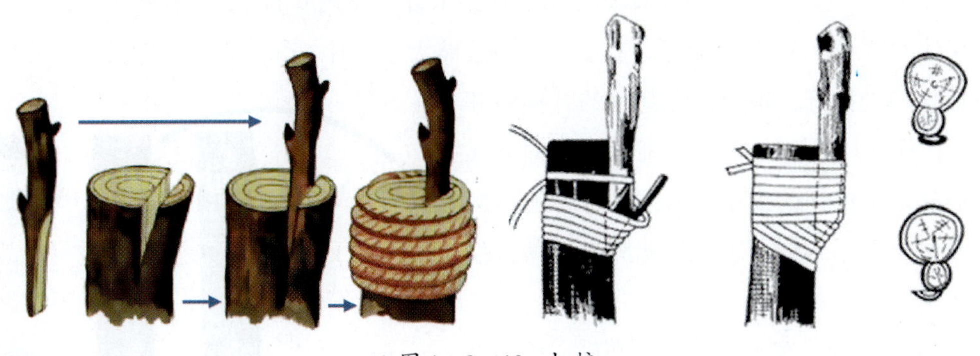

图 1—2—13　切接

2）劈接法。当砧木较粗时可用劈接法（见图 1—2—14）。先将砧木上部截去，再用劈接刀从砧木横断面中心垂直下切，深 3～4 cm。接穗基部两侧都削成 3～4 cm 长的楔形，然后用刀撬开砧木后插入接穗，并使砧穗的一侧形成层对齐。最后进行绑扎，或封蜡、套袋等。此方法常用于草本植物，如菊花、大丽花、仙人掌类的嫁接。

3）靠接法。特点是嫁接后成活前接穗并不切离母株，仍由母株供给水分养分。此方法适用于用其他方法嫁接不易成活或贵重珍奇的种类。靠接应在生长期间进行。事先将接穗用盆栽培养或将砧木与接穗植株移植在一起，嫁接时将两植株茎上分别切出切面，深达木质部，然后使二者形成层紧贴扎紧。成活后，剪去砧木上部和接穗的下部即可（见图 1—2—15）。

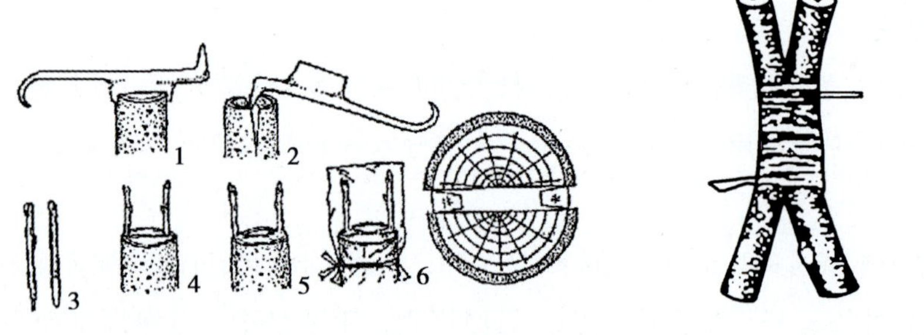

图 1—2—14　劈接

图 1—2—15　靠接

（2）芽接技术　芽接是以芽为接穗的嫁接方法，多用于易剥皮的花卉中，如蔷薇、月季、杜鹃、梅花、丁香等花卉的繁殖广泛应用此方法。芽接技术比枝接技术简单，省接穗，适于大规模生产应用。

1）“T”形芽接（见图 1—2—16）。步骤如下：①削芽片。选择枝条中部健壮的芽，剪去叶片，仅留叶柄，在芽上方 0.5 cm 处横切一刀，深入木质部，再从芽下方 1 cm 处向上稍带木质部纵削至横切口处，使之成一盾状芽片，削下后用手轻轻将木质部去掉，将削好的芽片用湿布包好或含口中。②切砧木。在砧木近基部光滑部位，将树皮横、纵各切一刀，深达木质部，成“T”字形，其长、宽均应略大于芽片。③结合。用芽接刀柄轻轻把树皮自切口处挑开，用手捏住芽片的叶柄将芽片嵌入，使芽片上切口与“T”形上切口对齐靠紧，将砧木被挑开的皮层包裹住芽片，但需露出芽及叶柄。④绑缚。用塑料薄膜带绑缚，仅露出芽及叶柄。

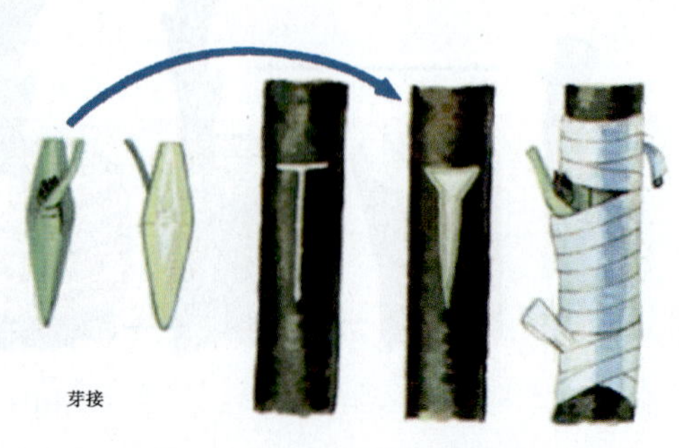

图 1—2—16　“T”形芽接

2）嵌合芽接。又称削芽接，在砧、穗不易离皮时适用此法。削芽片时先从芽上方 0.5～

1 cm 处向下斜切一刀，稍带部分木质部，长 1.5 cm 左右，再在芽下方 0.5～0.8 cm 处向上斜切一刀，取下芽片，接着在砧木适当部位切与芽片大小相应的切口，并将切开的部分切去上端 1/3～1/2，留下大部分供夹合芽片，然后将芽片插入切口，两侧形成层对齐，芽片上端略露出一点砧木皮层，最后绑缚即可（见图 1—2—17）。

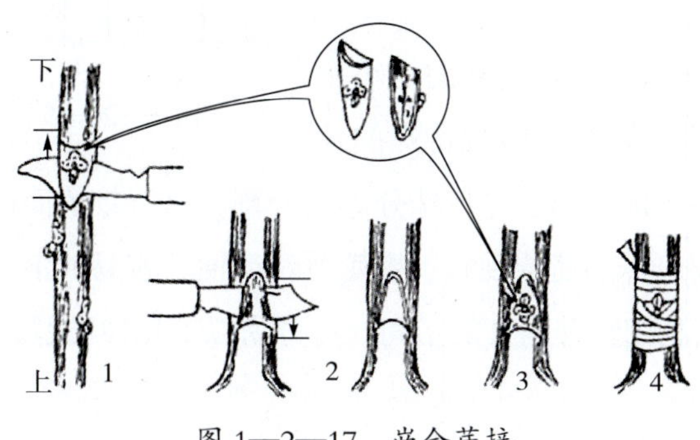

图 1—2—17　嵌合芽接

3）方块芽接。接芽取成方块形，砧木树皮切成“工”字形、“]”形或“H”形，插入芽片绑紧即可（见图 1—2—18）。

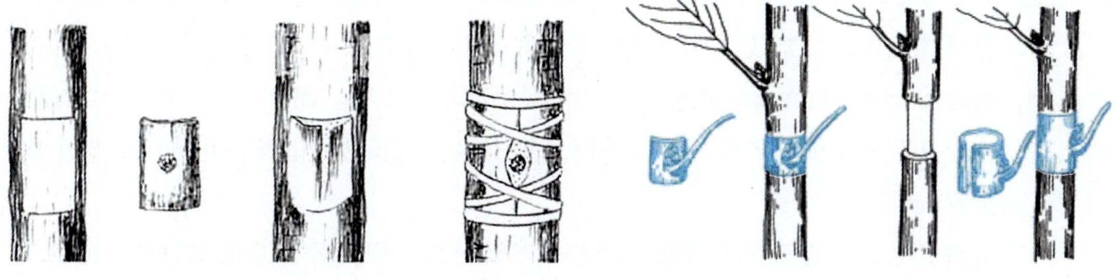
图 1—2—18　方块芽接

7. 嫁接后的管理

（1）检查成活，及时补接　枝接苗一般在接后 20～30 天检查成活。如接穗芽已萌发，或接穗鲜绿，则有望成苗。芽接苗一般接后 10 天左右检查，如芽新鲜，叶柄手触后即脱落，则基本能成活。芽接如检查未成活的则应及时补接，枝接如时间允许也可补接，如时间太迟，则可在夏秋季进行芽接补接。

（2）脱袋、松绑　枝接苗成活 1 个月后，可视情况松绑。松绑不宜过早，否则接穗愈合不牢固，受风吹易脱落；也不宜太迟，否则绑缚处出现缢伤，影响生长。芽接在成活后半个月左右则可解绑，如秋季芽接当年不出芽，则应至第二年萌芽后松绑。

（3）剪砧、抹芽、去萌蘖　剪砧应视植物种类而异，一些种类，尤其是芽接苗，可在当年分 1～2 次剪去。抹芽除了抹去砧木上的大量萌芽外，还应适当抹去接穗上过多的萌芽，以保证养分的集中，而根蘖也应从基部剪去（见图 1—2—19）。

（4）立支柱　嫁接苗接口部位易劈折，尤其芽接苗，接芽成枝后常横生，更易劈折损伤，应尽可能立杆绑扶以减少人为碰伤和风折等。

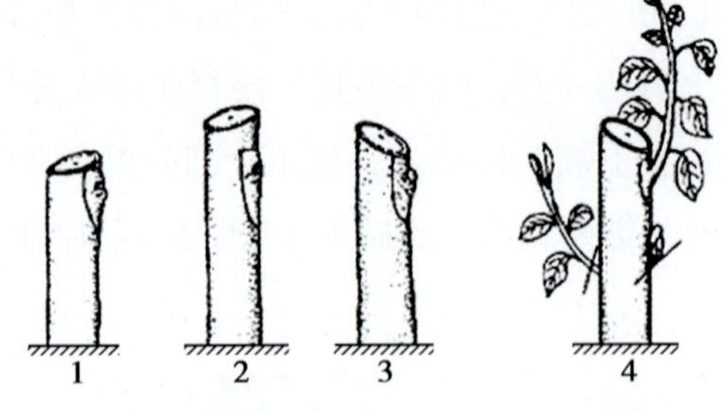

图 1—2—19　剪砧、抹芽、去萌蘖

四、分生繁殖

分生繁殖是将植物体上分生出来的幼小个体（如萌蘖、吸芽、珠芽等）或植物特殊的营养器官（如走茎、鳞茎、球茎等）与母株分离或分割，另行栽植而形成独立新个体的繁殖方法。其特点是能保持母株的遗传性状、繁殖方法简便、容易成活、成苗较快，但繁殖系数低。根据分生繁殖所利用营养器官的不同，可分为以下几种类型。

1. 分株繁殖

分株繁殖是指将根部或茎部产生的带根萌蘖（如根蘖、茎蘖等）从母体上分割下来，形成新植株的方法。从生灌木类和宿根花卉易产生茎蘖，常采用此方法繁殖，如蜡梅、牡丹、棕竹、文竹、春兰、万年青、芍药等。常产生根蘖的花木有丁香、蔷薇、紫玉兰、蜀葵、宿根福禄考等，也可用分株繁殖方法。露地花卉可在秋季落叶后或春季开始生长前进行分株，将母株挖出，分割成数丛，每丛带一部分根、茎和 2～3 个芽，抖掉旧土，尽量不伤根，然后按一定株行距重新栽植，切忌将根颈部埋入土中。温室花卉一般在生长旺盛期之前分株，从花盆中倒出老株，分割后再分别上盆。生长缓慢的花卉可数年分株 1 次，如宿根福禄考、芍药等。

（1）分株方式　根据分蘖方式的不同分为茎蘖分株、根蘖分株及根茎分株。如蜀葵、宿根福禄考、桔梗等宿根花卉，多从根上发生萌蘖，形成新植株，与母株切断后可成为根蘖苗。由于宿根花卉多具有发达的根系及较强的萌蘖力，因此利用根蘖进行分株繁殖简单易行。

对于在根际或地上茎分蘖出芽丛的宿根花卉，可采用切离带根茎蘖芽的方式，如景天类、金光菊等；对于在根际及地下茎萌发新芽丛的可采用切下下部根及芽，分离母株的方式，如菊花、宿根福禄考、萱草等；部分宿根花卉以地下根状茎萌发新芽分蘖，需要切断地下根茎分株，如鸢尾、荷兰菊等。

如荷兰菊、芝麻花、肥皂花、蓍草、玉带草、萱草、鸢尾、玉竹、耧斗菜、玉簪等花卉，也可进行促成繁殖，于秋季或早春挖 20 cm 深的穴，将其宿根埋入穴中，埋土 15～20 cm 厚，或春、夏季挖穴 30 cm，埋土 25 cm，然后浇水，1～2 个星期后即可出芽，然后剥离、栽植即可。如宿根福禄考，早春 2 月用塑料地膜进行促成栽培，1 株可萌蘖出 20 多个芽，剥离栽植后可繁殖 20 余株。

（2）分株时间　一般宿根花卉在休眠期前后的秋、春两季都能进行分株繁殖，但秋

季分株要比春季好，因为秋季分株到立春发芽还有一段较长的生长时间帮助伤口愈合和恢复根部生长，到来年春天发芽时可集中营养使种苗发育。如果春季分株，根部受损的伤口来不及愈合或愈合不完全，气温即升高使植株发芽，出现争夺养分现象，致使新芽发育迟缓，开不好花，甚至死亡。

春季开花的宿根花卉多数宜在花后的初夏季节及时分株，其茎、叶、根部在夏、秋季仍可继续充分地恢复、生长，促使来年及时开好花，如耧斗菜、翠雀等。在夏、秋季开花的宿根花卉中，有的可在早春分株繁殖，如玉簪、萱草等。

（3）分株大小　分株大小与繁殖系数及观赏效果有关。分株芽数少，繁殖系数大，但观赏效果恢复时间长；分株芽数多，株丛大，栽植后观赏效果恢复时间短，但繁殖系数小。一般花卉要求最小株丛为2～3个芽，带有原来根块，恢复生长快。过小的株丛或缺失母株根块的蘖芽恢复慢。因此，要根据各类花卉所属的分蘖类型，选择合适的分株大小，才能收到良好的分株栽培效果。

（4）分株操作　分株操作时要尽量保护好地上枝芽，尽量减少地下部分的伤口，伤口要平滑。部分含汁液的花卉，伤口应采取晾晒或用草木灰吸附处理后再移栽。用锋利的刀片或带刃移植铲在母株周边或侧方开始切分。分株操作以兰花为例，如图1—2—20所示。

2. 其他分生繁殖

（1）分吸芽　吸芽为某些植物根际或地上茎叶腋间自然发生的短缩、肥厚、呈莲座状的短枝，吸芽的下部可自然生根，如芦荟、景天、拟石莲花等，在根际处常着生吸芽；凤梨的地上茎叶腋间也着生吸芽。吸芽繁殖在生长期进行，把切割下的吸芽稍微晾干切口后在伤口涂硫黄粉、木炭粉等以防止腐烂，然后栽植到培养床上。床土不要太湿，要保持良好的透气性，生根后上盆定植。为刺激其发生吸芽，可人为伤害根茎，如芦荟，有时为加速发生吸芽，可把母株的主茎切割下来重新扦插，老根周围会发出很多吸芽。

（2）分珠芽　珠芽是某些植物所具有的特殊形式的芽。有的生于叶腋间，如卷丹腋间有黑色珠芽；有的生于花序中，如观赏葱类花常可长成小珠芽。同吸芽一样，珠芽落地也可自然生根，故可于珠芽成熟之际及时采收，并立即播种。采用珠芽繁殖至开花一般需2～3年，比播种繁殖快，且能保持母本特性，产量也较高。

（3）分走茎　走茎是指从叶丛抽生出来的节间较长的花茎，在其顶端及节的部位于花后长叶、生根，形成小植株，如虎耳草、吊兰等。将走茎上的小植株分离下来，即成一个新植株。在植物生长季节内均能进行分走茎繁殖。

（4）分根茎　一些多年生花卉的地下茎肥大呈粗而长的根状，并储藏营养物质。根茎与地上茎的结构相似，具有节、节间、退化鳞叶、顶芽和腋芽。节上常形成不定根，并发生侧芽形成新的株丛，如美人蕉类、香蒲、紫菀、鸢尾、一叶兰等。在春天开始生长前，

①兰花栽植2~3年后即可分株繁殖。选择健壮的无病虫害的植株作为分株母株，在分株前2~3天停止浇水

②一只手托住花盆，另一只手轻拍花盆，使盆土松动，倾斜花盆，小心地将母株拔出

③用手轻轻拍打根系，抖落旧盆土，适当去掉老根

④分株时要看清根茎走向，在根部自然连接处用手掰开，一般2~3个苗为一组

⑤对分株后的兰花根系进行整理，适当疏根。有的植株需在伤口处抹上草木灰

⑥将植株放在阴凉处1~2 h，待根系变白变软后即可进行上盆定植

⑦根据分株后植株的大小选择相应规格的花钵或花盆

⑧在盆底铺一些石子，厚度为1~2 cm，便于排水

⑨定植时用一只手轻捏兰株假鳞茎偏上部位，先把根系理顺，再将兰株放入盆中

⑩栽植深度要适当，可用一只手扶住植株，另一只手向盆中加入培养土，同时摇晃花盆使盆土均匀充实

图1—2—20　兰花分株操作过程

把肥大根茎进行分割，每块茎上留2~3个芽，然后育苗或直接定植。

（5）分球茎　球茎是地下变态茎，短缩肥厚近球状，储存大量营养物质。球茎上有节、芽，球茎萌发后在基部形成新球，新球旁生子球，待地上部生长停止后，分离或分割新球或子球，另行栽植即成新株。如唐菖蒲、番红花、香雪兰、秋水仙等均可用此法繁殖。

（6）分鳞茎　鳞茎是变态的地下茎，有短缩而扁盘状的鳞茎盘，鳞茎中储藏丰富的营养物质。鳞茎顶芽萌发后抽生真叶和花序，鳞叶之间可发生腋芽，每年可从腋芽中形成一至数个幼鳞茎，包在老鳞茎内或靠在老鳞茎旁。同时，鳞茎根系处或鳞茎与地上茎交接处

也可产生数个小子鳞茎。当地上部停止生长后，挖出老鳞茎，分离幼鳞茎和小子鳞茎栽植即能形成新株。如郁金香、风信子、香雪兰、百合、水仙、朱顶红、石蒜、葱兰、韭莲等均可用此法繁殖。

（7）分块根　地下根变态呈块状，数个着生在茎的下端，地上部停止生长后，将整个块根挖回储藏，翌春催芽后，将块根切割成数块，每块带一段根颈部，栽植后即成新株。如大丽花、银莲花、花毛茛等可用此法繁殖。

五、压条繁殖

压条繁殖是将母株的枝条或茎蔓埋压在土中，或用湿润物包裹后使其生根，然后再与母株分离培育成新植株的方法，适用于扦插不易成活的花卉。此法成活率高，并可获得大苗，但繁殖系数很低，能用其他方法繁殖的一般不用此法。

为促进发根，通常对压条进行环剥、刻伤、拧裂等处理。压条时期一般在早春发叶前，常绿树则在雨季进行。常见压条方法有低压法和高压法两种（见图 1—2—21、图 1—2—22）。

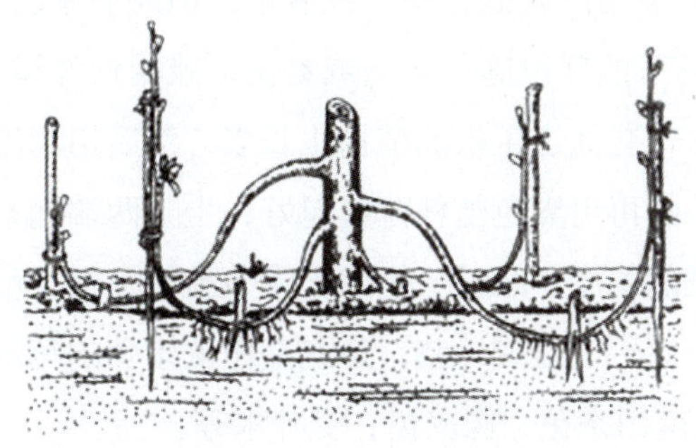
图 1—2—21　低压法

图 1—2—22　高压法（高枝压条）

1. 低压法

低压法又称地压法，即将枝条一部分埋入土中使其生根。低压法又分两种不同的处理方法。

（1）普通压条法（见图 1—2—23）　适用于离地面近又较易弯曲的植物。早春植株生长前，选择母株上 1～2 年生健壮枝条，刻伤或环剥，然后将伤口处压弯埋入土中并加以固定，枝梢露出土面，约经一个生长季节即可生根分离。如果是藤本或蔓生植物，可将近地面枝条变成波状，将着地部分埋入土内使之生根，待长芽发根后逐段分成新株。

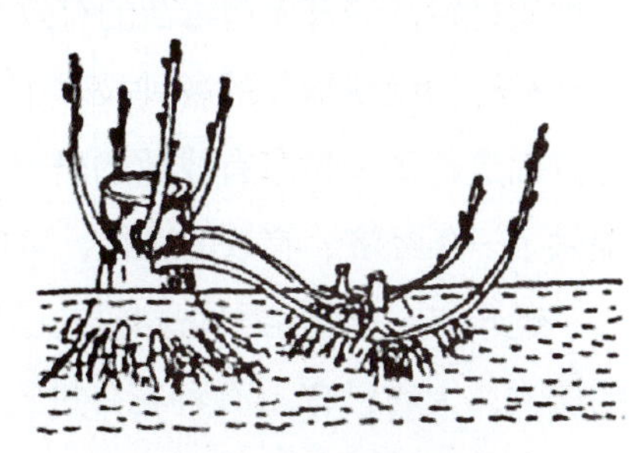
图 1—2—23　普通压条

（2）雍土压条法　雍土是指将土培到根上，故也称培土压条（见图 1—2—24）。适用于丛生性强或根

蘖性强的植物，如杜鹃、大八仙花、贴梗海棠、栀子、牡丹、紫玉兰等。做法是将母株进行重剪，促发多量新枝，并在母株基部雍土，或在夏初的生长旺季，将枝条的下部距地面20～30 cm处进行环割，然后雍起土堆将整个株丛的下半部分埋住，对土堆进行保湿处理，过一段时间，环割后的伤口部分隐芽长出新根，翌春刨开土堆分株。

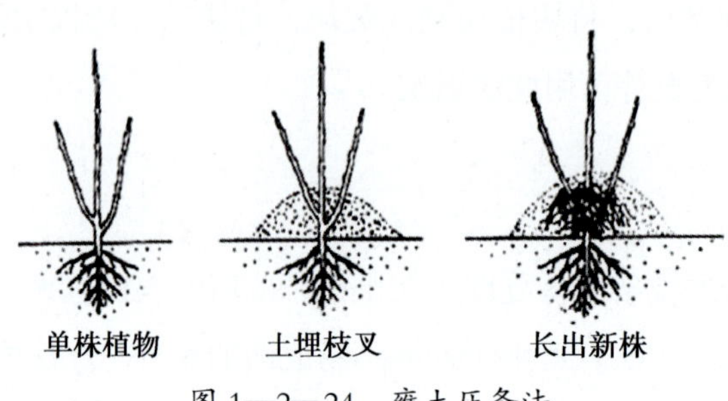

图 1—2—24 雍土压条法

2. 高压法（高枝压条法）

一些常绿木本观赏植物扦插生根困难，枝条多且不便弯曲到地面来进行压条，可采用高枝压条法，也称高空压条法。这种方法虽繁殖率比较低，操作也麻烦，但成功率较高。春季，在一年生枝或夏季当年生枝条下部靠近节的部位施行环剥或刻伤，或用铁丝缢扎，或施行扭枝，破坏该部位的韧皮部，可以涂抹一些促进生根的植物生长素，然后用潮湿的苔藓、蛭石、疏松土壤等将刻伤部位包好，外面再用黑色塑料薄膜包好，上下两端捆紧以防水分散失。在生根期间，注意保持袋内基质的湿度，经过一个生长季节就能发根。最后在压条部位下面剪离母树，去掉塑料薄膜，带原土上盆或地栽。适宜高压法繁殖的花木有丁香、米兰、茉莉、白兰花、桂花、杜鹃、云南山茶花、橡皮树、变叶木等。

六、组织培养

组织培养也称微体繁殖，是根据植物细胞的全能性，在无菌和适宜的人工培养基及适宜的光照、温度等条件下，将离体的植物器官、组织、细胞或原生质体等进行培养，促使其分裂、分化、增殖、生长、发育而形成完整植株的技术。此法是进行植物快速繁殖和保存种质材料及培育无病毒苗的有效方法，是现代最先进的植物繁殖技术之一。

在植物组织培养的各种技术中，目前应用最多的是脱毒快繁技术，我国科技工作者在这方面进行了大量卓有成效的研究工作。组织培养技术为花卉快速繁殖和无病毒苗的获得提供了一条经济、有效的途径，可使花卉植物的年增殖率增长数千倍乃至上万倍。

近年来，植物组织培养研究已取得了令人瞩目的发展，其研究内容几乎涉及所有重要的植物，大约已有400种花卉进行了组织培养育苗，在育苗生产上已繁殖了多种花卉的优良品种秧苗。随着科学的进步，这项技术的应用将日趋广泛，为我国花卉业实现大规模工

厂化生产创造更为有利的条件。

植物组织培养的其他内容将在模块四中介绍。

思考与练习

1. 园林花卉繁殖方法有哪些？
2. 播种繁殖对种子的采集、贮藏、播种前处理有哪些要求？
3. 扦插繁殖的技术要点是什么？
4. 嫁接的种类有哪些？嫁接后管理包括哪些环节？
5. 举例说明宿根花卉的分株繁殖过程。

任务三
园林花卉栽培设施

任务目标

◇了解园林花卉栽培生产的设施类型与特点

◇掌握温室的类型、构造及特点

◇熟悉温室环境因子调控方法

任务提出

要求在北方冬季寒冷干燥、春季干旱多风地区栽培出要求温暖湿润环境的蕨类植物、热带兰、多肉植物、变叶木、发财树等热带花卉；在炎热夏季生产出要求凉爽气候的花卉；不受地区、季节限制，并按照需要随时供应和周年生产花卉。

任务分析

利用花卉栽培设施创造适于植物生长的环境，可实现在自然条件下不能或很难进行的花卉繁殖、育苗、栽培等活动；可实现在缺花季节供应鲜花，保证周年供花；可实现在寒冷地区栽培热带和亚热带植物，促成或抑制栽培，提早或推迟花期等。

相关知识

花卉栽培设施是指人为创造的适宜并保护花卉正常生长发育的各种建筑或设施，主要包括温室、塑料大棚、荫棚、冷床、温床、风障、地窖等。

一、温室

温室是覆盖着透光材料，带有防寒及加温设备的建筑，能够提供适宜植物生长发育的环境条件，是花卉生产中最重要、最广泛的栽培设施。温室具有良好的采光、增温和保温性能，可以创造人工环境，减少地区间的局限性。温室还可以控制或补充自然条件的不足，提高花卉的生长质量。由于它对环境因子的人工调控能力比其他栽培设备更强、更全面，因此成为花卉工厂化和商品化生产的重要设施。

1. 温室的作用

（1）引种栽培花卉　对热带和亚热带植物而言，它们原产地的气温较高，年温差小，如在温带地区栽培，必须在温室中栽培，特别是在冬季可通过温室创造出一个温暖湿润的环境，使花卉正常生长或安全越冬，保证引种成功。

（2）满足花卉周年生产的需要　随着社会物质文化生活的不断改善和提高，人们对鲜花的需求量也在不断增多并要求周年都有鲜花供应。为此，在冬春寒冷季节，在自然条件不适合于植物生长的场合，可用温室创造出适于植物生长的环境条件来栽培花卉，以实现在缺花季节供应鲜花，满足人们的需要。

（3）促成栽培和抑制栽培　随着国际、国内交往的增多，各种节假日、花展等活动日益增多，随时随地都需要一定量的鲜花供应，因此，必须运用各种栽培技术措施，使花卉早于或晚于自然花期而根据需要适时开放。运用这些促成或抑制栽培技术，需要在温室或其他特殊设备中进行。如在“五一劳动节”“十一国庆节”等节日举办花展，可通过控制环境条件的手段，达到“催百花于片刻，聚四季于一时”的目的，实现诸多花卉在花展上届时盛开，争奇斗艳，增添节日的喜庆气氛。

2. 温室的种类

（1）根据使用的建筑材料不同可分为：土木结构温室、钢架结构温室、钢木混合结构温室、铝合金结构温室（见图1—3—1）、钢铝混合结构温室等。

（2）按屋面覆盖材料不同可分为：玻璃温室、塑料薄膜温室（见图1—3—2）、塑料板材［玻璃纤维树脂板（FRA板）、丙烯树脂板（MMA板）、聚碳酸酯树脂板（PC板）］温室等。

（3）按用途不同可分为：观赏温室、生产温室（以花卉生产栽培为主）、繁殖温室（供花卉大规模繁殖之用）和人工气候温室等。

（4）按栽培植物不同可分为：棕榈科植物温室、兰科植物温室、蕨类植物温室、仙人掌科和多浆植物温室、食虫植物温室、花木室、果木室、王莲室等。

（5）按温室温度状况可分为：高温温室（20～30℃）、中温温室（15～20℃）、低温

图 1—3—1 铝合金结构温室

图 1—3—2 塑料薄膜温室

温室 / 冷室（5～15℃）。

（6）按采光屋面的形式可分为：单屋面温室、双屋面温室、不等屋面温室、连栋式温室。

（7）以加温或不加温为条件，可分为日光温室（不加温）（见图 1—3—3）和加温温室（火炉、散热器、热风加温）两种。

图 1—3—3 日光温室

3. 温室的特点

（1）**单屋面温室** 温室屋顶只有一个向南倾斜的玻璃屋面，其北面为墙体（见图 1—3—4），一般跨度为 3～6 m，玻璃屋面倾斜角度可较大，以充分利用冬季和早春的直射光线。温室北墙可阻挡冬季的西北风，通常高 2.7～3.5 m。前墙高 0.6～0.9 m，不宜过高，否则遮挡光线。前墙高矮通常以栽培植株的高矮而定，如植株较矮且要定植于地床者，前墙以较矮为宜（也有将前墙均改为玻璃窗的情况）；栽培植株较高或将低矮的盆花放置于植物台上时，前墙则可较高。此类温室光线充足、保温良好、构造简单、造价低廉，小面积温室及严寒地区常采用。但单窗采光，其光线仅自南面射入，光照不均匀，植株有向南弯曲生长的缺点，尤其对生长迅速的花卉种类，如草花等，影响较大，要经常进行转盆，以调整株态。

（2）**双屋面温室** 温室屋顶有两个相等的玻璃屋面，屋顶及周围立窗均能采光，通常南北延长，屋面分向东西两面（见图 1—3—5），但也偶有东西延长的。通常建筑较为宽大，一般跨度为 6～10 m，也有达 15 m 的。在内设栽培床较高时，四周矮墙的高度为 0.6～0.9 m；内设栽培床较低时，四周矮墙的高度为高 0.4～0.5 m。这类温室光照好，室内全部面积都有均匀的光照，植物没有弯向一面生长的现象，且宽大的温室具有很大的空气容积，当室外气温变化时，温室内温度和湿度不易受到影响，有较大的稳定性。但温室过大时，有通风不良的弊端，且由于玻璃屋面较大，散热较多，保温性能差，因此，要有完善的加温设备或于温暖地区使用。

图 1—3—4　单屋面温室

图 1—3—5　双屋面温室

（3）不等屋面温室　温室屋顶具有两个宽度不等的屋面，向南一面较宽，向北一面较窄，二者的比例为 4∶3 或 3∶2。南向屋面的倾斜角度一般为 28°～32°，北向屋面为 45°。前墙高 0.6～0.7 m，后墙高 2～2.5 m，一般室宽为 5～8 m。这类温室南侧立窗及屋顶为采光面，因此保温、光照好，在北方常用此形式，夏季也可稍加采用。但由于南北屋面不等，日光自南面照射较多，因此室内植物仍有向南弯曲生长的缺点，但比单屋面温室稍好。北向屋面易受北风影响，保温不及单屋面温室。不等屋面温室北墙高南墙低，且南北屋面倾斜角度不同，建造及日常管理都不方便，一般较少采用。

（4）连栋式温室　由同面积、同式样的温室连接而成，主要包括圆拱形连栋温室（见图 1—3—6）和屋脊形连栋温室（见图 1—3—7）两种类型。圆拱形连栋温室屋面主要以塑料薄膜为透明覆盖材料，这种温室主要在法国、以色列、美国、西班牙、韩国等国家广泛应用，中国目前自行设计建造的现代化温室也多为圆拱形连栋温室。屋脊形连栋温室主要以玻璃作为透明覆盖材料，其代表型为荷兰的芬洛型温室，这种温室大多数分布在欧洲，以荷兰的面积最大，目前为 120 平方千米，居世界之首。现代化的连栋式温室土地利用率高，内部作业空间大，每日有充足的阳光直射，保温且温度均匀，节能，自动化程度较高，内部设备配置齐全，便于机械化操作和工厂化生产，因此在进行大面积商品化生产时常采用，这类温室的缺点是造价较高。连栋式温室也可使用简单的屋架结构，造价较低，加温容易，温度也比较容易维持，但日照稍差，空气流通不畅。因屋面连接处容易大量积雪而发生危险，故在冬季多降大雪的地区不宜采用。

4. 温室内部设施

温室内部设施一般包括花架 / 台、苗床、灌溉系统、施肥泵系统、二氧化碳施肥系统、通风和降温设备（自然通风、强制通风和遮阳喷雾装置）、遮光补光系统（外遮阴、

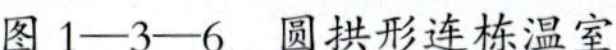

图 1—3—6 圆拱形连栋温室

图 1—3—7 屋脊形连栋温室

内遮阴和内置灯源补光）、计算机控制系统、防虫网系统等。

5. 温室环境因子调控

（1）温度的调节

1）保温。通过使用光透射率高的覆盖材料以及经常清洁覆盖面以增加光的透射率；通过地表覆盖来减少土壤的蒸发量和作物的蒸腾量以增加地热贮存；通过在门窗上覆盖保温性的草帘、保温帘以减少放热，可有效提高温室保温性能。

2）加温。加温方式可分为热水加温、蒸汽加温、热风加温和电热线加温等。

①热水加温。热水加温一般用于大型现代化温室和冬季寒冷的北方地区，加温设备相当于北方的供暖设施。热水加温系统由热水锅炉、供热管道和散热设备三个基本部分组成。将水加热至 60～80℃，由热水管道将热量带到温室。冷却后的水再由管道送入锅炉继续加热，循环使用。此加温方式的优点是加热缓和、余热多，温室内温度稳定、均匀，停机后保温性好，运行稳定可靠。缺点是因使用大量管道使得造价昂贵。

②蒸汽加温。蒸汽加温一般用于大型现代化温室和冬季寒冷的北方地区，加温设备类似于热水加温，不同之处为锅炉产生的 100～110℃的蒸汽由管道送入温室，冷却后产生的蒸馏水则排出室外。此加温方式的优点是室内温度提高快，而且蒸汽锅炉房规模大，自动化和安全装置多，操作较简单。缺点是余热时间短、余热少，停机后保温性差，当室内温度较低时，靠近管道的植物易受到伤害。

③热风加温。热风加温多用于中小型温室和我国中南部地区（低纬度地区临时加温），由加热器、风机和送风管组成。一般使用燃油热风机产生热量，由热风机将热量通过送风管送入温室各处。此加温方式的优点是加热快、使用方便、设备投资少。缺点是运行费用高。

④电热线加温。将专用的电热线铺设在栽培基质或埋在苗床或扦插床下面，用以提高地温，主要用于温室育苗。其优点是装撤容易、热效率高、利用控温器可进行较精确的控温，且电能是最清洁、方便的能源。缺点是电能本身较贵，用电量大，电热线使用寿

命短。

3）降温。温室中常用的降温设施有：自然通风系统、强制通风系统、湿帘—风机降温系统、微雾降温系统。一般根据环境条件、设备条件和温度控制要求采用以上多种方法组合。

①自然通风系统。通风窗主要有顶窗和侧窗等。适用于高温、高湿季节的通风及寒冷季节的微弱换气。

②强制通风系统。利用排风扇作为换气的主要动力，强制通风降温。一般排风扇和水帘结合使用，组成湿帘—风机降温系统。当强制通风不能达到降温目的时，水帘开启，启动水帘降温。

③湿帘—风机降温。由湿帘和风机两部分构成。湿帘（国产湿帘多为纸质蜂窝结构）一般安装在北墙，风机安装在南墙。在封闭的环境内，风机开启后将室内空气排出从而形成负压，同时水泵向湿帘供水，湿帘外空气因室内负压进入温室，在穿过湿帘缝隙过程中与冷水热交换，变成冷空气后进入室内，从而达到降温目的。

④微雾系统。微雾系统是直接将水以雾状喷在温室的空中，雾化程度极高的小雾滴在尚未落至地面时即已蒸发。此系统降温速度快、蒸发效率高，温度分布均匀，但系统较为复杂，造价和运行费用都较高。

（2）光照的调节

1）遮阴。温室遮阴设备分为外遮阴和内遮阴，其主要功能是减弱太阳光的强度和降低温室温度。一般外遮阴的遮阴、降温效果比内遮阴的好，但受日晒雨淋影响易老化，需选用结实耐用的材料。遮阴网以聚烯烃树脂为主要原料，并加入防老化剂和各种色料，经拉丝编织而成。遮阴网的类型和遮光率可根据要求具体选择。

2）遮光。在高纬度地区栽培原产热带、亚热带的短日照花卉，让其在春夏长日照季节开花时，应采用遮光的方法来缩短光照，达到提前开花的目的。常采用不透明黑色塑料布或黑色棉布加工的遮光罩。

3）加光。主要应用于长日照条件下开花的植物种类，通过加光处理可提早开花。另外，冬季雨雪天光照不足，可采用人工加光促使盆花正常生长、开花。根据不同作物的生长需要、对花期的不同调控要求等，为温室配置加光设备，如白炽灯、荧光灯、高压钠灯等。

（3）湿度的调节

1）灌溉系统。是温室生产中的重要设备，灌溉方式有人工浇灌、漫灌、喷灌（移动式和固定式）、滴灌等。浇灌和漫灌为较原始的浇灌方式，无法精确控制灌溉的水量，也无法均匀灌溉，常常造成水肥浪费，人工灌溉多只用于小规模花卉生产。喷灌和滴灌多为机械化或自动化灌溉方式，可用于大规模花卉生产，易实现自动控制灌溉，优点是效率高、节水、不冲击栽培基质、不易传播病害，缺点是费用较高。

2）通风系统。用于调控温室内空气湿度。通风设备主要有顶窗、侧窗、排风扇和循环风扇。通风设备可使温室内外的空气交换，增加温室内的空气循环流动从而降低空气湿度。

3）其他设备。为使温室内空气湿度提高，可在室内修贮水池；装配人工喷雾设备，实现人工降雨；在室外屋顶喷水或淋水（水最好回收循环使用，以节约用水）。

（4）气体的调节　温室内的气体环境主要是指 CO_2 和一些有害气体。白天不通风条件下，温室内常出现 CO_2 浓度低于 0.03% 的情况，影响正常光合作用。

1）补充 CO_2。常用方法有以下几种：

①固体 CO_2（干冰）。使用安全，效果好，多在小面积范围内使用。

②液体 CO_2。是一些化工业的副产品，压缩在钢瓶内，使用方便、易控制、肥源较多。

③ CO_2 发生器。是通过燃烧丙烷或天然气产生 CO_2，经管道送到大棚温室内，使用时应注意安全。

④土壤中多施有机肥，自然产生 CO_2。

2）有害气体控制。对于温室内加温产生的 CO 和 SO_2，以及化肥分解释放出的 NH_3 和 NO_2 等有害气体，应强制通风换气，以减轻危害。

二、塑料大棚

在我国，通常将不用砖石结构围护，只以竹、木、水泥或钢材等杆材作棚架，没有加温设备，覆盖以塑料薄膜的全屋面透光的拱形或屋脊形保护设施，称为塑料薄膜大棚，简称塑料大棚。

1. 塑料大棚的性能

在北方多用于温室花卉生长期的提前或延后栽培，在南方则可用于温室花卉的越冬栽培，是现代化温室常用的配套设备。

塑料大棚内的温度源于太阳辐射能，与温室相比，其光照较好，可全天采光，且棚内光照均匀，增温较快，但保温性较差，夜晚散热快。塑料大棚的保温性与其面积密切相关，面积越小，夜间越易变冷，日温差越大；面积越大，温度变化越缓慢，日温差越小，保温效果越好。塑料大棚与现代化的塑料温室似乎很难区分，但一般认为塑料温室应是永久的建筑，有基础工程，室内有永久性的设施，如保温、加温、降温、遮阳、补光、灌溉、补充 CO_2 等先进的自控设施（见图 1—3—8）。

2. 塑料大棚的种类及特点

图 1—3—8 塑料大棚

（1）竹木结构大棚 一般跨度为 12～14 m，以 3～6 m 粗的竹竿为拱杆，拱杆间距 1～1.1 m，每一拱杆由 6 根立柱支撑，中间两根最高的立柱高度为 2.6～2.7 m，用木杆或水泥预制柱。这种大棚的优点是建筑简单，拱杆有多个支柱支撑，比较牢固，建筑成本低；缺点是立柱多造成遮光严重，且作业不方便。

（2）悬梁吊柱竹木拱架大棚 在竹木结构大棚的基础上改进而来，中柱由原来的 1～1.1 m 一排改为 3～3.4 m 一排，横向每排 4～6 根。用木杆或竹竿纵向拉梁将立柱连接成一个整体，在拉梁上每个拱架下设一支柱，下端固定在拉梁上，上端支撑拱架，通称“吊柱”。这种大棚的优点是减少了部分立柱，大大改善了棚内的光环境，具较强的抗风雪荷载能力，且造价较低。

（3）拉筋吊柱大棚 拉筋吊柱大棚是一种钢竹混合结构，一般跨度 12 m，长 40～60 m，脊高 2.2 m，肩高 1.5 m。水泥柱间距 2.5～3 m，水泥柱用 ϕ6 mm 钢筋纵向连接成一个整体，在拉筋上穿设 20～25 cm 长的吊柱连接拱杆，拱杆用 3 cm 左右粗的竹竿，间距 1 m，夜间可在棚上面盖草帘。这种大棚的优点是建造简单，用钢量少，支柱少，减少了遮光，作业也比较方便，而且夜间有草帘覆盖保温，提早和延后栽培果菜类效果较好。

（4）无支柱钢架大棚 一般跨度为 10～12 m，脊高 2.5～2.7 m，每隔 1 m 设一道拱形桁架，桁架上弦用 ϕ16 mm 钢筋，下弦用 ϕ14 mm 钢筋，其间用 ϕ12 mm 或 ϕ10 mm 钢筋拉花（腹杆）连接，桁架下弦处用 4～5 道 ϕ16 mm 的钢筋做纵向拉梁，拉梁上用 ϕ14 mm 钢筋焊接两个斜向小立柱支撑在拱架上，以防拱架扭曲。这种大棚无支柱，透光性好，作业方便，有利于设施内保温，抗风雪能力强。可由专门的厂家生产装配以便于拆卸，此种大棚与竹木大棚相比，一次性投资较大。

（5）装配式镀锌薄壁钢管大棚 跨度一般为 6～8 m，矢高 2.5～3 m，长 30～50 m。用 ϕ25 mm ×（1.2～1.5）mm 薄壁钢管制作成拱杆、拉杆、立杆（两端棚头用），钢管内、外热浸镀锌以延长使用寿命。用卡具、套管连接棚杆组装成棚体，覆盖薄膜在卡槽内以弹性钢丝固定。此种棚架属于国家定型产品，规格统一，组装拆卸简便，盖膜方便，棚内空间较大，无立柱，两侧附有手动式卷帘器，操作简单，在南方地区应用较为普遍。

三、荫棚

荫棚是用于遮阳栽培的设施，在花卉越夏时作降温之用（见图 1—3—9）。荫棚形式多样，可分为永久性荫棚和临时性荫棚两类。

图 1—3—9　荫棚

永久性荫棚多设于温室旁边，用于温室花卉的夏季遮阳，在江南地区还常用于杜鹃等喜阴性植物的栽培；临时性荫棚多用于露地繁殖床和切花栽培，主要用于对光照要求不强的观叶植物、兰科植物，以及某些不耐高温或强光的盆栽花卉的越夏及育苗。

四、冷床与温床

冷床与温床是花卉生产中常用的简易设施。其中不加温只利用太阳辐射热的称为冷床；除利用太阳辐射热外，还需要人为加温的称为温床。冷床与温床有以下作用：

1. 提前播种，提早开花

春季露地播种一般在晚霜后进行，而利用冷床或温床可在晚霜前 30～40 天播种，以提早花期。

2. 促成栽培

秋季在露地播种育苗，冬季移入冷床或温床使之在冬季开花，或在温暖地区冬季播种，使之在春季开花，如球根花卉水仙、百合、风信子、郁金香等常在冬季利用冷床进行促成栽培。

3. 花卉的保护越冬

在北方，一些二年生花卉不能露地越冬，可在冷床或温床中秋播越冬，或在露地播种，幼苗于早霜前移入冷床中保护越冬，如三色堇、雏菊等。在长江流域，一些半耐寒性盆花，如天竺葵、小苍兰、万年青、芦荟、天门冬以及盆栽灌木等花卉，常在冷床中保护越冬。

4. 小苗锻炼

在温室或温床育成的小苗移入露地前，需先于冷床中进行锻炼，使其逐渐适应露地气候条件后，再栽于露地。

5. 扦插繁殖

在炎热的夏天，可利用冷床进行扦插，通常在 6—7 月进行。

五、风障

风障是指在冬春季节设置在栽培畦北侧的防风屏障，是我国北方地区常用的简易保护设施之一，可用于耐寒的二年生花卉越冬，或一年生花卉露地栽种，也可对新栽植的园林植物设置风障，以提高移栽成活率。风障由基埂、篱笆、披风三部分组成，主要有以下作用：

1. 降低风速，使风障前近地层气流比较稳定。

2. 能充分利用太阳辐射能，增加风障前附近地表的温度和气温，并能比较容易的保持风障前的温度。

3. 减少水分蒸发、降低相对湿度，从而改善植物的生长环境。

六、地窖

地窖又称冷窖，是不需人为加温的、用来储藏植物营养器官或保障植物防寒越冬的地下设施。地窖具有保温性能较好、建造简便易行等特点。通常用于北方地区储藏不能露地越冬的宿根、球根、水生花卉及一些冬季落叶的半耐寒木本花卉，如石榴、无花果、蜡梅等。也可用来储藏球根，如大丽花块根、风信子鳞茎等。

地窖依其与地表面的相对位置分为地下式和半地下式两类。地下式的窖顶与地表持平，半地下式窖顶高出地表面。地下式地窖保温良好，但在地下水位较高及过湿地区不宜采用。

地窖在使用过程中要注意开口通风。有出入口的活窖可打开出入口通气，无出入口的死窖应注意逐渐封口，天气转暖时要及时打开通气口。气温越高，通气次数应越多。此外，植物入窖时，为避免伤害，需锻炼几天再进行封顶或出窖。

思考与练习

1. 园林花卉保护地栽培设施有什么作用？

2. 园林花卉栽培设施有哪些？特点分别是什么？

3. 温室的类型有哪些？

4. 温室环境因子如何调控？

模块二

露地花卉栽培与养护

任务一
一二年生花卉栽培与养护

任务目标

◇掌握一二年生花卉的常见繁殖方法
◇了解一二年生花卉的栽培要领
◇掌握一二年生花卉的养护技术
◇掌握常见一二年生花卉的园林生产与养护

任务提出

某广场需用一二年生花卉布置花坛（见图 2—1—1），现要求进行现场指导并顺利开展种植任务，同时做好花坛后期的养护管理。

图 2—1—1　一二年生花卉的应用

任务分析

一二年生花卉繁殖系数大，生长迅速，色彩艳丽，开花繁茂整齐，能良好的布置和烘托节庆的氛围，是布置花坛、花境和种植钵等设施的常用植物类型。但一二年生花卉对环

境要求较高，栽培程序复杂，对后期养护管理要求较高。因此只有充分掌握其栽培养护要点，对其进行科学的栽培管理，方可展现出其个体和群体美，为园林植物景观的营建起到画龙点睛的作用。

相关知识

一、一二年生花卉类型

由于各地气候及栽培条件不同，特别是目前园艺设施的广泛应用，一年生和二年生花卉常无明显的界限，故统称为一二年生花卉。另外，在实际的花卉生产过程中，有一些多年生花卉由于不适应栽培地的气候，露地越夏或越冬困难，维护成本较高，且经过多年生长后，观赏效果不佳，也常作一二年生花卉栽培，如一串红、矮牵牛、旱金莲、三色堇和美女樱等。有些种类甚至可长成亚灌木状，如长春花和彩叶草。

二、一二年生花卉繁殖

一二年生花卉主要采用播种繁殖和扦插繁殖。播种繁殖具有繁殖系数大、生长迅速、种子容易获得等特点，适用于大多数一二年生花卉的生产，尤其适用于一些具有自播繁衍能力的种类，如二月兰、波斯菊和地肤等。扦插一般应用于多年生作一二年生栽培的花卉，如一串红和矮牵牛等。

1. 种子的处理

大多数一二年生花卉种子不需要处理也能出苗良好，但部分种子需要在播种前进行处理。常见的处理方法有机械破皮和浸种等。

一些大粒种子的种皮坚硬，若不进行机械破皮则发芽困难，萌发率低。采用浸种方法前常用小刀刻伤种子种皮，使其吸水透气，促进萌发，如荷花等。有些种子播种前需在温水中浸泡一段时间，使种子吸水充分膨胀，提高萌发率，如波斯菊和百日草等。

2. 播种时间

一年生花卉一般在春季晚霜过后露地播种，这时气温稳定，适合大多数花卉种子萌发。若出现极端气候变化或为了提早开花，也可借助温室、冷床和温床等保护措施播种。另外，为满足“国庆节”或“中秋节”等节日用花需求，也可延迟播种。华南地区约在 2 月下旬至 3 月上旬进行播种，华中地区约在 3 月上旬至下旬进行播种，华北地区约在 4 月上中旬进行播种。

二年生花卉一般秋季播种，要求温度适宜，保证出苗后小苗有一定的生长时间即可。北方约在 8 月底至 9 月初进行播种，南方则在 9 月下旬至 10 月上旬进行播种。

也可根据花卉成品的花期需求时间来确定播种期，如在“国庆节”时布置广场花坛需要一串红的盆花，而一串红播种至成苗开花需要90天，为了保证按期开花，应在理论播种期前1周左右播种，即在6月下旬进行播种。

3. 播种的基本流程与方法（参见任务二中的播种繁殖）

（1）场地整理　选择富含有机质的壤土作播种床，南方多雨及低湿处或者喜高燥的花卉多用高畦，北方多用低畦。整地要求细致，保持畦面表土均匀细腻，播种前7天施有机肥作基肥，耙平畦面。

（2）播种方法　一般采用苗床播或穴盘播的方法。根据种子的大小，苗床播可以采取撒播法、条播法和点播法等。穴盘播种可人工点播，有的大型花卉生产企业也采用播种机进行播种。

（3）覆土深度　覆土深度取决于种子大小。大粒种子覆土深度为种子直径的3倍，中粒种子以看不见种子为宜，小粒和微粒种子可与沙子混合后再播种。

（4）播种后管理　播种前应向播种床内充分灌水，以保持播种后土壤较长时间的湿润状态。出芽前浇水要勤，出芽后不能过湿。为了浇水时不把种子冲走，可用喷雾器浇水。

苗床播种根据需要可以覆盖薄膜进行保温，种子发芽出土后，除去覆盖物逐步见光，待小苗适应后才能完全暴露在阳光下。穴盘播种后，穴盘要移入温室进行催芽。温室要适当遮阴，并使室内保持高温高湿状态，一般要求室内温度在25～30℃，湿度在95%以上。不同的品种，出芽时间略有不同。

三、一二年生花卉栽培养护

1. 间苗

为保证足够的出苗率，播种量一般都超过留苗量，造成了幼苗拥挤。为保证幼苗有足够的生长空间和营养面积，应及时进行疏苗，使苗间空气流通和日照充足。露地播种的花卉一般间苗2次。当幼苗长出1～2片真叶后，留下茁壮幼苗，去掉弱苗、徒长苗及杂苗，使幼苗得到充足的阳光和养分。间苗前不要使苗床过干或过湿。

2. 移苗

当真叶达3～4片时移苗。移苗分2次，第一次裸根移，要求边移边浇水，第二次则带土移。移苗2次后，可择地定植。起苗前半天，需给苗床浇水1次，操作时应尽量避免伤根。移栽种植时，将幼苗轻置于大小适中的穴坑，覆土并适度压实幼苗周围土壤。定植后及时浇水。多次移苗虽会短暂推迟花期，但也能促使植株低矮健壮，开花繁茂。

3. 摘心

部分花卉如一串红、万寿菊和美女樱等，需要摘除枝梢顶芽，促进分枝，使株型低

矮、紧凑和饱满。而凤仙花和鸡冠花等则不需要摘心。

4. 二年生花卉的越冬

许多二年生花卉在北方地区需要保护越冬。一般 11 月初将幼苗移至阳畦，阳畦的管理依据天气情况而定。一般晴天上午 9 点打开蒲席，下午 4 点盖上，天气转凉时则缩短蒲席打开时间。大风天气仅打开蒲席两头透气，雪天不打开蒲席，但需及时清扫积雪。温度过低还可加覆盖物，但时间过长易导致小苗徒长。次年 3 月中上旬再将小苗移出阳畦。

栽培过程中要定期浇水、追肥和中耕除草。一二年生花卉品种容易退化，为保持品种的优良性状，要采取合理的隔离措施，防止品种的机械混杂和生物学混杂。

任务实施

公共场所花坛、花丛的美化常用到的一二年生花卉有万寿菊、鸡冠花和百日草等。现以常见有代表性的一二年生花卉为材料，进行繁殖和栽培养护练习。

一、万寿菊栽培与养护（见图 2—1—2）

科属：菊科万寿菊属。

拉丁学名：*Tagetes erecta*。

主要品种：按株高分为矮型、中型和高型品种。应用较多的有同属近缘种孔雀草（*T.patula*）和细叶万寿菊（*T.tenuifolia*）等。

花期：6—10 月，无霜地区全年有花。

图 2—1—2 万寿菊及其园林应用

1. 主要形态特征

万寿菊属一年生草本花卉。株高 20～50 cm，茎直立具纵细条纹，叶羽状全裂对生。头状花序单生茎顶，花序直径 5～8 cm，舌状花黄色或暗橙色，管状花黄色。

2. 生态习性

万寿菊喜温暖、湿润和阳光充足的环境，不耐寒，冬季温度不能低于 5℃。夏季高温 30℃以上时，植株易徒长，茎叶松散，开花少。夏季水分过多，茎叶生长过旺，影响株型和开花，因此高温期要严格控制水分，以稍干燥为好。对土壤要求不严，但以肥沃深厚、富含腐殖质和排水良好的沙质土壤为宜。

3. 繁殖方法

万寿菊多用播种繁殖和扦插繁殖。一般在春季播种，适宜生长温度为 18～22℃，播种到开花需 7～12 周。春播苗可用于布置“五一劳动节”花坛，夏播苗用于布置“十一国庆节”花坛。

图 2—1—3　用喷雾器进行苗床浇水

露地播种先将苗床浇透底水（见图 2—1—3），将处理后的种子均匀撒在床面上，用细土覆盖，以不露种子为宜。再用花洒浇水，切忌冲走种子。播种后在床面上覆盖地膜以增温保湿，苗拱土后马上揭膜。苗床播种出苗后应进行 2 次间苗，留苗行间距约为 4 cm×4 cm，最后定苗。当真叶达 3 对时可以逐渐进行 2～3 次摘心以促其分枝。

穴盘播种时，用泥炭土：珍珠岩为 2：1 作为基质，配制好的基质可用多菌灵或 50% 甲基托布津进行消毒处理。填穴盘时注意不要用力压紧，装盘要均匀，使每个穴盘都装满基质，但不能装得过满。处理后的种子每穴一粒，避免漏播。覆盖基质不要过厚，与穴盘格室相平为宜。喷洒要轻而匀，当穴盘底部有水渗出即可。从播种到出苗，温度都应保持在 15～20℃，播后 7 天能出苗（见图 2—1—4 和图 2—1—5）。为防止小苗徒长，应注意通风降温，苗期要充分见光，适当控制土壤水分。成苗时氮肥不宜过多。定植前 5～7 天应通风降温，适度控水炼苗，注意猝倒病和立枯病的防治。

图 2—1—4　穴盘万寿菊苗 1 周出苗

图 2—1—5　万寿菊穴盘小苗

扦插一般在夏季进行，采带 2 个节的嫩枝，扦插于露地苗床，用荫棚遮盖，2 周即可生根，生长 1 个月即可开花（见图 2—1—6）。扦插苗植株较低矮时即能开花，花期易于控制，便于应用。

图 2—1—6　扦插繁殖万寿菊开花及定植

4. 栽培养护

浇水以“见干见湿”为原则，夏、秋季早上浇水，冬、春季中午浇水。生长期追施 2 ~ 3 次 0.1% 尿素肥水促进植株生长。植株满盆后追施 0.1% 复合肥促进花芽分化。苗期应反复摘心 2 ~ 3 次，促其分枝，使植株矮化、花朵增多。万寿菊病虫害较少，主要是病毒病、枯萎病和红蜘蛛虫害。病毒病用病毒威和菌毒清防治，枯萎病用 75% 百菌清、多菌灵和甲基托布津进行防治，对红蜘蛛虫害在初期用 40% 氧化乐果 1 000 ~ 1 500 倍液防治，隔 7 天喷 1 次，连喷 2 次。

绿地中定植时先去掉营养钵，带土球并轻微去掉部分根系，用穴植法按照花坛设计进行定植，保持适当间距，株行距约 20 cm × 20 cm。土壤覆盖全部土球，高度以不埋第一分枝为宜，这项措施对防止后期倒伏有很大意义。浇“定根水”移栽后要及时查苗补苗，确保全苗。缓苗成活后应及时除草松土，防止板结，夏季炎热天气，应及时浇水并注意排水。高温期栽培万寿菊要严格控制水分，以稍干燥为好。为保持观赏效果，要及时剪去下部的枯叶残花及花后的枯枝。

5. 园林应用

万寿菊花大色艳，花量大，花期长，栽培容易，因此广泛应用于花坛布置和盆栽摆设。矮型品种是花坛、花境和花丛的优良材料，还可植于窗盒、吊篮和种植钵中。高型品种花梗挺直，切花水养较为持久。

二、鸡冠花栽培与养护（见图 2—1—7）

科属：苋科青葙属。

拉丁学名：*Celosia argentea var.cristata*。

主要品种：普通鸡冠、凤尾鸡冠、子母鸡冠和圆绒鸡冠。

花期：7—10月。

图 2—1—7　鸡冠花及其园林应用

1. 主要形态特征

鸡冠花为一年生草本花卉。株高 30～80 cm，茎粗壮直立，光滑具棱，分枝少，全株无毛。叶互生，卵形至线形，全缘。肉穗状花序顶生，呈扇形、肾形和扁球形，色彩丰富。叶色常与花色有相关性。

2. 生态习性

鸡冠花喜温暖干燥和阳光充足的环境，生长适温为 18～24℃，开花适温为 24～26℃，冬季温度低于 10℃时，植株停止生长并逐渐枯萎死亡。耐干燥，怕水涝，尤其梅雨季节雨水较多，空气湿度大，对鸡冠花生长极为不利。若光线不足，茎叶易徒长，叶色淡绿，花朵变小。土壤宜选择肥沃、疏松和排水良好的沙质土壤，忌黏湿土壤。可自播繁衍。

3. 繁殖方法

鸡冠花一般用播种方法繁殖，春季冻土化后即可播种，播后 6～10 天即可发芽。种子较细小，覆土宜浅。鸡冠花为直根性草花，不耐移植。一般真叶达 4～5 片时即可移植。

4. 栽培养护

鸡冠花性喜阳光，耐贫瘠，对土壤要求不严，宜种植在地势高燥向阳、肥沃和排水良好的沙质土壤中。种前土壤应耙深 30 cm，使表层土壤绵软细碎，畦面平整。常用草木灰、油粕和厩肥等作为基肥。

鸡冠花喜肥水，生长期每半个月施肥 1 次。前期以氮肥为主，但不宜过多，以免植株徒长而延迟开花，后期以施磷、钾肥为主。待鸡冠形成后，每隔 10 天施 1 次稀薄的复合液肥。鸡冠花一般不摘心，对于矮生多分枝的品种，在定植后应进行摘心以促进分枝。

常见病害有叶斑病、立枯病和炭疽病，可用等量波尔多液或 65% 代森锌可湿性粉剂 600 倍液喷洒。常见虫害有蚜虫、小绿蚱蜢和叶螨，可用 90% 敌百虫原药 800 倍液喷杀。

移栽时要稍栽深一些，以将叶子接近土面为好，株行距约 30 cm × 30 cm。移栽时不

要散坨，因为其根部较弱且为直根性，受伤不易成活。栽后要浇透水，7 天后开始施肥，花序形成前要保持一定的干燥，以利孕育花序。鸡冠花的栽培养护如图 2—1—8 所示。

5. 园林应用

鸡冠花花形奇特，色彩明艳，适用于布置夏秋季花坛、花台和花境，也可盆栽摆设于商厦入口等处，亦可做切花或干花。

图 2—1—8　鸡冠花的栽培养护

三、百日草栽培与养护（见图 2—1—9）

科属：唇形科百日草属。

拉丁学名：*Zinnia elegans*。

主要品种：依据植株高矮分为大花高茎类型、中花中茎类型、小花丛生类型。按花型分为大花重瓣型、纽扣型、鸵羽型、大丽花型和斑纹型等。

花期：6—10 月。

图 2—1—9　百日草及其园林应用

1. 主要形态特征

百日草为一年生草本植物。茎直立，高 25 ~ 60 cm。叶宽卵圆形或长圆状椭圆形，基出三脉，交互对生。头状花单生枝端，舌状花深红色、玫瑰色、紫堇色或白色，先端 2 ~ 3 齿裂或全缘，管状花黄色或橙色。

2. 生态习性

百日草喜温暖、不耐寒，喜阳光、怕酷暑。性强健，耐干旱瘠薄，根深茎硬不易倒伏。宜在肥沃深土层土壤中生长。

3. 繁殖方法

百日草以春季播种繁殖为主。播种前，土壤和种子要经过严格的消毒处理，以防生长期出现病虫害。种子消毒用 1% 高锰酸钾液浸种 30 min。百日草的种子发芽率约为 60%，尽量选择上一年饱满种子，以提高种子发芽率。播种在 4 月上旬至 6 月下旬进行均可，基质用腐叶土 2 份、河沙 1 份、泥炭 2 份和珍珠岩 2 份混合配制而成，可采用高温熏蒸法杀死其中的病菌、害虫及草种。播前基质湿润后点播，百日草种子萌发为嫌光性，播种后需覆盖一层蛭石。在 21～23℃温度时，3～5 天即可发芽。发芽后苗床保持 50%～60% 的含水量，不能太湿，以免烂根或发生猝倒病。

可根据开花时间确定播种日期，从播种到开花约需 75～90 天。幼苗长出 2 片真叶时移植 1 次。从定植到开花因品种不同约需 45～60 天，生长适温为 15～30℃。除幼苗需遮光避雨外，其他生长期均需充足阳光。

4. 栽培养护

当百日草植株长至株高约 10 cm 时，留下 2 对真叶摘心，以促进腋芽生长。百日草侧根少，移植后恢复速度慢，最好在苗小时定植。若定植时间过晚，可能导致下部枝叶干枯，降低观赏品质。花坛定植距离约为 25～40 cm。

定植后 1 周内应保持土壤湿润，以促进表层根系生长。幼苗旺盛生长期每周施肥 2～3 次，还可补充施 1 次钙肥。定植 1 周后开始摘心，摘心后可喷 1 次杀菌剂并施 1 次重肥。在最后 1 次摘心后约 2 周进入生殖阶段，可逐步增加磷、钾肥，促使出花多且花色艳丽，并相应减少氮肥的用量。夏季生长迅速，需充分浇水。百日草花期虽长，但后期长势衰退，茎叶杂乱，品相较差。因此若要供秋季花坛使用，常采用夏播。花后去残可减少养分消耗，促使多抽花蕾，且枝叶整齐。

5. 园林应用

百日草花繁色艳，是夏季园林中的优良花卉。其株型紧凑，常用作花坛和花境布置材料，低矮品种也可以作盆栽和草坪镶边植物。高杆品种切花水养较为持久。

四、千日红栽培与养护（见图 2—1—10）

科属：苋科千日红属。

拉丁学名：*Gomphrena globosa*。

主要品种：千日红、千日粉和千日白。

花期：6—9 月。

1. 主要形态特征

千日红为一年生直立草本，高 20～60 cm，茎粗壮，有分枝，枝略呈四棱形。叶片纸质，长椭圆形。花多数，密生，呈顶生球形或矩圆形，头状花序。小花具 2 枚膜质苞片，有紫红色、粉色和白色品种。

图 2—1—10　千日红及其园林应用

2. 生态习性

千日红对环境要求不严，性喜阳光，耐干热不耐寒，耐旱怕积水。生性强健，喜疏松肥沃土壤，生长适温为 20～25℃，在 35～40℃范围内也生长良好，冬季温度低于 10℃植株生长不良或受冻害。

3. 繁殖方法

千日红以播种繁殖为主。种子外密被纤毛，易相互粘连，先用冷水浸种 1～2 天，挤干，然后用草木灰拌种，或用粗沙揉搓使其松散便于播种。发芽适温为 21～24℃，播种后 10～14 天发芽。矮生品种发芽率低。成苗适宜生长温度为 15～30℃，出苗后 9～10 周开花。定植株行距为 20 cm × 30 cm。

4. 栽培养护

千日红耐粗放管理，生长期不宜过多浇水。除在定植时用腐熟鸡粪作为基肥外，生长旺盛阶段还应每隔半个月追施 1 次富含磷、钾的稀薄液体肥料。花期应及时去除残花，使其开花不断，延长花期。花后修剪和施肥后可再次开花。花朵开放后，保持盆土湿润状态即可，注意不要往花朵上喷水，保持正常光照即可。定植时距离应稍密，以免倒伏。

5. 园林应用

千日红花繁色浓，是优良的花坛材料，也适用于花境和岩石园的布置。头状花序主要由膜质苞片组成，干后不凋，是良好的自然干花。不同品种的千日红插于瓶中，星星点点，灿烂多姿，切花水养持久。

五、波斯菊栽培与养护（见图 2—1—11）

科属：菊科秋英属。

拉丁学名：*Cosmos bipinnatus*。

主要品种：园艺变种有白花波斯菊、大花波斯菊和紫红花波斯菊；园艺品种分早花型和晚花型，还有单重瓣之分。

花期：6 月底至霜降。

图 2—1—11 波斯菊及其园林应用

1. 主要形态特征

波斯菊植株高度为 30～100 cm，茎直立，分枝较多，单叶对生，二回羽状全裂，裂片狭线形。头状花序着生在细长的花梗上。舌状花瓣尖端呈齿状，有白色、粉色和深红色等多种颜色。中央筒状花均为黄色，夏、秋季开花。

2. 生态习性

波斯菊喜温暖，不耐酷暑和严寒。喜光，性强健，耐干旱瘠薄，宜种植于排水良好的砂质壤土中，肥水过多则茎叶徒长导致少花。易倒伏，忌大风，宜种植于背风向阳处。具极强的自播繁衍能力。

3. 繁殖方法

波斯菊主要采用播种或扦插繁殖。春播可在晚霜后直播，在 18～25℃的温度下 1 周可发芽。生长迅速，萌发后至开花仅需 10～11 周。也可在初夏用嫩枝扦插繁殖，容易生根成活。

4. 栽培养护

波斯菊在幼苗有 4 片真叶时可摘心，促进萌发侧枝。定植株行距约为 30 cm × 30 cm。其他管理较粗放，正常浇水即可。常在夏季枝叶过高时修剪数次，促使幼苗矮化，增多开花数。为防止倒伏，肥水不宜过大。注意各变种和品种之间容易杂交而退化。

5. 园林应用

波斯菊株型高大，叶形雅致，花大色艳，花姿柔美可爱，风韵撩人。盛开时花海一片，随风摇曳，颇富诗意。适于布置花境，也可植于篱边、山石、崖坡和树坛，或在建筑物旁成片栽植作为背景，颇有野趣。

六、凤仙花栽培与养护（见图 2—1—12）

科属：凤仙花科凤仙花属。

拉丁学名：*Impatiens balsamina*。

主要品种：园艺品种丰富，有不同花色、高度及单重瓣品种。

花期：6—8 月。

图 2—1—12　凤仙花及其园林应用

1. 主要形态特征

凤仙花为一年生草本，高 30 ~ 80 cm。茎肥厚多汁且光滑，浅绿色或晕红褐色，与花色相关。叶互生，披针形，叶柄有腺。花大，单生或簇生于上部叶腋，或呈总状花序。花瓣 5 片，呈左右对称。

2. 生态习性

凤仙花性喜阳光，怕湿，耐热不耐寒。喜向阳的地势和疏松肥沃的土壤，在较贫瘠的土壤中也可生长。易自播繁衍。

3. 繁殖方法

凤仙花以播种繁殖为主。3—4 月在温室或温床中播种，经一次移苗，至 5 月末即可定植。露地播种时间为 4 月下旬，种子适宜萌发温度为 23 ~ 25℃，播种到开花需 7 ~ 8 周时间，花期可达 40 ~ 50 天。欲在“十一国庆节”观赏，宜 7 月下旬播种，但花期较短，遇霜即枯萎。若为采收种子，则需早播。

4. 栽培养护

凤仙花要求种植地干燥通风，否则易染白粉病。全株水分含量高，因此不耐旱，水分不足时易落花落叶，影响生长。定植后应及时灌水，雨水过多时需注意防洪排涝，否则易导致根茎腐烂。耐移植，盛花期仍可移植，恢复较快。多分枝且直立生长的品种可进行摘心，促发侧枝。部分品种叶密集，进行适当摘除可防止病虫害，提高观赏品质。

5. 园林应用

凤仙花是中国民间栽培已久的草花之一，花瓣可用来涂指甲。花色丰富，是布置花坛和花境的优良植物材料，亦可植于花丛。高型品种可植于篱边庭前，矮型品种亦可盆栽。

七、羽衣甘蓝栽培与养护（见图 2—1—13）

科属：十字花科甘蓝属。

拉丁学名：*Brassica oleracea var.acephala f.tricolor*。

主要品种：园艺品种形态多样，按高度可分为高型和矮型；按叶的形态分为皱叶、不皱叶及深裂叶品种；边缘叶按颜色分为翠绿色、深绿色、灰绿色和黄绿色，中心叶则有纯白、淡黄、肉色、玫瑰红和紫红等品种。目前日本还培育出切叶和微型盆栽品种。

花期：冬春季节。

图 2—1—13　羽衣甘蓝及其园林应用

1. 主要形态特征

羽衣甘蓝植株小巧，根系发达。茎短缩，叶着生其上呈莲座状。叶柄粗而有翼，着生于短茎上，不包心结球。外部叶片呈粉蓝绿色，内部叶色极为丰富，有黄白、紫红和粉红等多种颜色，叶缘皱缩。总状花序着生茎顶，花淡黄色。

2. 生态习性

羽衣甘蓝喜冷凉气候，极耐寒，不耐涝。可忍受多次短暂的霜冻。生长势强，栽培容易，喜阳光，耐盐碱，喜肥沃土壤。生长适温为 20 ~ 25℃。

3. 繁殖方法

羽衣甘蓝多为播种繁殖，控制好播种时间是其栽培过程中的一个重要环节。一般播种期为 7 月中旬至 8 月上旬，定植期为 8 月中下旬，切花期为 11—12 月。若播种过早，生长后期老叶即开始出现黄化，不但会加大管理难度，而且会延长管理期。播种过晚，生长后期因受温度影响，出圃时叶丛冠径达不到所需规格。羽衣甘蓝播种可在露地进行，但需注意的是，苗床应高出地面约 20 cm 筑成高床，以利于在气温高、雨水多的 7—8 月份排水。

育苗基质可采用 40% 草炭土和 60% 的珍珠岩作基质。在播种前先喷透基质层，将种子直接撒播于基质上，覆盖时以刚好看不见种子为宜，播种后不用再次浇水。

4. 栽培养护

羽衣甘蓝耐瘠耐肥，在瘠薄土地能生长，但品质差、易老化。所以宜选择腐殖质丰富、疏松肥沃的沙壤土或壤土。一般在施足基肥的基础上，应适当进行追肥。前中期是追肥的重点时期，可每 7 ~ 10 天施 1 次氮、磷、钾液肥，促其生长茂盛。

定植移栽时去掉营养钵，用穴植法按照花坛设计进行定植，并浇定植水，地稍干时中耕松土，提高地温，促进生长。羽衣甘蓝抽薹时应及时剪除花薹，以延长观赏期。生长期适当追肥，注意防治莱青虫、蚜虫和黑斑病。花坛定植株行距 30 cm × 30 cm。叶片生长过分拥挤，通风不良时，可适度剥离外部叶子，以利生长。

5. 园林应用

羽衣甘蓝观赏期长，叶色极为鲜艳，盛开于冬季少花季节，是布置冬季花坛的主要材料，也是盆栽观叶的佳品。目前欧美及日本将部分植株低矮的观赏羽衣甘蓝品种用于鲜切花销售。

八、金鱼草栽培与养护（见图 2—1—14）

科属：玄参科金鱼草属。

拉丁学名：*Antirrhinum majus*。

主要品种：有高型、中型和矮型品种，还有切花、重瓣和四倍体品种等。

花期：3—6 月。

图 2—1—14　金鱼草及其园林应用

1. 主要形态特征

金鱼草为多年生直立草本，作二年生栽培，茎基部有时木质化，高可达 80 cm。叶下部对生，上部常互生，全缘。总状花序顶生，花冠颜色有红色、紫色至白色多种。花冠基部在前面下延成兜状，上唇直立宽大，2 半裂，下唇 3 浅裂，在中部向上唇隆起，封闭喉部，使花冠呈假面状。

2. 生态习性

金鱼草喜阳光，也能耐半阴。性较耐寒，怕炎热。适合生长于疏松肥沃和排水良好的土壤，在石灰质土壤中也能正常生长。

3. 繁殖方法

金鱼草主要用播种繁殖。春、秋季播种均可。在长江流域多用秋播，北方地区盆播也多用秋播，秋播苗比春播苗生长健壮，开花茂盛，秋播后 7 ~ 10 天出苗。春播应在 3—4

月进行。金鱼草的优良品种及重瓣品种不易结实时常采用扦插繁殖，多于春、夏季进行。

4. 栽培养护

定植后，为了保证植株正常发育，应勤施追肥，一般生长期每 10 天施 1 次，冬季控制浇水，可使植株生长健康，花多而色艳。高中型品种可适当摘心，促使分枝而增多花数。花后剪除，可开花不绝。7 月中下旬进行重剪，并适当追肥，于“十一国庆节”时花又繁多。金鱼草的苗期，可能会有苗腐病，其病症为根茎部腐烂，出现植株倒伏或凋零现象。防治方法为避免土温过低，也可以用波尔多液喷洒。

5. 园林应用

金鱼草为优良的花坛、花带和花境材料。高型品种可作切花和背景材料，矮型品种可盆栽观赏或作花坛镶边，也可作温室花卉栽培。

九、一串红栽培与养护（见图 2—1—15）

科属：唇形科鼠尾草属。

拉丁学名：*Salvia splendens*。

主要品种：‘一串白’、‘一串紫’和‘一串粉’等，还有花萼与花冠颜色不同及不同高矮的品种。

花期：多为 7—10 月。

图 2—1—15　一串红及其园林应用

1. 主要形态特征

一串红为唇形科草本，茎四棱光滑，茎节红色，基部木质化。叶对生，具长柄，卵形，先端尖，有锯齿。轮伞状花序，密集成串着生，每序着花 4 ~ 16 朵。花筒状，端部唇形。花萼钟状，和花冠同样色彩鲜艳。

2. 生态习性

一串红性喜温暖湿润气候和阳光充足环境，耐半阴，不耐寒，也不耐热，生长适温为 20 ~ 25℃。15℃以下种子很难发芽，温度超过 30℃，植株生长发育受阻，花、叶均变小。

较长时间在5℃低温下时易受冻害。对土壤要求不严，在疏松而肥沃的沙质土壤中生长良好。

3. 繁殖方法

主要用播种和扦插方法繁殖。一串红从播种到开花需要4个月时间，在保护地条件下可周年栽培。播种时间可根据用花的日期安排。露地播种一般在3—6月，在南方地区3月下旬至4月初是其露地播种的最好时机。一串红种子较大，一般用30℃的温水浸泡种子6 h，然后放入盛有沙子的布袋中用手搓洗，洗去表面的黏液，洗净后包在湿布里，放在20～25℃的环境中催芽。每天用水冲洗1遍，6～7天种子萌动即可播种，如不处理需15天方可萌动。

一串红苗床播种时播种量约为15～20 g/m^2。选背风向阳、排水条件好的沙质土壤为苗床，畦面翻松并打碎整平，让其在太阳下曝晒几天，再用高锰酸钾溶液或50%多菌灵消毒。播种前把阳畦（或苗床）浇透水，将种子拌4倍细沙均匀地撒在苗土上（见图2—1—16）。

图2—1—16　一串红种植过程

一串红种子喜光，覆土切勿过厚。可用轻质蛭石撒放于种子周围，既不影响透光又起保湿作用，可提高发芽率和整齐度。若早春播种地温低，阳畦上要覆盖塑料薄膜或草苫保温。平时保持苗床湿润，在16～21℃条件下一般1～2周就可以出苗，发芽率为85%～90%。一串红室内穴盘育苗方法同万寿菊。发芽适温为21℃以上，否则发芽势明显下降。

扦插繁殖可于5—8月进行，插穗取其组织充实的嫩枝，长约10 cm，摘去顶芽，再插入插床中约5 cm，生根容易。在夏季高温干燥季节，注意荫蔽降温，经常喷水，保持湿润，15天左右就可生根。

4. 栽培养护

当幼苗长出 3～4 片真叶时，留 2 片真叶摘心，促其萌发侧枝。开花前 25～30 天停止摘心。每增加 1 次摘心延迟开花 10 天左右，故可通过摘心控制花期。以肥沃、疏松和富含腐殖质的土壤或沙质土为宜，要施足基肥，生长前期不宜多浇水。一串红定植距离为 40 cm 左右。

浇水掌握“干透浇透”的原则。过湿则通气不良，影响新根萌发。在生长旺季，可酌情增加浇水次数和水量，空气湿度以 60%～70% 为宜。平时不宜多浇水，否则易发生黄叶、落叶现象，造成株大稀疏而开花较少。生长旺季每隔 15 天左右追施 1 次有机液肥，促使开花茂盛并延长花期。

5. 园林应用

一串红因其花为红色并成串生长而得名。同时，每个花枝又像一挂爆竹，故又叫“爆竹红”。可在庭院种植，又称“墙下红”。一串红花色鲜艳丰富，花期长，常用于布置花坛、花境和花台，或作花丛和花群的镶边，也可用于盆栽。

十、矮牵牛栽培与养护（见图 2—1—17）

科属：茄科碧冬茄属。

拉丁学名：*Petunia hybrida*。

主要品种：垂吊型、花篱型、大花单瓣型、大花重瓣型、多花单瓣型、多花重瓣型。

花期：4—10 月，可四季开花。

图 2—1—17　矮牵牛及其园林应用

1. 主要形态特征

矮牵牛为多年生草本，常作一二年生栽培。株高 15～45 cm，全株被有白色黏毛。茎直立稍呈匍匐状，叶卵形全缘，几乎无柄。花单生叶腋或顶生，花萼 5 裂，裂片披针形，花冠漏斗状。花瓣变化多，花色丰富，有纯白、粉红、桃红、玫瑰红、紫红、深红、紫色、雪青、红白相间以及具有各种条纹、网纹和放射纹等镶嵌间色。如保持适宜温度，可

四季开花。

2. 生态习性

矮牵牛性喜温暖，不耐寒，耐暑热。生长适温为 15～20℃，冬季温度低于 4℃，植株生长停止。夏季高温 35℃时，矮牵牛仍能正常生长，对温度的适应性较强。忌雨涝积水，喜疏松、排水良好的微酸性沙质土壤。要求阳光充足、通风良好，天气阴凉则花少叶茂。只要气温维持在 15～25℃并满足阳光及肥水条件，即可全年开花不断。

3. 繁殖方法

多用播种繁殖或扦插繁殖。矮牵牛在长江中下游地区一年四季均可播种育苗，播种时间根据应用时间而定。如 5 月用花，应在 1 月进行温室播种；10 月用花，应在 7 月进行播种。播种时间还应根据品种不同进行相应调整。矮牵牛种子细小，苗床播种量为 1.5 g/m^2 左右。由于种子极细小，应将种子与 30～50 倍的细土或细沙粒混合后再播。播后覆盖细土 0.2 cm。播种后浇透水，保持温度在 22～24℃，1 周左右出苗。第一对真叶出现后，注意通风，降低湿度，种苗可逐渐见光。

采用室内穴盘播种，用消毒的泥炭土∶珍珠岩（2∶1）为基质，播后轻微覆土或轻压一下即可，约 10 天发芽。育苗时应把矮牵牛放在光照充足的地方，土壤应保持湿润，但忌湿度太大，适度控制水分进行炼苗。

扦插繁殖可全年进行，花后剪取萌发的顶端嫩枝 6～8 cm 长，剪去下部叶片，插于疏松和排水良好的粗沙或蛭石中，在 20～23℃条件下约经 2 周生根。矮牵牛根系分枝多而细，小苗时需尽早定植，移苗时注意勿使土团散碎。

目前矮牵牛生产上都用 F_1 代杂种，应注意不同花色品种的隔离。矮牵牛种子生于蒴果中，细小，蒴果成熟后自动裂开将种子散出。分批将已经成熟的果实采下，然后将其晒干，搓碎果皮，选出种子即可。

4. 栽培养护

矮牵牛喜干怕湿，水分不宜过多，夏季高温季节可在早晚浇水，保持盆土湿润。梅雨季节雨水多，盆土过湿对矮牵牛生长十分不利，茎叶易徒长。花期雨水多，则花朵褪色易腐烂。矮牵牛施肥不宜过多，以免植株徒长倒伏。一般每半个月施肥 1 次，以腐熟饼肥水为主。花期增施 2～3 次过磷酸钙。矮牵牛较耐修剪，可以多次摘心，特别是应用于吊盆的品种，多次摘心可控制高度，促使株丛饱满而多花，如图 2—1—18 所示。

矮牵牛属长日照植物。生长期要求阳光充足，大部分矮牵牛品种在正常阳光下，从播种至开花仅需 100 天，如果光照不足或阴雨天过多，往往开花延迟，且开花少。矮牵牛在夏季高温多湿条件下，植株易倒伏，应注意修剪整枝，摘除残花，以使其花繁叶茂。

矮牵牛常见病害有花叶病和细菌性青枯病。防治方法是对盆栽土壤进行消毒，出现

图 2—1—18　矮牵牛摘心及摘心后的快速生长

病株时立即拔除，并用 10% 抗菌剂 1 000 倍液喷洒防治。湿度高时会出现灰霉病，可用 50% 甲基托布津 800 倍液，每隔 10～15 天喷 1 次，共喷 3～4 次。常见虫害主要是蚜虫，可用 10% 二氯苯醚菊酯乳油 2 000～3 000 倍液喷杀。

5. 园林应用

矮牵牛花大而多，开花繁盛，花期长，色彩丰富，是优良的花坛、花境和吊盆材料。气候适宜或温室栽培可四季开花。

十一、三色堇栽培与养护（见图 2—1—19）

科属：堇菜科堇菜属。

拉丁学名：*Viola tricolor*。

主要品种：不同品系三色堇及近缘种角堇（*V.cornuta*）。

花期：4—7 月。

图 2—1—19　三色堇及其园林应用

1. 主要形态特征

三色堇为多年生草本，常作二年生栽培。株高 15～25 cm，全株光滑，茎长且多分枝，常偃卧。叶互生，基生叶圆心形，茎生叶狭窄。花大，腋生且下垂，花瓣 5，不整齐，有短距。花色丰富，花中央具对比色的花眼。

2. 生态习性

三色堇较耐寒，喜凉爽，稍耐阴，怕严寒，在 12～18℃的温度范围内生长良好，可耐

0℃低温。炎热多雨的夏季生长不良。喜肥沃湿润的沙土，在贫瘠土壤中品种严重退化。

3. 繁殖方法

三色堇以播种繁殖为主。播种宜采用较为疏松的混合基质，可采用床播和穴盘育苗。播种后保持生长温度 18～22℃，避光遮阴，5～7 天陆续出苗。播种后必须始终保持土壤湿润，需覆盖粗蛭石或中沙，覆盖以不见种子为度。三色堇种子发芽经常不整齐，前后可相差约 1 个星期时间。

4. 栽培养护

温度是影响三色堇开花的限制性因子，在昼温 15～25℃、夜温 3～5℃的条件下发育良好。小苗必须经过 28～56 天的低温环境，才能顺利开花。如果将其直接种到温暖的环境中，反而会使花期延后。昼夜温度若连续在 30℃以上，则花芽消失或不形成花瓣。若有高温达 28℃以上的天气，应力求通风良好，使温度降低，以防植株枯萎死亡。

在栽培过程中应保证植株每天接受不少于 4 h 的直射日光。但因三色堇根系对光照敏感，在有光条件下，幼根不能顺利扎入土中，所以胚根长出前不需要光照。当小苗长出 2～3 片真叶时，应逐渐增加日照，使其生长更为茁壮。

生长期保持土壤湿润，冬天应偏干，每次浇水要“见干见湿”。植株开花时，保持充足的水分对花朵的增大和花量的增多都是必要的。在气温较高和光照较强的季节要注意及时浇水。

宜薄肥勤施。当真叶长出 2 片后，可开始施加氮肥，临近花期可增加磷肥，开花前施 3 次稀薄的复合液肥，孕蕾期加施 2 次 0.2% 的磷酸二氢钾溶液，开花后可减少施肥。生长期 10～15 天追施 1 次腐熟液肥。三色堇叶片畸形、起皱等现象常是由于缺钙引起，可增施硝酸钙加以改善。

此外，三色堇为异花授粉植物，留种植株应注意隔离，以防止品种退化。

5. 园林应用

三色堇植株低矮，花色丰富，是春季花坛的主要花卉材料。也可用于布置花境或用作观花地被，均能形成独特的早春景观。

十二、长春花栽培与养护（见图 2—1—20）

科属：夹竹桃科长春花属。

拉丁学名：*Catharanthus roseus*。

主要品种：‘杏喜’、‘蓝珍珠’和‘冰箱’等。

花期：夏季。

图 2—1—20　长春花及其园林应用

1. 主要形态特征

长春花为多年生常绿亚灌木状草本，作一年生栽培。茎直立，多分枝。叶对生，叶柄短，倒卵状矩圆形，白色主脉明显。聚伞花序顶生，花玫瑰红，花冠高脚蝶状，5 裂，花朵中心有深色洞眼，也有纯白和喉部具红黄斑的品种。

2. 生态习性

长春花性喜温暖湿润，喜阳耐半阴，忌湿怕涝，不耐严寒，适宜生长温度为 20 ~ 33℃。一般土壤均可栽培，但盐碱土壤不宜，以排水良好和通风透气的砂质或富含腐殖质的土壤为好。

3. 繁殖方法

长春花采用播种繁殖或扦插繁殖。春播发芽整齐，播种 10 ~ 14 周即可开花。为提早开花，可在早春温室播种育苗，生长适温为 20℃，天气转暖后移植至露地栽培即可。也可用扦插繁殖，但生长势不及实生苗强健。

4. 栽培养护

长春花在生长期一般摘心 2 ~ 3 次，促分枝，使其花繁叶茂。6—7 月定植于园地或花坛，定植株行距 20 cm × 20 cm。养护管理粗放，喜薄肥，每月施肥 1 次，生长期适度浇水。怕积水，雨季应及时排涝。主根发达，侧根须根较少，移植时需带土团，并在植株较小时进行，以免大苗移植缓苗慢。花后及时去残，可延长花期。

5. 园林应用

长春花姿态优美，株型整齐，花朵颜色明亮，叶片苍翠具光泽。嫩枝每长出 1 对叶片，叶腋间即开出 2 朵花。长春花花朵多，花期较长，花势繁茂，从春季到秋季开花不间断，故有“日日春”之美名。适用于布置花坛、花境和岩石园，也可用于盆栽观赏。

十三、醉蝶花栽培与养护（见图 2—1—21）

科属：白花菜科醉蝶花属。

拉丁学名：*Cleome spinosa*。

图 2—1—21　醉蝶花及其园林应用

花期：6—10 月。

1. 主要形态特征

醉蝶花为一年生草本花卉。株高 40～60 cm，有的品种株高可达 1 m。茎直立，全株被黏质腺毛，有特殊臭味，有托叶刺。掌状复叶，5～7 小叶，小叶草质，椭圆状披针形或倒披针形，中央小叶盛大。总状花序长达 40 cm，密被黏质腺毛，花瓣粉红色或白色。花朵盛开时，朵朵小花犹如翩翩起舞的蝴蝶，非常美观。

2. 生态习性

醉蝶花适应性强。性喜高温，较耐暑热，忌寒冷。喜湿润，亦较耐干旱，忌积水。喜阳光充足环境，半遮阴环境亦能生长良好。对土壤要求不苛刻，在水肥充足的肥沃土壤中生长则植株高大，在肥力中等的土壤中也能生长良好，在沙壤土或黏重的碱性土中生长不良。

3. 繁殖方法

醉蝶花采用播种繁殖。一般于 4 月气温回暖后播种，发芽适温为 20～30℃，播后 1～2 周发芽，幼苗生长慢。播种后需及时间苗，具 2～3 片真叶时按 10 cm 左右距离分栽 1 次。当苗高 5～6 cm 时，以 30 cm × 40 cm 株行距定植于园地。也可提早于 2—3 月进行温室盆播。

4. 栽培养护

醉蝶花在开花之前一般进行 2 次摘心，以促使萌发更多的开花枝条。当苗高 6～10 cm 并有 6 片以上的真叶后，把顶梢摘掉，保留下部的 3～4 片叶，促使分枝。在第一次摘心 3～5 周后，可进行第二次摘心，即把侧枝的顶梢摘掉，保留侧枝下面的 4 片叶。进行 2 次摘心后，株型会更加理想，开花数量也会增多。栽植花坛时，应将残花及时摘除，使其不结籽以延长花期。

醉蝶花能耐干旱，但给予较大的空气湿度则长势更好。盛夏宜每天浇水，怕雨淋，晚上需要保持叶片干燥。最适空气相对湿度为 65%～75%。

5. 园林应用

醉蝶花是花境材料中株型独特的一类植物，花朵像翩翩飞舞的蝴蝶，异常美丽。极适合与其他花卉丛植搭配，还可切花水养。

十四、五色草栽培与养护（见图 2—1—22）

科属：苋科虾钳菜属。

拉丁学名：*Alternanthera bettzickiana*。

主要品种：常见栽培种为暗紫红叶色品种‘小叶红’及绿色叶品种‘小叶绿’和茶褐色品种‘小叶黑’。

观赏期：5—10 月。

图 2—1—22　五色草及其园林应用

1. 主要形态特征

五色草为多年生匍匐草本，作一年生栽培。株高 5～20 cm，茎多分枝，呈密丛状。单叶对生，叶匙状披针形，暗紫红色或彩斑或异色，不同品种色彩不一。头状花序生于叶腋，白色。

2. 生态习性

五色草喜阳光充足，略耐阴，喜温暖湿润，畏寒，冬季可在 15～20℃左右的温室内越冬，低温则出现冷害。不耐干旱和水涝，夏季高温酷暑时生长较差，要注意喷水降温和适当遮阴。在肥沃干燥和排水良好的沙质土壤上生长较好。光线充足能使叶色鲜艳。

3. 繁殖方法

五色草通常用扦插繁殖，极易生根。露地扦插于夏季进行，需遮阴，温室栽培则四季均可进行扦插。一般当土温为 20～22℃时，3～4 天即可生根，2 周可移植于花坛。

4. 栽培养护

生长期保持湿润，多次摘心和修剪可保持低矮的株型。定植株行距视苗大小而定，一般密度为 350～500 株 /m^2。五色草类在土质黏重或低湿地生长不良，园林绿地栽培必须选用高燥的沙质土。五色草对肥要求不高，为促进生长也可用 2% 硫酸铵液作追肥。

5. 园林应用

五色草类植株低矮，分枝性强，耐修剪，适用于布置模纹花坛，可用不同色彩搭配，形成各种花纹、图案和文字等平面或立体形象。也可用于布置花坛、花境边缘及岩石园。

十五、美女樱栽培与养护（见图 2—1—23）

科属：马鞭草科马鞭草属。

拉丁学名：*Verbena hybrida*。

主要种类：常见观赏种有深裂美女樱（*V.tenuisecta*）、直立美女樱（*V.rigida*）和细叶美女樱（*V.tenera*），具有许多不同花色品种。

花期：4 月至霜降前开花不断。

图 2—1—23　美女樱及其园林应用

1. 主要形态特征

美女樱为多年生草本植物，作一二年生栽培。株高 15～40 cm，丛生而匍匐地面，茎四棱。叶对生，有短柄，边缘具缺刻状粗齿或整齐的圆钝锯齿。穗状花序顶生，多数小花排列呈伞房状，花萼细长筒状。花冠漏斗状，花色多样，有白色、粉红色、深红色、紫色和蓝色等不同颜色，略具芬芳。

2. 生态习性

美女樱喜温暖，喜阳光充足，忌高温多湿，有一定耐寒性。对土壤要求不严，但在疏松肥沃的土壤中开花更繁茂。能自播繁衍。

3. 繁殖方法

美女樱采用播种或扦插繁殖。多为异花授粉，故播种繁殖难以保持花色纯正。春播发芽适温为 15～20℃，播后 2～3 周萌发，萌发前宜避光。嫩枝扦插宜于晚春初夏进行，一般取 4～5 节茎段，浅插于基质中，约 2 周后生根。光照和水分正常管理即可。

4. 栽培养护

美女樱移植成活率不高，移栽时注意保护根系。移栽成活后可以摘心以促分枝。光照不足小苗易徒长。北方如提早于3—4月在温室中播种，可以提早花期，花期需追肥。也可秋播作二年生栽培。

5. 园林应用

美女樱株丛矮密，花繁色艳，花期长，分枝性强，耐修剪，是良好的花坛和花境材料。也可大面积栽植于园林隙地、树坛和岩石园中。

思考与练习

1. 解释一二年生花卉的定义及特点。
2. 请列举出10种常见的一二年生花卉并注明科属。
3. 一二年生花卉的主要繁殖方法是什么？
4. 简述一串红、万寿菊、鸡冠花、矮牵牛和醉蝶花的栽培养护要点。
5. 简述三色堇、千日红和金鱼草的栽培养护要点。

任务二
宿根花卉栽培与养护

任务目标

◇掌握宿根花卉的常见繁殖方法
◇了解宿根花卉的栽培要领
◇掌握宿根花卉的养护技术
◇掌握常见宿根花卉的园林生产和养护

任务提出

如图2—2—1中花境和花丛所示，大部分材料采用了不同花期和形态的宿根花卉。现要求对于花期不同、形态各异、产地不同的宿根花卉开展栽培工作，并通过养护保证其观赏效果。

任务分析

宿根花卉作为观赏性、适应性皆强的一类草本植物，在园林中得到广泛应用，可以应用于花坛、花境、花带、种植钵、地被和垂直绿化中。宿根花卉使用方便经济，一次种植

图 2—2—1　城市花境和花丛宿根花卉的应用

可以多年观赏。根据宿根花卉的生态习性，采取相应的栽培养护管理措施，才能保证其观赏价值的充分发挥。

相关知识

一、宿根花卉类型

宿根花卉是指个体寿命超过两年，栽种一次能多年开花，地下部分形态正常的一类草本花卉。其地下部分可以存活多年，一些种类地上部分每年冬季枯死，第二年春天再萌发，耐寒力强，如菊花、芍药、萱草和桔梗等；而另一些种类的地上茎叶在长江流域以南能保持全年常绿，其耐寒力弱，在北方寒冷地区不能露地越冬，如冷水花和竹芋等。

二、宿根花卉繁殖

宿根花卉以营养繁殖为主，其中最常用的方法是分株繁殖和扦插繁殖。

1. 分株繁殖

分株繁殖（见图 2—2—2）一般在春、秋两季进行。春季开花的种类应在夏末秋初及时进行，使植株在秋季仍可继续恢复生长，来年及时开花，如芍药、耧斗菜和荷包牡丹等；而夏、秋季节开花的种类宜在早春萌动前分株，如鸢尾、随意草和萱草等。

图 2—2—2　分株繁殖

分株大小要兼顾繁殖系数和观赏效果。一般要求最小株丛带 2 ~ 3 个芽，过小的株丛或缺失母株根系的萌蘖芽恢复慢且易死亡。

分株操作宜用锋利的刀具或移植铲切开，要尽量保护好地上枝芽，尽量减少地下部分的伤口，伤口要平滑。

2. 扦插繁殖

扦插繁殖从春季植株发芽至秋季生长停止前均可进行，具体时间依据宿根花卉的期望花期、枝芽特性和栽培养护条件而定。

多数宿根花卉可进行嫩枝扦插。一般选择有充实芽的茎条作为插穗，插穗带 2 ~ 3 个节，长约 5 ~ 10 cm，切口位置靠近节下。

三、宿根花卉栽培

1. 整地和作床技术要领

宿根花卉为一次栽植后多年开花，根系强大，因此整地时要深耕至 40 ~ 50 cm，同时施入腐熟的有机肥作基肥。在整地过程中，自然生长的榆树、杨柳及其他非规划栽培小树苗要连根拔出移走，直径大于 5 cm 的石块等杂物要及时清除。

宿根花卉在园林应用中多栽植于不规则和不平整地形上，整地前应先做好边界，从边界开始翻整，以控制范围。据栽植花卉种类和品种对地形的要求，栽植地面要做好坡度处理，防止积水。多数情况为床作，少数要求垄作，根据需要做好垄或床。垄作要考虑栽植后的观赏效果是否整齐，因此垄或过道不要过宽，要使其远看是一个整体。床作要根据当地气候和花卉种类的特点进行，除芍药、菊花等性喜高燥的种类外，一般采用低平床，利于保肥保水。

2. 间苗和分栽

对于栽植时间长、分蘖较多及根系过于缠结的株丛要进行间苗分栽，也可直接间苗。由于分蘖及开花类型不同，间苗方式也不同，对老株开花向四周分蘖的花卉，每年要从株丛周边挖走新发幼枝，留下母根开花，如荷包牡丹、萱草等。对于不断更新花枝的类型，原来母根不再开花，要从中心挖走母根，留下更新芽开花，如荷兰菊和蜀葵等。

宿根花卉一般在春季起苗分栽，在芽刚萌动时为好，利于根系恢复，地上部分散失水分少。起苗前要浇透水，之后根据分栽方式采用周边起苗或侧方起苗方式，有时需要全株起走，无论哪种方式起苗，都要先侧方深挖，再尽量多带宿土挖出根系。远距离运输时要用塑料袋或草袋包裹根系。已经有新芽萌出地面的，要严禁踩踏挤压地面芽，否则会严重影响当年抽生花枝及地上枝叶生长，如荷包牡丹和鸢尾等。

3. 定植

宿根花卉的定植以春季为多，也有适合夏季或秋季的，要根据其生长发育规律决定最佳定植时间，如芍药的根系在秋季生长量大，因此适合秋季栽植。宿根花卉初次定植要考虑以后的营养生长空间，不能按一年生花卉马上见效果的标准栽培，要预留出分蘖空间，防止后期生长过密引发竞争生长和开花不良现象。宿根花卉栽培的重点是根系养护。在整地完成后，一次进行起苗、挖穴和定植，定植深度比原来略深 2～3 cm，踩实根坨四周松土，再浇透水。覆土要适当盖过原来根颈，干旱地区可以在芽上方埋土，利于保护新芽，但不要踩踏芽丛。

四、宿根花卉养护

1. 露地宿根花卉生长发育特性

露地宿根花卉生长发育存在明显的季节性规律，观赏价值也相应存在节律性。另外，观赏特征的季相变化也反映出内部对水、肥、气、热的需求规律，因此养护措施也要有年度计划，按季节采取措施。露地宿根花卉存在开花期或观赏期与非观赏期的差异，非观赏期也是养护管理的重点，有了非观赏期的良好养护，才能保证观赏期观赏价值的良好体现。

2. 灌水与排水

不同种类花卉对水的需求不同，同一花卉在不同生长阶段对水的需求量也有所区别。一般萌芽后需水渐渐增多，至营养生长期需水最多。花芽分化期要节制肥水，以促进碳素同化作用，有利于养分积累。花期灌水量要酌减，休眠期需水量少。

要根据不同的生长需求以及栽培环境的供水能力综合决策灌水的时间、次数及方式。在北方地区，定植后一般连续灌 3 次水，即移栽后灌第一次，3 天后灌第二次，再过一周灌第三次水。“灌三水”后应进行松土。

宿根花卉的栽植地一般要做好排水设计，主要是解决夏季雨水过多时积水的排除问题，适当提高栽植床的高度有利于排放积水。

3. 施肥

露地宿根花卉更喜土壤疏松肥沃的条件，因此在施肥上要多采用基肥，尤其是有机肥料。有机肥料包括动物性肥料和植物性肥料，常用的有人粪尿、堆肥、绿肥、厩肥、塘泥、饼肥、骨粉和草木灰等。这些肥料不仅能促进花卉生长，还具有改良和培肥土壤的作用。厩肥及堆肥多在整地前翻入土中，粪干及豆饼等则在播种或移植前进行沟施或穴施。目前花卉栽培种已普遍采用无机肥料作为部分基肥，与有机肥料混合使用。有机肥料中的人粪尿和厩肥是偏氮的完全肥料，需经腐熟处理才能用，作基肥或追肥均可，适合新栽花卉，在春季应用效果好。无机肥料具有养分含量高、吸收利用快等特点，常见的无机肥料有硝酸铵、尿素、磷酸氢二铵、磷酸二氢钾、硫酸钾、氯化钾和过磷酸钙等，与有机肥料配合施用（多数是追肥）效果好。

配方施肥也称测土配方施肥，国际上通称平衡施肥，这项技术是联合国在全世界推行的先进农业技术。它是通过取样化验，彻底调查清楚土地的肥力，经过科学测算，列出适合种植的植物并提供不同的施肥配方。概括来说，一是测土，取土样测定土壤养分含量；二是配方，经过对土壤的养分诊断，按照植物需要的营养“开出药方、按方配药”；三是合理施肥，就是在专业人员指导下科学施用配方肥。

4. 整形修剪

露地宿根花卉的整形修剪主要是株型管理，通过调整植株密度、剪除病残叶、疏除多余花枝叶片和疏除残死根系等措施，促进地上、地下生长发育，达到良好的观赏效果。由于宿根花卉观赏效果以丛植为主，既要表现群体观赏的效果，又要考虑单丛的效果。因此，在整形修剪上不仅要从整体出发，也要考虑小群团的效果，因而不同于一年生花卉的单株管理措施。

宿根花卉部分种类适合摘心或修剪来促发侧枝，要在花芽分化前完成。除了地上修剪外，对地下根系也要做修剪、疏除和断根等处理，以促进根系的更新复壮。秋末枝叶枯萎后，自根际剪除地上部分，可以防止病虫害的发生与蔓延。对于栽植时间长、分蘖多和根系过于缠结的株丛要结合繁殖进行间苗。对于不断更新花枝的类型，要及时从基部除去不再开花的老枝，为新芽留出生长空间和营养，如紫菀和蜀葵等。

任务实施

现以常见有代表性的宿根花卉为材料，进行繁殖和栽培养护练习。

一、菊花栽培与养护（见图 2—2—3）

科属：菊科菊属。

拉丁学名：*Chrysanthemum morifolium*。

主要种类：依自然花期分类，可分为夏菊、秋菊、寒菊、四季菊；依花序直径分类，可分为大菊、中菊、小菊；依整枝方式或应用类型分类，可分为独本菊、多类菊、花坛菊、大立菊、悬崖菊、嫁接菊、案头菊等艺菊。

花期：多为 8—12 月，也有夏季开花品种。

1. 主要形态特征

菊花有 2 000 多个品种，形态差异大。茎直立多分枝，基部木质化。叶互生，多为羽

图 2—2—3 菊花及其园林应用

状浅裂或深裂。顶生头状花序，单生或簇生，每个花序由内轮的管状花和外轮的舌状花组成。舌状花可分为平瓣、匙瓣、管瓣和畸瓣等类型，花色变化丰富。

2. 生态习性

菊花是典型的短日照花卉。喜凉爽和阳光充足环境，耐寒，尤以小菊耐寒性更强，但多数名贵品种在 0℃以下不能露地越冬。忌积水，喜肥，对土壤要求不严。自然分枝力强，耐修剪。

3. 繁殖方法

菊花多以扦插繁殖为主，多于春末夏初及秋末进行，如地被菊、立菊等。插穗以具 3～4 个节的长嫩枝为宜。菊花秋季从地下部分萌发的“脚芽”也可作为良好的扦插材料。扦插基质以沙土或粗砂为宜，扦插后约 2 周生根。

也可用分株和嫁接繁殖，如大立菊、悬崖菊、艺菊等。11 月下旬至 12 月上旬，取母株基部的“脚芽”，带有一部分根切下。此种“脚芽”节间短，生长旺盛，易生侧枝。嫁接一般以黄蒿或青蒿作砧木。

4. 栽培养护

菊花应栽植于肥沃和排水良好的土壤上，定植前宜施足基肥。定植缓苗后留 4～6 片叶及时摘心，侧枝长出后可再进行数次摘心，一般 8 月初停止摘心，以免影响花芽分化。孕蕾期及时疏去多余萌蘖和旁蕾。菊花喜肥，基肥应多施磷、钾肥，营养生长旺盛期至现蕾期应保证肥水充足。

花坛菊在生长初期应进行多次摘心以养成丛生状，并避免植株过高。

独本菊栽培时应及时抹芽，在夏末秋初选留最下面的一个侧芽，疏去其余茎叶，并在植株背面中央插立支柱，随植株生长逐次表扎，直至花蕾充实并开花。

大立菊在第一次摘心后，应将侧枝引向四方框架上。当枝条生长有 5～6 片叶时，留 3～4 片叶摘心，一般依次摘心 4～5 次，多的可达 7～8 次，直至调节植株枝叶至比例均匀。现蕾后，需多次剥去侧蕾，并设立正式圆形竹架，一般为 4～8 圈。依一定距离将花蕾诱导至花架上，通常使花蕾高出竹圈约 7 cm。

悬崖菊是小菊的一种整枝形式，仿效山野中野生小菊悬垂的自然姿态人工整形而成。夏季定植后，选 2 个健壮的侧枝，使其一左一右和主枝一样向前诱导，但不摘心。其他枝条留 2～3 片叶摘心，如此反复进行以促使多分枝，形成上宽下窄的株型。立秋前 3～10 天进行最后一次摘心极为重要，过早摘心导致株型不佳，过迟摘心现蕾晚，影响花期。花蕾形成后，应解除支架，使植株自然下垂成悬崖状。

5. 园林应用

菊花具有悠久的栽培和赏析历史，广为百姓种植并深受人们喜爱。菊花可作为地被应用于花坛、花境、花丛和覆坡等，也是优良的切花和盆栽花卉。

二、芍药栽培与养护（见图 2—2—4）

科属：芍药科芍药属。

拉丁学名：*Paeonia lactiflora*。

主要品种：根据花瓣的分布可分为单瓣类、千层类、楼子类和台阁类等。

花期：4—5 月。

图 2—2—4　芍药及其园林应用

1. 主要形态特征

芍药具肉质根。茎丛生，株高 60～120 cm。二回三出羽状复叶，小叶通常 3 深裂，叶片绿色有蜡质光泽。花一至数朵着生枝顶，花粉红、紫红、白色或黄色，也有淡绿色品种。花朵分单瓣和重瓣，另外又有多种花型。花期 4—5 月，依地区及品种不同稍有差异。

2. 生态习性

芍药在我国自然分布地区广泛，性极耐寒。喜壤土和沙质土壤等排水良好的土壤，利于肉质根的生长。喜阳，侧方遮阴开花尚好。

3. 繁殖方法

芍药以分株繁殖为主，也可播种繁殖，分株繁殖可保持原有品种的特性。分株时间一般在 9 月至 10 月上旬进行，可保证植株根系在入冬前有一段恢复生长的时间。分株时先将根丛掘起，在自然分离处用锋利刀具切开，保证每丛带 3～5 个芽。播种种子需在成熟后立即播下或短期沙藏。播种后当年秋季生根，次年春季新芽出土，但芍药幼苗生长缓慢，发育良好者 4～5 年方可开花。

4. 栽培养护

芍药根系粗大，栽植前应将土壤深耕，并充分施基肥，栽植深度以芽上覆土 3～4 cm 为宜。芍药喜肥，除基肥外每年需追肥 3～4 次，追肥时间一般为早春出芽前一次、现蕾时一次和花后（处暑前后）一次。芍药较耐旱，不干不浇水，浇则浇透。芍药通常只留顶端着生花蕾，花前疏去侧蕾，以使养分集中供应顶蕾。对易倒伏的品种，可在花期设立支架，花后宜及时修剪残花残枝，为翌年生长开花积累养分。

5. 园林应用

芍药适应性强，耐粗放管理，是我国传统名花之一，常用于布置专类园、花境、花坛及自然式丛植等。此外，芍药也是常用的药用植物和切花花材。

三、玉簪栽培与养护（见图 2—2—5）

科属：百合科玉簪属。

拉丁学名：*Hosta plantaginea*。

主要品种：‘法兰西’和‘圣诞前夜’。

花期：6—8 月。

图 2—2—5 玉簪及其园林应用

1. 主要形态特征

玉簪为多年生草本，株高 30～50 cm，地下茎粗大。叶基生成丛，卵形至心状卵形，叶基心形，叶脉弧状。总状花序顶生，高于叶丛。花白色或淡紫色，管状漏斗形，浓香。一般于傍晚开放。

2. 生态习性

玉簪性强健，耐寒，不耐强光，喜阴湿环境。对土壤要求不高，以排水良好、肥沃湿润和土层深厚的沙壤土为宜。

3. 繁殖方法

玉簪以分株繁殖为主，也可播种繁殖。春季4—5月或秋季10—11月将植株挖起，去掉根际的土壤，从根部将母株分割，每株带有2～3个芽，用硫黄粉或草木灰涂抹切口即可进行分栽。新株当年即可开花，每3～5年分株1次。如大量繁殖可采用播种繁殖。种子秋季成熟后采收晒干，一般于早春在温室或大棚内进行播种，当幼苗长到3～4片叶子时，即可移至阴处种植，2～3年后开花。

4. 栽培养护

栽植前，选择阴凉地块，翻耕耙松土壤，施以腐熟堆肥或厩肥作基肥，再将床面耙平耙细，做成高畦，按株行距30 cm×40 cm栽植，分栽后浇水不宜太多，以免烂根。雨季注意排水，返青前和入冬前需浇透水。6月初，玉簪进入花期，在花期来临前10～15天，需要施用配比为10∶30∶20的氮、磷、钾水溶性复合肥。花后要及时剪除残花。

5. 园林应用

玉簪在园林中多配植于林下草地、岩石园或建筑物周围荫蔽处，无花时可观叶。一些矮生及观叶品种多用于盆栽观赏或切花、切叶。

四、萱草类栽培与养护（见图2—2—6）

科属：百合科萱草属。

拉丁学名：*Hemerocallis spp.*。

主要种类：常见栽培种有萱草（*H.fulva*）、大花萱草（*H.middendorffii*）、小黄花菜（*H.minor*）等。

花期：5—9月。

图2—2—6 萱草类及其园林应用

1. 主要形态特征

萱草类为多年生宿根草本花卉。以大花萱草为例，株高30～90 cm，地下根状茎粗短，具肉质纤维根，多数膨大呈窄长纺锤形，地上花茎直立高出叶片。叶基生，成簇生长，披针形至带状，圆锥花序，花茎上方有分枝，花大，有芳香。花冠阔漏斗形，边缘波

状，花色有黄色、橘红等。

2. 生态习性

萱草类性强健而耐寒，实用性强，又耐半阴，华北地区可以露地越冬，对土壤适应性强，以富含腐殖质、排水良好的沙质土壤为佳。

3. 繁殖方法

萱草类多用分株和播种繁殖，也可扦插繁殖。对于株丛较大、生长密集或 3 年生以上植株才适合分株繁殖。分株多在春季萌芽前或秋季落叶后进行，将整株掘起，剪去枯根及过多的须根，分株即可。春季分株移栽，当年即可抽薹开花，秋季分株移栽，翌年夏季抽薹开花。一般 3～5 年分株 1 次。

春、秋季均可播种，春播需要将种子沙藏处理，多采用冬播。种子经冬季低温后萌发，9—10 月露地播种，翌春发芽，发芽迅速而整齐，播种后 1 年定植，实生苗一般 2 年开花。

花芽或花后茎芽扦插于蛭石中，易成活，次年即可开花。

4. 栽培养护

一般于早春 3 月进行栽培。宜选择不积水、富含有机质的地块，深翻并施足基肥（以腐熟的牛粪或猪粪为宜）。大花萱草分蘖能力较强，按株行距 30 cm × 40 cm 进行栽植，每穴栽 3～5 株，定植后浇 2～3 次透水。生长期，每月应追施肥水 1～2 次，及时中耕松土，去除病虫植株并及时销毁。蕾期、花期及花后期为肥水关键期，应追肥 2～3 次，以补充磷、钾肥为主。梅雨季节注意排水，花期保持土壤湿润，花后适当减少浇水，秋季下霜后剪除地上枝叶，根际覆土越冬。11 月份冻土前浇足 1 次越冬水，以安全越冬，早春浇足一次返青水，以促进生长、提早现蕾。

5. 园林应用

萱草类植物株型变化大，花葶高出植株，花色艳丽，是园林中优良的夏季花卉，多用于布置花境、花坛或栽植于林缘、路边和草坪等地，具有很高的观赏价值。也可庭院丛植或作盆栽观赏。

五、鸢尾栽培与养护（见图 2—2—7）

科属：鸢尾科鸢尾属。

拉丁学名：*Iris tectorum*。

主要品种：常见栽培品种有‘蓝宝石’、‘蓝帆’、‘爱蓝’、‘布拉奥’和‘理想之花’等。园林中常用的鸢尾类同属相近种还有德国鸢尾（*I.germanica*）、黄菖蒲（*I.pseudacorus*）、马蔺（*I.lactea*）和蝴蝶花（*I.japonica*）等。

花期：4—6 月。

图 2—2—7 鸢尾及其园林应用

1. 主要形态特征

鸢尾株高 25～60 cm，丛生状，地下部分为块状或匍匐状根茎。叶剑形，基部重叠，互抱成二列，多革质。花茎稍高于叶丛，单一或二分枝，着花 1～4 朵。3 枚花瓣，外围 3 片瓣状萼片，3 枚雌蕊瓣化为细长花瓣。花一边向上翘起，一边向下翻卷。花色以蓝紫色为主，也有黄色和白色等。

2. 生态习性

鸢尾性强健，耐寒，一些种类在积雪覆盖下，可耐 -40℃低温。耐旱耐阴湿，但在阳光充足、湿润和凉爽环境下生长较好。喜肥沃、适度湿润和排水良好的土壤。相近种如黄菖蒲、花菖蒲和蝴蝶花等均喜水湿及酸性土壤，是布置滨水区的良好材料。

3. 繁殖方法

鸢尾有分株与播种两种繁殖方式。分株繁殖一般每 2～3 年分株 1 次，于春、秋两季或花后进行。每块根茎带 2～3 个芽，平放根茎，覆土 5 cm 厚。如大量繁殖，可分切根茎扦插于湿沙中，在 20℃环境下 2 周内可长出不定根。播种繁殖在种子成熟后立即进行，随采随播。播种前温水浸种 12 h，保持较高的湿度与温度，20 天左右发芽，1 个月后出齐苗，播种后 2～3 年开花。

4. 栽培养护

鸢尾栽培宜选择排水良好和富含腐殖质的壤土，并结合翻地在土壤中施入腐熟沤肥或厩肥。宜浅植，根茎顶部以与地面平行为宜。鸢尾种植密度因品种、球茎大小和栽植期不同而异，强健种应有 45～60 cm 间距。

栽后浇 1 次透水，生长期内土壤需长期保持湿润。若湿度不够，则植株较矮，花朵易枯萎。开花前随浇水施 1 次复合肥，花后补充磷、钾肥促进地下根系生长。秋季下霜后剪除地上枝叶，自然越冬。冬季较寒冷地区，株丛上覆盖厩肥或树叶等防寒。过密株丛需在春季疏枝，以保证营养空间和观赏效果。鸢尾是盐敏性植物，在盐分过高的土壤中种植，种植前需将土壤彻底淋洗，否则影响根系生长，导致植株吸水受限，花朵易脱水。

5. 园林应用

鸢尾株型美观、花朵大且轻巧淡雅，在花坛、花境和自然式地被栽植中常见应用。多数耐水湿种类是水边绿化的优良材料。鸢尾类可应用种类多，而生态习性差异大，常用于专类园设计。一些种类如黄菖蒲、德国鸢尾等是促成栽培及切花的材料。

六、八宝景天栽培与养护（见图 2—2—8）

科属：景天科景天属。

拉丁学名：*Sedum spectabile*。

主要品种：常见栽培品种有‘白花’八宝、‘暗紫花’八宝、‘红花’八宝和‘花叶’八宝等。应用较多的同属种还有三七景天（*S.aizoon*）、垂盆草（*S.sarmentosum*）和佛甲草（*S.lineare*）等。

花期：7—10 月。

图 2—2—8　八宝景天及其园林应用

1. 主要形态特征

八宝景天为多年生肉质草本，株高 30 ~ 60 cm，茎直立丛生状。地下茎肥厚，簇生，粗壮而直立。全株略被白粉，呈灰绿色。叶轮生或对生，肉质倒卵形，具波状齿。伞房花序密集如平头状，花序直径 10 ~ 13 cm，花粉红色，覆盖整个植株上部。常见栽培的还有白色、紫红色和玫红色品种。

2. 生态习性

八宝景天耐寒性强，能耐 -20℃的低温。性喜强光、干燥和通风良好的环境。在荫蔽处多生长不良，植株稀疏，枝叶细长。耐干旱瘠薄，忌雨涝积水。喜排水良好的土壤，有一定的耐盐碱能力，在 pH 值为 8.7 和含盐量 0.2% 的土壤中仍可正常生长。

3. 繁殖方法

八宝景天以扦插繁殖为主，也可分株和播种繁殖。扦插一般在 4—9 月进行，剪取 2 ~ 5 cm 长插穗，剪口晾 2 ~ 5 天，插入繁殖砂床中，荫蔽环境下养护一段时间，生根后即可移植。叶片较大时可采用叶插，剪口晾干后进行扦插。分株繁殖除冬季外均可进行，可分离母株根际发出的蘖枝，切口稍干燥后栽植于合适的盆中，在荫蔽环境下养护一段时间，即可转入正常栽培管理。播种繁殖应用较少，宜在春季进行，种子覆以薄土，于15～18℃环境下3～5周即可发芽，待1～2片真叶长出后移植上盆。

4. 栽培养护

八宝景天对土壤要求不严，盆土宜用园土、粗砂和腐殖土混合配制，保证土壤的透气性。栽植第一年施入适量的农家肥作基肥。浇水以土壤湿润而不积水为原则，水分充足可保证苗成活。一般从4月起每个月可浇1次透水。夏季雨天应及时排除积水，以防积水烂根。入秋后可适当控水，防止水大而秋发植株徒长。秋末地上部分割刈后，在栽植地上满施1次牛马粪，厚度5 cm左右，利于植株安全越冬，使植株翌年提前返青。入冬前浇足浇透防冻水，翌年早春及时浇解冻水。初夏施用1次氮、磷、钾复合肥，应注意施用氮肥过多易倒伏，影响观赏。若八宝景天长势过快，生长过高，可进行适当摘心和控水处理，以控制株高及生长速度。

5. 园林应用

八宝景天株型整齐，生长健壮，群体观赏效果极佳，常用于布置花坛、花境或点缀草坪、花篱和岩石园。其生长周期和绿色期长，部分品种冬季仍具有观赏效果，可填补秋季花卉凋零的空缺，也可作盆栽观赏。

七、落新妇栽培与养护（见图2—2—9）

科属：虎耳草科落新妇属。

拉丁学名：*Astilbe chinensis*。

主要品种：有不同花色及株型品种，常见的有‘红色红卫兵’、‘红光’、‘粉色的鬼怪’和‘雪漂’等。

花期：6—9月。

图2—2—9 落新妇及其园林应用

1. 主要形态特征

落新妇为多年生草本植物，高 50～100 cm。根状茎暗褐色，粗壮，被有棕黄色长柔毛及褐色鳞片，须根多数。茎直立。基生叶为二至三回三出羽状复叶，顶生小叶片菱状椭圆形，侧生小叶片卵形至椭圆形，茎生叶 2～3 枚，较小。圆锥花序，花序轴密，被褐色卷曲长柔毛，苞片卵形。蒴果长约 3 mm，种子褐色。

2. 生态习性

落新妇性强健，耐寒，喜半阴，在湿润环境下生长良好。对土壤适应性较强，喜微酸或中性排水良好的砂质壤土，也耐轻碱土壤。

3. 繁殖方法

落新妇多用分株或播种繁殖。分株繁殖一般于春季发芽前或夏季花后进行，先挖出植株，剪去地上部分，再分割带芽子株，每丛宜带有 3～4 个芽。每 4～5 年分株 1 次。播种繁殖于春季进行，若种子有休眠现象，播种前可用 250 mg/L 赤霉素或 500 mg/L 丙酮液打破休眠。一般宜浅覆土，否则种子不易萌发。种子在温度 20～25℃条件下，14～21 天左右萌发。

4. 栽培养护

落新妇适宜生长温度为 15～25℃，夏季需在遮阴条件下养护。夏季温度过高，植株生长不良，在直射阳光下植株叶片变小，枝条节间缩短，脚叶黄化并脱落，生长缓慢或进入半休眠状态。最适空气相对湿度为 65%～75%，空气湿度过低，会加快单花凋谢，但在高温高湿环境下易患白粉病。落新妇对肥水要求较多，要遵循“淡肥勤施、量少次多和营养齐全”的肥水原则，晚上要保持叶片和花朵干燥。此外，养护时需注意及时剪去带有老叶和黄叶的枝条。

5. 园林应用

落新妇株型挺立，花朵色彩艳丽，叶片秀美，是布置花坛和花境中优良的竖线条材料。适宜种植在疏林下及林缘墙垣半阴处，也可种植于溪边和湖畔或用作切花和盆栽。矮生类型可用于布置岩石园。

八、随意草栽培与养护（见图 2—2—10）

科属：唇形科随意草属。

拉丁学名：*Physostegia virginiana*。

主要品种：有许多变种及品种，如‘*Bouquet Rose*’为花大粉红色的高型品种，‘*Vivid*’则株丛紧密、分枝多。

花期：夏季。

图 2—2—10　随意草及其园林应用

1. 主要形态特征

随意草为多年生宿根草本，株高 60～120 cm。地上茎四棱状，直立丛生，有根茎。叶对生，长椭圆形至披针形，缘有锯齿。唇形花冠，花序自下端往上逐渐开放，穗状花序聚成圆锥花序状，顶生。花色有深桃红色、白色和粉色等。

2. 生态习性

随意草耐寒、喜温暖，喜光不耐曝晒，荫蔽处栽植易徒长。生长适温为 18～28℃。对土壤要求不严，但宜在疏松、肥沃和排水良好的沙质土壤中种植。

3. 繁殖方法

随意草可用分株、扦插或播种繁殖。春、秋季为分株适宜期，切取幼株或地下根茎另植即可。春季分株宜在春季萌发前进行。每 2～3 年可分株 1 次。扦插繁殖可于秋季剪取健壮新芽，扦插于排水良好的砂床，待发根后再移植。随意草结实率不高，种子稀少，较少使用播种繁殖。

4. 栽培养护

宜选择土层深厚、肥沃和阳光充足的场所，整地时预先混合腐熟堆肥作基肥。定植成活后摘心 1 次促分枝。春末至夏季为营养生长旺盛期，应保持土壤湿润、光照充足，光照不足植株易徒长。夏季阳光强烈时需有侧方遮阴，气温高且干燥时，需要每天向植株喷水 1～2 次。追肥以氮、磷、钾复合肥为主，每月施用 1 次，磷、钾肥比例稍多，可促进开花。花序抽出时，增施 1～2 次磷、钾肥。第 1 批花后，及时摘去残花，并施 2 次粪肥以促进新梢生长，若管理恰当可再次开花。早春或冬季需对老株进行整枝。

5. 园林应用

随意草株丛紧凑，花序挺拔直立，是良好的竖线条花材，常用于布置花坛、花境或自然式成片种植于草地，也可作盆栽或切花栽培。

九、宿根福禄考栽培与养护（见图 2—2—11）

科属：花荵科福禄考属。

拉丁学名：*Phlox paniculata*。

主要品种：‘白雪’、‘玫瑰红’和‘素心’等。园林中常用的同属相近种有丛生福禄考（*P.subulata*）和蔓生福禄考（*P.nivalis*）。

花期：6—9月。

图 2—2—11 宿根福禄考及其园林应用

1. 主要形态特征

宿根福禄考株高 40～80 cm，茎直立。叶全缘，单叶交互对生或上部互生。聚伞花序或圆锥花序顶生，花冠高脚碟状，喉部紧缩成细筒。花萼狭窄细长，裂片刺毛状。花径 2～3 cm，花白色、红紫色或浅蓝色。

2. 生态习性

宿根福禄考性强健，耐寒耐旱，忌炎热多雨。喜阳光充足，喜石灰质土壤。

3. 繁殖方法

宿根福禄考以分株繁殖为主，主要在早春及秋季进行。也可在春季取新梢 3～6 cm 作插穗进行扦插繁殖。播种繁殖时，种子可随采随播，实生苗花期及株高差异较大。

4. 栽培养护

生长期需保持土壤湿润，夏季不可积水。花后适当修剪促发新枝可再次开花。直立类型 3～4 年分株更新，匍匐类型 5～6 年分株更新。

5. 园林应用

由于开花紧密、花色鲜艳，福禄考直立类可用于布置花境，成片种植时可形成良好的水平线条。宿根福禄考耐旱性好，可用于布置岩石园等地，低矮品种也可用于布置花坛，在阳光充足处可作地被，亦可点缀于林缘和草坪等。

十、荷包牡丹栽培与养护（见图 2—2—12）

科属：罂粟科荷包牡丹属。

拉丁学名：*Dicentra spectabilis*。

主要种类：有东方和北美品种群。园林中常用的相近种有缕毛荷包牡丹（*D.exima*）和

美丽荷包牡丹（*D.formosa*）。

花期：春末至盛夏。

图 2—2—12 荷包牡丹及其园林应用

1. 主要形态特征

荷包牡丹株高 30～60 cm，株型疏散拱垂。茎直立中空，地下茎水平生长，稍肉质。二回三出羽状复叶，似牡丹叶，叶面具白粉，叶质柔软。总状花序拱垂，顶生或与叶对生，花瓣 4 枚交叉排成内外两轮，外轮基部膨大，合生呈心形，花白色或粉红色。

2. 生态习性

荷包牡丹耐寒忌高温，不耐旱。喜湿润、疏松、富含有机质的土壤，在黏土中生长不良。喜半阴，不耐阳光直射。

3. 繁殖方法

荷包牡丹以分株繁殖为主，主要在早春及秋季进行。根插及叶插成活率高，宜在夏季进行。扦插次年即可开花，播种 3 年后方可开花。

4. 栽培养护

夏季注意侧方遮阴及排涝，光照适宜时能推迟休眠，延长观赏期。春季萌动前及生长期追肥，能提高花卉质量。每 3～4 年宜对株丛进行分株更新。

5. 园林应用

荷包牡丹花似荷包，优雅别致，可用于传统插花，也可用于花境或丛植于林缘，成片种植时具自然之趣。矮生品种可作地被，亦可作盆栽置于案头，别有一番雅趣。

十一、多叶羽扇豆栽培与养护（见图 2—2—13）

科属：豆科羽扇豆属。

拉丁学名：*Lupinus polyphyllus*。

主要种类：常见变种有 *var. Albiflorus* 和 *var. Moerheimii* 及其品种‘*Russelllupine*’以及不同花色系品种。

花期：5—7 月。

图 2—2—13 多叶羽扇豆及其园林应用

1. 主要形态特征

多叶羽扇豆又名鲁冰花，株高 50～120 cm。叶基生成丛，掌状复叶。顶生总状花序，花序长达 60 cm。小花多而密，蝶形。花色丰富，有白色、黄色、橙色、桃红色、红色、紫色、蓝色以及双色品种。荚果，被绒毛，种子黑色。

2. 生态习性

多叶羽扇豆喜光，略耐阴。喜冰爽忌炎热，较耐寒但不耐严寒。喜微酸性至中性土壤，不耐盐碱土，宜排水良好、肥力中等的壤土。

3. 繁殖方法

多叶羽扇豆可用播种、扦插或分株繁殖，其中播种繁殖和分株繁殖较常用。秋播开花比春播早，播种前需提前刻伤种皮或浸种，播种次年可开花。扦插宜在春季进行，取 6～8 cm 长萌发枝扦插，秋季可定植。分株宜在秋季或早春进行。

4. 栽培养护

播种后发芽温度在 20℃为宜，小苗需覆盖越冬。多叶羽扇豆为直根性，不耐移植，小苗要尽早移苗和定植。花后要及时去除残花，以利于次年开花。

5. 园林应用

多叶羽扇豆花序丰硕、挺拔，长度可达 30～70 cm，可用于布置花境，是优秀的竖线条花材。可丛植点缀草坪等，亦可做切花水插，观赏期长。

十二、天竺葵栽培与养护（见图 2—2—14）

科属：牻牛儿苗科天竺葵属。

拉丁学名：*Pelargonium hortorum*。

主要种类：园林中常用的同属相似种有大花天竺葵（*P. domesticum*）和盾叶天竺葵（*P. petltatum*）。

花期：4—6 月。

图 2—2—14　天竺葵及其园林应用

1. 主要形态特征

天竺葵株高 30～60 cm。茎直立，基部木质化，上部肉质。茎多分枝或不分枝，有明显的节，密被短柔毛，有浓烈的鱼腥味。叶对生，圆形或肾形，基部心形。伞形花序腋生，多花。园艺品种极多，叶色、花色丰富。

2. 生态习性

天竺葵喜冷凉，忌高温，不耐寒，宜生长在 15～25℃的环境中，冬季最低气温不能低于 5℃。喜光，耐半阴。略耐旱，不耐涝。喜肥沃且排水良好的土壤。

3. 繁殖方法

天竺葵以扦插为主，也可播种繁殖。扦插主要在春、秋两季进行，切口宜稍干燥后扦插为宜。播种繁殖时，气温在 13℃左右为宜。

4. 栽培养护

盆栽夏季易休眠，休眠期应适当疏枝，控制浇水，避免长期潮湿。摘心有利于分枝，及时去除残花有利于延长观赏期。

5. 园林应用

天竺葵多低矮，株型紧密，花朵繁茂，花期长，可种植于花坛、花带及种植钵，在花境中常作为前景花卉，亦可作盆栽。

十三、石竹属栽培与养护（见图 2—2—15）

科属：石竹科石竹属。

拉丁学名：*Dianthus spp.*。

主要种类：园林中常用的品种有常夏石竹（*D. plumarius*）、西洋石竹（*D. deltoides*）和瞿麦（*D. superbus*）等。

花期：6—8 月。

图 2—2—15　石竹及其园林应用

1. 主要形态特征

石竹植株直立，株高 15～40 cm，茎节膨大，叶对生。花单生或为顶生聚伞花序，下有苞片 2 至多枚。花瓣 5 枚，具爪。

2. 生态习性

石竹喜凉爽，不耐炎热。喜光，喜干燥通风的栽培环境和肥沃及排水良好的土壤，忌湿涝。

3. 繁殖方法

石竹可用播种、分株和扦插繁殖。春播或秋播于露地或温床，多数发芽适温为 15～20℃，温度过高则抑制萌发。幼苗通常经过 2 次移植后定植。分株繁殖多在 4 月进行。扦插繁殖生根较好，可于春、秋季插于沙床中。

4. 栽培养护

石竹定植后应施 2～3 次追肥，并进行 2 次摘心，以促进多分枝。花后剪去花枝，再施肥 1 次，秋季可再次开花。另外石竹类花卉种间易天然杂交，栽培时应注意隔离。

5. 园林应用

石竹可用于花坛、花境和切花栽培。其低矮和簇生种类是布置岩石园的良好材料。

十四、紫松果菊栽培与养护（见图 2—2—16）

科属：菊科紫锥花属。

拉丁学名：*Echinacea purpurea*。

主要种类：常见栽培变种有大花种、红花种、白花橙心种和白花绿心种。

花期：7—10 月。

1. 主要形态特征

紫松果菊株高 60～120 cm，植株健壮挺拔，丛生状。茎直立，全株具粗硬黏毛。叶片基生，卵形或披针形，叶缘具疏浅锯齿。头状花序单生枝顶，苞片革质，花茎 8～10 cm。舌状花 1 轮，玫瑰红色或紫红色，瓣端有裂齿，略下垂。中心管状花突起呈半球

图 2—2—16　紫松果菊及其园林应用

形，深褐色，盛开时为橙黄色。

2. 生态习性

紫松果菊性强健而耐寒，喜温暖，喜光，耐干旱，耐土壤瘠薄，但在深厚肥沃、富含腐殖质的土壤上生长更好，花大色艳。

3. 繁殖方法

紫松果菊可采用播种或分株繁殖，春、秋季均可进行。早春播种当年可开花，经 1～2 次移植后可定植，株间距约 50～60 cm。可自播繁衍，但易发生性状分离。

4. 栽培养护

紫松果菊喜肥，栽植前应施足基肥。耐粗放简单管理，但夏季干旱时应适当灌溉。花后及时去残花，花前施液肥可延长花期。

5. 园林应用

紫松果菊生长健壮而高大，花期长，风格粗放，是作花境和自然式栽植的优良花卉。水养持久，是优良的切花。

十五、耧斗菜栽培与养护（见图 2—2—17）

科属：毛茛科耧斗菜属。

拉丁学名：*Aquilegia vulgaris*。

主要种类：多大花、白花、重瓣和斑叶等变种。相近种有加拿大耧斗菜（*A. canadensis*）、华北耧斗菜（*A. yabeana*）和杂种耧斗菜（*A. hybeida*）。

花期：5—6 月。

1. 主要形态特征

耧斗菜株高 50～70 cm。茎直立，根肥大，圆柱形。二回三出复叶，蓝绿色，表面有光泽，背面有茸毛。花 3～7 朵，花冠漏斗状，倾斜或微下垂，5 枚花瓣，黄绿色。苞片三全裂，萼片 5，花瓣状，黄绿色。蓇葖果，种子狭倒卵形，黑色。

图 2—2—17　耧斗菜及其园林应用

2. 生态习性

耧斗菜性强健，耐寒，华北、华东地区露地越冬时需进行保护。喜凉爽气候，忌夏季高温曝晒。喜富含腐殖质、湿润而排水良好的沙质土壤。

3. 繁殖方法

耧斗菜以分株繁殖为主，也可播种繁殖。分株宜在早春发芽前或落叶后进行。将母株从地下掘起，将根颈部带 3～5 个芽连根剪下。盆栽或地栽，浇足定根水，2 周后新株恢复生长。生长期间保持土壤湿润，次年即可开花。定植苗 3～4 年需更新 1 次。

春秋播种，最好于种子成熟后立即进行。稀疏撒播，覆土以不见种子为度，出苗前保持土壤湿润并适度遮阴。幼苗高度在 10 cm 左右即可定植，株行距为 30～40 cm × 30～40 cm。播种苗 2 年左右可以开花。

4. 栽培养护

耧斗菜播种苗定植时，地栽前要对土壤进行深耕，结合肥分状况施入一定的有机肥或磷、钾肥。栽后浇透水，北方地区春季较为干旱，每月应浇水 4～5 次，根据盆土干湿度适当增减浇水次数。夏季高温多雨季节应遮阴，或种植在半遮阴处，雨后应及时排水，同时需加强修剪，以利通风透光。苗长到一定高度时（约 40 cm）需及时摘心，控制植株生长高度。生长期每月施肥 1 次，花前施追肥 2 次，入冬后需施足基肥。华北地区露地栽培需灌足越冬水，以树叶和碎草覆盖防寒。

5. 园林应用

耧斗菜花色明快，适应性强，宜丛植或片植于林缘和疏林草地等，也可用于布置岩石园或做切花材料。

思考与练习

1. 列举出常见栽培的 10 种宿根花卉。

2. 宿根花卉常采用哪些繁殖方法？举例说明其操作步骤。

3. 菊花的栽培类型有哪些?

4. 简述菊花、芍药、鸢尾、荷包牡丹的栽培养护要点。

任务三
球根花卉栽培与养护

任务目标

◇掌握球根花卉的常见繁殖方法

◇了解球根花卉的栽培要领

◇掌握球根花卉的养护技术

◇掌握常见球根花卉的园林生产和养护

任务提出

某城市绿地建设中需要花卉公司提供一批球根花卉，要求其在一定时间内繁殖出符合规格的批量种球，并采用正确的栽培和养护方法使其健康生长并达到园林观赏要求（见图 2—3—1）。

图 2—3—1　球根花卉在城市绿地中的应用

任务分析

球根花卉广泛分布于世界各地，种类比其他花卉相对较少。但球根花卉品种资源极其丰富，多数种类花大色艳，深受人们喜爱，在观赏花卉中占有非常重要的地位。栽培条件的好坏对于球根花卉新球生长发育和第二年开花有很大影响。在养护管理的过程中，应结合当地的环境条件选择并采取合理的技术措施，以满足球根花卉生长的需要。

相关知识

一、球根花卉类型

1. 按地下器官的形态类型分类

（1）球茎类　地下茎肥大成球形或偏球形，有顶芽，有些种类茎的节和节间有侧芽，如唐菖蒲、小苍兰、西班牙鸢尾、雪滴花和番红花等。

（2）鳞茎类　由肉质鳞片包被着短缩的地下茎，形成球状的变态茎，如水仙、朱顶红、郁金香、风信子（有皮鳞茎）、贝母和百合（无皮鳞茎）等。

（3）块茎类　地下茎短缩肥大，顶端有顶芽，有不规则的侧芽，如马蹄莲、球根秋海棠、晚香玉、海芋、仙客来和大岩桐等。

（4）根茎类　地下茎肥大变态为根状，匍匐生长于土中，叶片退化成膜质鳞片，如荷花、美人蕉、铃兰、姜花、红花酢浆草和六出花等。

（5）块根类　地下主根膨大为纺锤形块状，根系从块根末端生出，只有带芽眼才能繁殖，如大丽花、花毛茛和欧洲银莲花等。

2. 根据球根花卉的种植时间不同分类

（1）春植球根花卉　如大丽花、唐菖蒲、美人蕉和晚香玉等。

（2）秋植球根花卉　如郁金香、风信子、水仙和石蒜等。

二、球根花卉繁殖

球根花卉的繁殖分为无性繁殖和有性繁殖两种，在园林中广泛应用的是无性繁殖，其中以分株繁殖最为常用。

1. 分株繁殖

（1）自然分球繁殖　球茎和鳞茎类繁殖多用此法（见图 2—3—2）。主球与子球之间有一定的连接，稍加外力可自然分开，如唐菖蒲和小苍兰等，然后对分离的球进行分级种植即可。新分的子球种植 2～3 年后方可成为商品用球。

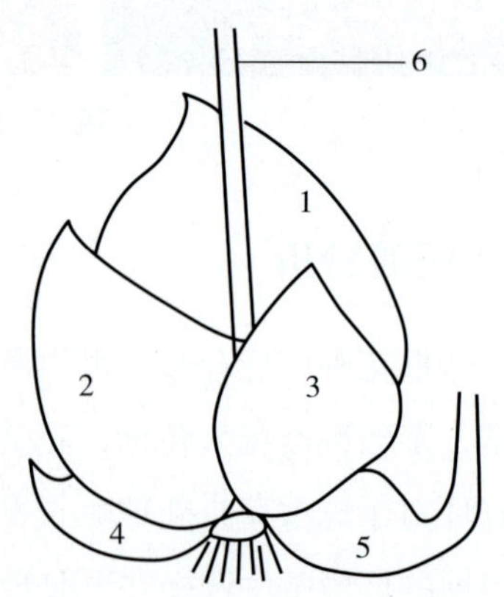

图 2—3—2　郁金香分球繁殖

1,2,3—新鳞茎　4,5—子鳞茎　6—茎

（2）机械切离分球繁殖　对于块根、块茎和根茎类，主球与子球和小球的连接比较紧，常用刀切或用手掰才能分开，如块根类的大丽菊、块茎类的花叶芋和根茎类的美人蕉等。

（3）种球切割繁殖　为了加快繁殖速度，还可以对球茎和鳞茎的大球进行切割繁殖。

朱顶红、风信子：采用刳底法，又称十字法，将种球底部刳底或深划十字形，愈伤并置于温度为 20～25℃的环境中生长，待出小球时再进行培养。

唐菖蒲：纵向切割，每段有球茎、底盘和芽（见图 2—3—3）。

仙客来：横剖上部 2/3 处，去除上部后，切 1 cm^3 的方块进行培养（见图 2—3—4）。

朱顶红：纵向切割，根据球径的大小分为 1/4、1/6 或 1/8。

大丽花：纵向切割，每份必须有芽、块根和根颈。

美人蕉：切成若干块，每块必须有 2～4 个芽。

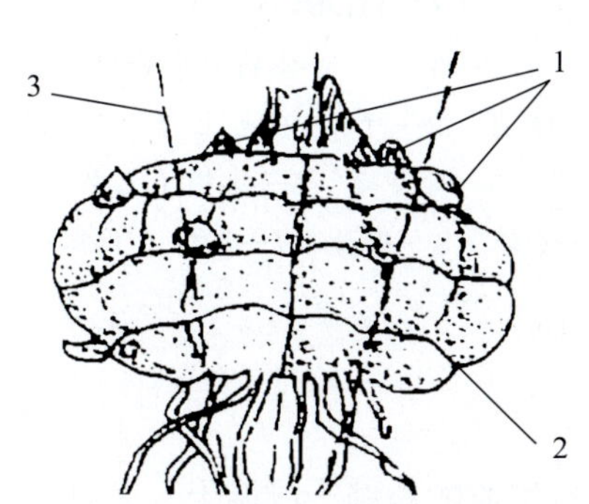

图 2—3—3　唐菖蒲球茎切割法

1—芽　2—茎节　3—切割线

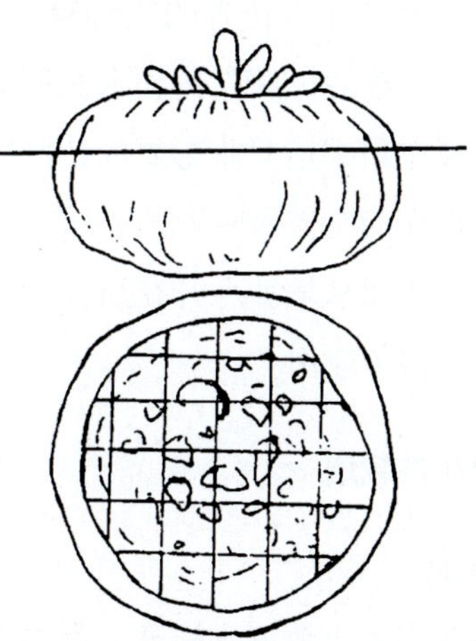

图 2—3—4　仙客来块茎切块繁殖（先横切，再纵切）

（4）分株繁殖的其他方法　一些球根花卉不仅可以通过鳞茎繁殖，还可以通过珠芽和鳞片繁殖，如小苍兰和百合（见图 2—3—5）。珠芽是生长在植株上部叶腋处的小球，分离这些小球种植可以长成植株。百合还可以通过分离鳞片繁殖。

2. 扦插繁殖

在球根花卉中，最常用的扦插繁殖方法是鳞片扦插和叶插。

（1）鳞片扦插法　春、秋两季将健壮无病害的种球鳞片掰下，斜插于粗沙和蛭石等透气排水良好的基质中。鳞片需带有鳞茎盘和子芽，鳞茎盘生根，子芽抽生枝条。一般于温度 15～20℃环境下生长 1 个月即可产生带根子球，移栽可长成独立的植株，培育 2～3 年可作为种球。

（2）叶插法　在生长季选择生长健壮的叶片，将叶片的主脉割伤，平置于沙床上，叶边缘部分可剪除以减少水分蒸发。遮阴保湿 20 天后即可在叶脉部发出小球根，待其长大后上盆定植即可。一般 4 个月即可开花，如球根秋海棠和大岩桐常采用叶插法繁殖。

3. 播种繁殖

球根花卉只要能结种子，均可采用播种繁殖。采用播种繁殖往往不能保持球根花卉优良的品种特性，因此常用于新品种选育。播种繁殖的植株，从播种到开花时间较长，如唐菖蒲和喇叭水仙一般需3～5年，马蹄莲和花毛茛需2年，小苍兰和大岩桐一般只需7个月即可开花。

4. 组织培养

组织培养在球根花卉的脱毒繁殖方面应用广泛，如郁金香、小苍兰、唐菖蒲和水仙等重要的切花球根花卉均可通过组织培养脱毒复壮，恢复种性。组织培养法是获得无病毒健康种球的有效方法。由于采用组织培养方法小苗从培养至开花所需时间较长，因此在其他生产上很少应用。

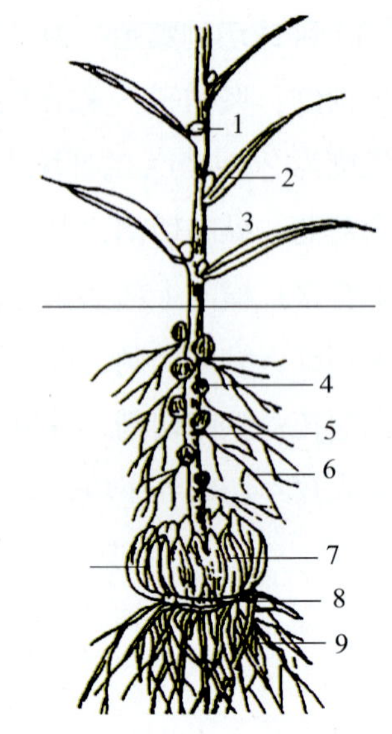

图2—3—5　百合的营养繁殖

1—珠芽　2—叶　3—地上茎　4—小鳞茎　5—地下茎　6—基根（上根）　7—老球　8—基盘　9—基根（下根）

三、球根花卉栽培

1. 整地

球根花卉对土壤要求较严。大多数的球根花卉喜富含有机质的沙壤土或壤土，尤以下层土为排水好的沙砾土而表土为深厚的砂质壤土最为理想。整地深度一般为40～50 cm。排水性差的地段在30 cm土层下加粗沙砾或抬高种植床以提高排水力。少数种类在潮湿和黏重的土壤上也能生长，如番红花属的一些种类。大多数球根花卉适宜的土壤pH值为6～7，过高或过低都可能产生烂根现象。

除了选择合适的土壤和实行轮作倒茬外，每年还需对土壤进行消毒，以减少病虫害的发生。常用的土壤消毒方法有蒸汽消毒、土壤浸泡（淹水消毒）和药剂消毒3种。

2. 栽植

球根花卉种植时间集中在春、秋两季。春季一般为3—5月，秋季一般为9—11月，可开沟或穴栽。种植深度因种类、种球大小、种植季节、土壤结构、栽培系统（地栽或盆栽）及生产目的的不同而有差异，如图2—3—6所示。大多数球根花卉覆土深度为种球最大直径的3倍（从球根的肩部到土壤表面），如唐菖蒲、百合属、美人蕉属、大丽花属、虎皮花属和马蹄莲属等；覆土到球根顶部的有晚香玉属、百子莲属、球根秋海棠和石蒜等；将球根的1/3露出的有朱顶红和仙客来。种球大种植的深，相反则浅。夏季种植的较深，冬季较浅。以种球生产为目的的应深栽，以切花生产为目的的可适当浅栽。盆栽球根花卉只观花，应浅栽。球根在黏重土壤中比一般土壤中要浅栽 3～5 cm。种球栽植时应分离侧面的小球，将其另外栽植，以免分散养分，造成开花不良。栽植后在生长期间不宜移植。

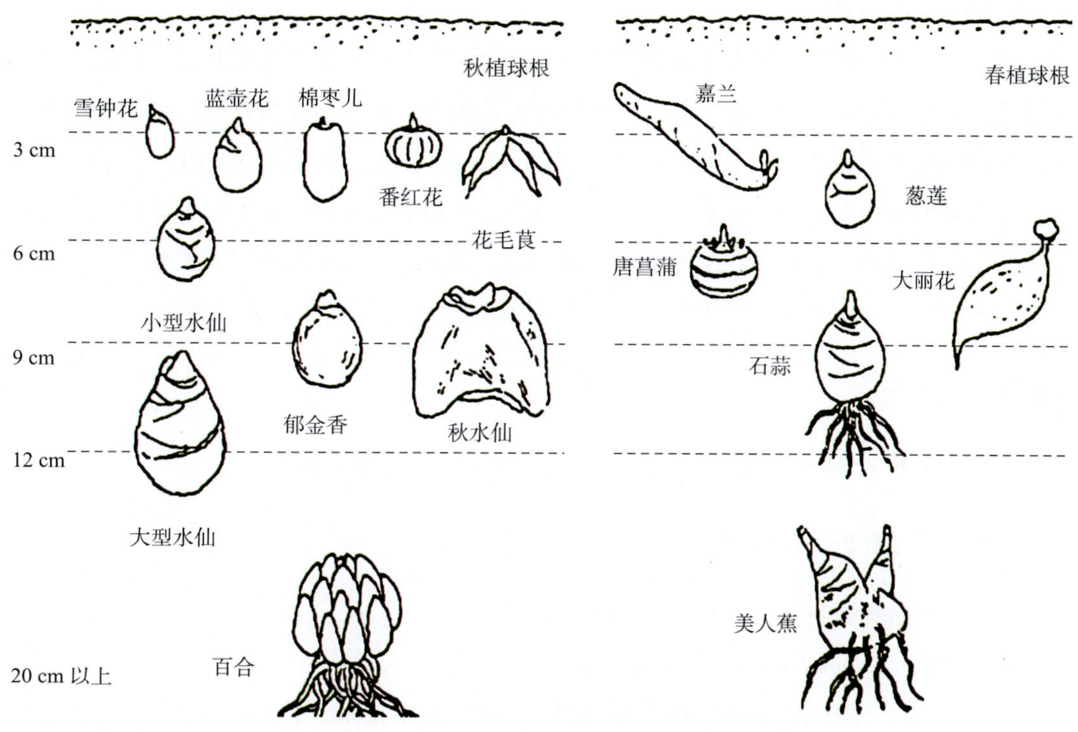

图 2—3—6　各类球根种植深度的标准（露地栽植）

四、球根花卉养护

1. 肥水管理

对于一年生球根花卉，种球发根发芽展叶后正常浇水保持土壤湿润，可叶面喷施较稀薄的无机肥。二年生球根应根据生长季节灵活掌握肥水管理，生长期应供应充足的水分，休眠期原则上不要浇水。夏、秋季节休眠的球根只有在土壤过分干燥时才给予少量水分，以防止球根干缩。一般在旺盛生长季节定期施肥，球根花卉喜磷肥，磷肥对球根的充实及开花极为重要，常用骨粉配合作基肥。球根花卉对钾肥要求量中等，对氮肥要求较少。观花类球根花卉应多施磷、钾肥，观叶类球根花卉应保证氮肥的供应。有机肥必须充分腐熟，否则易致球根腐烂。

2. 病虫害防治

对球根花卉常见的病虫危害，除在生长期喷洒药剂防治外，还需注意以下几点：

（1）选用无病虫感染的球根和种子。

（2）进行土壤消毒。

（3）栽植或播种前，对球根或种子进行处理，以杀灭病菌和虫卵。

（4）球根采收后，贮藏之前要进行药剂处理。

3. 种球采收与贮藏

球根花卉在停止生长进入休眠状态后，大部分种类的球根需要采收并进行贮藏。春植球根花卉在寒地为防冬季冻害，常于秋季采收贮藏越冬，而秋植球根夏季休眠时若留在土中，易因多雨湿热而腐烂。大规模的专业生产中，新球或子球增殖较多时，若采收不及时，种球会因拥挤而导致生长不良。发育不够充实的球根采收后应置于较干燥和通风良好的条件下促进后熟，否则易在土壤中腐烂和死亡。采收后可将土地翻耕，加施基肥，有利于下一季的栽培。园林栽培中适应性较强的球根花卉，可隔数年掘起和分栽一次。

任务实施

现以常见有代表性的球根花卉为材料，进行繁殖和栽培养护练习。

一、百合栽培与养护（见图 2—3—7）

科属：百合科百科属。

拉丁学名：*Lilium brownie var.viridulum*。

主要种类：国际法百合协会依据亲本产地、亲缘关系、花色、花型和姿态等特征将百合分为九种类型：亚洲百合杂种系（*Asiatichybrids*，区群Ⅰ）、星叶百合杂种系（*Martagonhybrids*，区群Ⅱ）、白花百合杂种系（*Candidumhybrids*，区群Ⅲ）、美洲百合杂种系（*Americanhybrids*，区群Ⅳ）、麝香百合杂种系（*Longiflorumhybrids*，区群Ⅴ）、喇叭形百合杂种系（*Trumpetlilies*，区群Ⅵ）、东方百合杂种系（*Orientalhybrids*，区群Ⅶ）、其他类型（区群Ⅷ，包含其他所有的杂交种）、原生种（区群Ⅸ，包含所有原生种和自然产生的品种）。

花期：5—7 月。

图 2—3—7　百合及其园林应用

1. 主要形态特征

百合为多年生球根，株高 50～150 cm。茎直立不分枝，无毛，有紫色条纹，叶腋无珠芽。茎秆地下具球形鳞茎，淡白色，先端常开放如莲座状。鳞茎由多数肉质肥厚、卵匙形的鳞片聚合而成。叶互生，3～5 平行或弧形脉。百合花被 6 枚，2 轮，常 1～4 朵生于茎端，花冠较大，呈漏斗形喇叭状。花色丰富，有香气。

2. 生态习性

百合喜干燥凉爽，较耐寒，忌曝晒，怕水涝，土壤湿度过高则引起鳞茎腐烂死亡，夏季高温地区生长不良。根系粗壮发达，耐肥，在土层深厚和肥沃疏松的砂质壤土中生长较好，黏重土壤中不宜生长。

3. 繁殖方法

百合采用无性繁殖和有性繁殖均可。生产上主要采用鳞片繁殖、子球繁殖和珠芽繁殖 3 种方法。

（1）播种繁殖　秋季采收种子并贮藏，于翌年春天在苗床内播种，播后约 20～30 天发芽。幼苗期适当遮阳。第二年秋季产生小鳞茎，即可挖出分栽。播种繁殖培养年限长，种性不稳，多用于育种工作，在生产上极少采用。

（2）鳞片繁殖　秋天挖出鳞茎，逐个分掰成充实和肥厚的鳞片，鳞片基部应带有部分茎盘，稍阴干后进行扦插。将鳞片的 2/3 插入基质，置于 20℃保湿环境下约 6 周，鳞片伤口处开始生根。次年春季，鳞片上长出小鳞茎，栽入盆中，精心管理 3 年左右可开花。

（3）子球繁殖　老鳞茎茎盘外围通常长有一些小鳞茎，9—10 月收获百合时，分离小鳞茎贮藏于室内砂土中越冬。次年春季上盆栽种，养护一年后可长成大鳞茎植株。此方法繁殖量小，适宜家庭盆栽繁殖。

（4）珠芽繁殖　珠芽繁殖适用于少数种类，如卷丹（见图 2—3—8）和黄铁炮等。地上茎叶腋处形成小鳞茎（又称“珠芽”），在夏季珠芽已充分长大，尚未脱落时取下培养，通常需要 2～4 年长成大鳞茎。植株开花后，将地上茎压倒，浅埋茎节于湿沙中，促使叶腋间多生小珠芽以供繁殖。

（5）组织培养　可用鳞片和花蕾作为外植体进行组织培养。

图 2—3—8　卷丹类百合的珠芽繁殖

4. 栽培养护

（1）选地整地　百合对土壤盐分很敏感，最忌连作，故以新选地并富含腐殖质和土层深厚、疏松且排水良好者为宜，东西向做成高畦或栽培床。栽前亩施 50～60 kg 石灰进行土壤消毒。要求精细整地，畦面中间略隆起以利于雨后排水。施足有机肥作基肥。

（2）前期管理　冬季选晴天进行中耕，晒表土，防止表土板结，盖草保墒。春季出苗前松土锄草，提高地温，促苗早发。夏季应防高温引起的腐烂。天凉注意保温和防霜冻，并施提苗肥，促进百合生长。下种至出土期间应中耕 2～3 次，生长中期松土 2～3 次，清除杂草，并结合培土，防止鳞茎裸露。

（3）中后期管理　百合不耐水涝，应及时清沟排水。春季百合发芽时保留一壮芽，其余侧芽除去，以免鳞茎分裂。当苗长至高 25～33 cm 时，及时摘顶，集中养分促进地下鳞茎生长。有珠芽的品种，如不用珠芽繁殖，可结合夏季摘花及时摘除珠芽，减少鳞茎养分消耗。打顶后控制施氮肥，以促进幼鳞茎迅速肥大。

注意采取轮作换茬、清沟沥水、清除杂草、增施磷、钾肥和拔除病株烧毁等措施防止病虫害的发生。

5. 园林应用

百合是世界四大切花之一，是非常重要的商品鲜切花材料，具有极高的观赏价值。其花大色艳，芳香馥郁，株型直挺，近年来逐渐应用于园林花境及专类园的设计中，具有较高的园林应用价值。宜大片种植于疏林之下或边缘，亦可配置于亭台畔及作基础栽植。

二、中国水仙栽培与养护（见图 2—3—9）

科属：石蒜科水仙属。

拉丁学名：*Narcissus tazetta var.chinensis*。

主要品种：‘金盏银台’和‘玉玲珑’。

花期：2—3 月

图 2—3—9　中国水仙及其园林应用

1. 主要形态特征

中国水仙为多年生单子叶草本植物。球状鳞茎，外被棕色皮膜。叶扁平带状，全缘。花序由叶丛抽出，花朵呈伞房花序着生于花序顶，花被 6 枚，白色芳香，副冠高脚碟状。

2. 生态习性

中国水仙为秋植球根花卉，具有秋冬生长、早春开花和夏季休眠的特性。喜光耐半阴，喜水，喜肥，要求冬季无严寒、夏季无酷暑、春秋季多雨的气候环境。以疏松肥沃和土层深厚的冲积沙壤土为最宜，pH 值在 5～7.5 时适宜生长。7—8 月份落叶休眠，在休眠期鳞茎的生长点部分进行花芽分化。

3. 繁殖方法

中国水仙为同源三倍体植物，具有高度不孕性，虽子房膨大，但种子空瘪，无法进行有性繁殖，通常以自然分球繁殖法为主（见图 2—3—10）。即将母球上自然分生的小鳞茎掰下来作为种球，另行栽植培养，从种球到开花球需培养 3～4 年。以我国漳州水仙传统的培育法为例：将二年生鳞茎上着生的侧生子球消毒后，于 10 月播种于高畦上，覆土 2～3 cm。高畦四周挖成灌溉沟，沟内经常保持一定深度的水，以保证充足的土壤水分和空气湿度。翌年 5 月叶片开始衰老，7 月叶枯黄后起球，即可形成直径 4～5 cm 的圆球。当年秋季再种，第三年收获时可得直径 5～8 cm 的开花球，且主球两侧又有 1～3 个侧生鳞茎，可重新作为繁殖子球。

商品化的漳州水仙还常采用“阉割”的技术，由于水仙芽的分化能力强，一个母鳞茎可分化成 3～4 个子鳞茎，为保证养分对主芽的集中供应，用匙形利刃将二年生主球两侧的侧芽各挖除 1～2 个，但勿伤及盘底和主芽。“阉割”后置于阴凉通风处，伤口愈合后即可栽种。

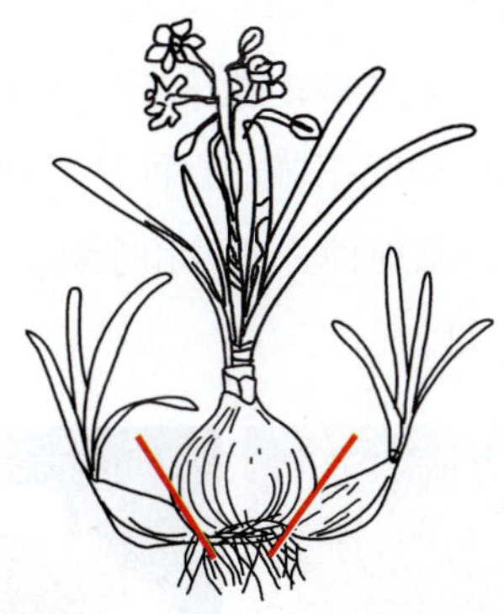

图 2—3—10　水仙分鳞茎繁殖

4. 栽培养护

中国水仙地栽常于 10—11 月下种，种植深度为 10～15 cm，株间距 10～15 cm。水仙喜肥，种植前深翻土壤并施足基肥，另外生育期还应多施追肥。第一年栽培时，平均 15 天追 1 次肥；第二年栽培时，每 10 天追 1 次肥；到第三年时，肥量增多至每周 1 次；若肥源不足，也必须保证花期前后各追施 1 次。

水仙喜湿润，种植后灌溉沟中必须经常保持有水。沟水多少和灌水时间长短，应视气候条件以及球龄大小和生长发育时期等而定。晴朗干燥天气多灌水，阴雨潮湿天气则少灌水。第一、二年栽培的球少灌水，第三年栽培的球多灌水。地栽水仙的管理可较粗放，保持土壤较湿润即可，若植于疏林下半阴环境，花期可延长 7 ~ 10 天。

水仙开花后，地上部的茎叶逐渐枯黄，地下鳞茎吸收和储藏养分并膨大，夏季进入休眠期。花芽分化在休眠期完成，整个花芽分化期大约需 2 个月。适合鳞茎花芽分化的温度为 18 ~ 20℃，而其花芽发育和花葶伸长则需经过一个低温期，适宜温度为 9 ~ 10℃。

布置用水仙通常每 3 ~ 4 年起球 1 次。控制株高可采用控水法，即白天浸水、见光和降温，夜间在室内排水，温度保持在 12℃左右。

5. 园林应用

中国水仙花形奇特秀丽，花色淡雅具芳香，株型小巧，是深受人们喜爱的观赏花卉。水仙花既可盆栽水养于室内，也可用于布置花坛、花境或疏林下成丛成片种植。另外，人们喜欢用它作为“岁朝清供”的年花，并因其可加工拼合成造型各异的形状，颇受人们欢迎。

三、郁金香栽培与养护（见图 2—3—11）

科属：百合科郁金香属。

拉丁学名：*Tulipa gesneriana*。

主要品种：郁金香分为 4 类 15 群。早花类包括单瓣早花群和重瓣早花群；中花类包括凯旋系和达尔文杂种群；晚花类包括单瓣晚花群、百合花型、流苏花型、绿花群、伦布朗型、鹦鹉群和重瓣晚花群；原种及杂种包括考夫曼种、变种和杂种，福斯特种、变种和杂种，格里氏群，其他种、变种和杂种。

花期：3—5 月。

图 2—3—11　郁金香及其园林应用

1. 主要形态特征

郁金香为多年生草本，鳞茎扁圆锥形或扁卵圆形，外被淡黄色纤维状皮膜。茎叶光滑

具白粉。叶 3～5 枚，带状披针形或卵状披针形。花单生茎顶，大形直立，杯状，基部常黑紫色。花瓣 6 片，离生。花色和花型丰富，因品种而异。

2. 生态习性

郁金香白天开放，夜间及阴天闭合。此花属长日照花卉，性喜向阳避风、冬季温暖湿润、夏季凉爽干燥的气候。8℃以上即可正常生长，一般可耐 -14℃低温。耐寒性强，在严寒地区如有厚雪覆盖，鳞茎可露地越冬，不耐酷暑。要求腐殖质丰富、疏松肥沃和排水良好的微酸性沙质土壤。忌碱土和连作。

3. 繁殖方法

郁金香的繁殖方法有分球繁殖、种子繁殖和组织培养，后两种方法繁殖开花年限较长（种子繁殖需要 5 年才能开花），成本较高，除培育新品种和脱毒等特殊用途外，一般都采用分球繁殖方法。

一个成熟的郁金香鳞茎包含着三代种球：大种球为第一代种球，具有分化完全的花器官，种植后当年就可开花；较小些的种球为第二代种球（子球），当年一般不开花，栽培 1 年后就可成为成熟的开花球；子球的外部鳞片基部形成第三代种球（小子球），种植 2 年后才能成为开花球。子球的多少因品种不同及栽培条件而异，新球与子球的膨大常在开花后 1 个月的时间内完成。因此，可以利用第一代种球形成的子球和小子球来进行繁殖。

郁金香在荷兰种植最为广泛。当地利用其气候优势，尤其在邻近海边的埃克霍森一带大量进行种球生产，通常采用分级繁育法，即用周径为 8～9 cm 和 10～11 cm 的栽植种球经 1 年分别培育成周径 11～12 cm 和 12 cm 以上的商品球（开花种球）。

4. 栽培养护

郁金香露地种植时应选避风向阳的地点及疏松肥沃、富含腐殖质的土壤。定植前要深耕整地，确保土壤疏松，并于定植前 1 个月用 1%～2% 的福尔马林溶液浇灌，进行土壤消毒。另外需用甲基托布津或高锰酸钾溶液浸泡种球消毒 15～20 min。

定植时间以 10 月下旬至 11 月下旬为宜。若定植过早，土壤温度较高，郁金香会发生脱春化现象。但也不宜定植太晚，因为郁金香的根系在整个冬季吸收并储藏大量氮元素，种植太晚会因地温过低而影响植株根系的正常发育。

定植深度一般为种球高度的 2 倍，株行距为 10 cm × 10 cm，切花栽培可采用露出球肩的浅植方法。栽植不可过深，否则不易分球且常引起腐烂，过浅则易受冻害和旱害。定植前充分灌水，郁金香发根后经过一个自然低温阶段，此期间注意保持土壤湿润，并防止土壤积水。入冬前一定要浇 1 次防冻水，来年春天幼叶出土后，要及时浇水保持土壤湿润。定植后表面铺草可防止土壤板结，且有助于秋冬根系生长及翌年开花，早春化冻前应及早除去覆盖物。

叶片快速生长期和现蕾初期各施 1 次稀薄液肥，可使郁金香有花大色艳。郁金香花期应控制肥水，并通过遮阴、遮雨等措施延长花期，同时避免阳光直晒。

待花后叶基本枯黄时，选择干燥晴天掘球。掘球时勿伤球根，否则伤口极易染病腐烂。掘起后摘叶，将球根大小分开，置荫蔽处充分晾干，在通风良好、温度为 20～25℃的条件下贮藏为宜。梅雨季节尤其要注意保持贮藏室的通风和凉爽。

5. 园林应用

郁金香是园林中重要的秋植球根花卉。其品种丰富、花色明艳、花形奇特，宜做切花或布置花坛、花境，也可丛植于草坪上或疏林下。中矮型品种可作盆栽观赏。

四、唐菖蒲栽培与养护（见图 2—3—12）

科属：鸢尾科唐菖蒲属。

拉丁学名：*Gladiolus hybridus*。

主要品种：依据生态习性分为春花和夏花种类；依花型分为大花型、小蝶型、报春花型和鸢尾型；依生长期分为早花类、中花类和晚花类；依花色分为从白色至蓝色的各种色系。

花期：7—9 月。

图 2—3—12　唐菖蒲及其园林应用

1. 主要形态特征

唐菖蒲为多年生草本。球茎扁圆球形，外包有棕色或黄棕色的膜质包被。叶基生或在花茎基部互生，硬质剑形，灰绿色，有数条纵脉及 1 条明显而突出的中脉。茎粗壮直立，不分枝，花序直立，高出叶上，由下往上排列着数朵花。蝎尾状单歧聚伞花序顶生，着花 12～24 朵，每朵花生于草质佛焰苞内。

2. 生态习性

唐菖蒲原产非洲热带与地中海地区，是典型的喜光性长日照植物，夏季喜凉爽，不耐过度炎热，忌寒冷。性喜肥沃深厚的沙质土壤，要求排水良好，不宜在黏重土壤或易有水

涝处栽种。夏花类型的球根都必须在室内贮藏越冬，室温不得低于 0℃。

3. 繁殖方法

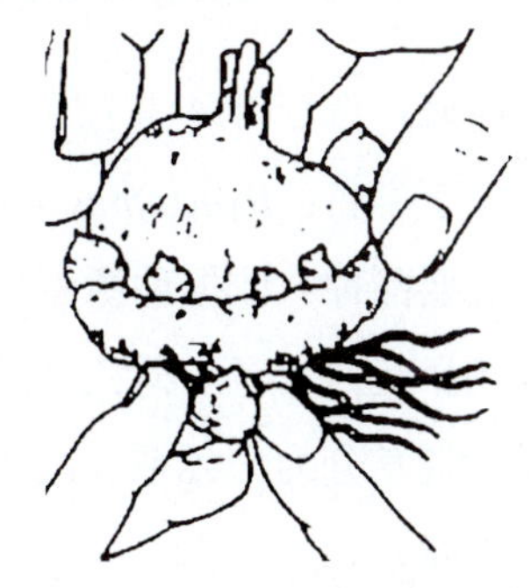

图 2—3—13　唐菖蒲自然分球繁殖

唐菖蒲通常以自然分球法繁殖（见图 2—3—13），小球茎多数经栽种 1～2 年后可开花。唐菖蒲球茎的寿命为 1 年，每年进行一次更新，即母球在当年抽叶开花过程中，便在茎的基部膨大形成新球，继而下部的原母球也逐渐干缩死亡，与此同时在新球底部常生出收缩根，并在其端部形成子球，这些新球和子球以后便与母球自然分离。

一般采用周径为 0.5～0.75 cm 的优质子球，选择冷凉地区或海拔 500 m 以上的山地，施入基肥，春季条播，每亩可播种 4 万～6 万粒，播后及时喷施除草剂或以稻草覆盖。为使养分集中供应地下部分生长，应剪除花枝。立秋后种球膨大、发育迅速，注意追施复合肥 2～3 次。通常在 10 月下旬至 11 月中旬，即当叶片多数出现枯萎时，开始收获地下球茎。

某些珍稀品种，需迅速扩大繁殖系数，可用充实饱满的商品球切割成 2～4 块，每块必须保证有部分根盘及完整充实的芽，作为子球进行繁殖。为防止种球腐烂，切面用木炭粉或草木灰涂抹并立即栽植。

4. 栽培养护

唐菖蒲在自然条件一般于 4—5 月种植，周年生产则根据不同供花期来确定。球茎在低温条件下连续休眠约 3 个月，如需提前种植，可先用 35℃高温处理 15～20 天，然后用 2～3℃的低温处理 20 天打破休眠。在此期间应保持球茎干燥，以防湿度过大造成球茎腐烂。种植规格随品种株型不同而异。种植深度一般为 3～10 cm。为防止倒伏，在种植球茎时，预先将 2 层 20 cm 见方的尼龙网格放于种植床上，以后随着植株的长高，逐层用支柱拉伸绷紧，防止植株倒伏、花茎弯曲。

鲜花采收以最下面的一朵花初开时为适收期。剪花时留下植株基部 3 片绿叶，让球茎继续膨大。掘取球茎以叶片先端约 1/3 枯黄时为好，起挖后剪去叶片，将球茎晾晒数小时，待外皮干燥后，再转入室内。将新球和子球分级装入浅箱，置于干燥、通风和温度在 5～11℃的条件下贮藏，定期检查翻动，防止种球发热霉烂。

5. 园林应用

唐菖蒲为重要的鲜切花，可作花篮、花束和瓶插等。园林中可用于布置花境及专类花坛。矮生品种可作盆栽观赏。因唐菖蒲对氟化氢非常敏感，可用作监测污染的指示植物。

五、风信子栽培与养护（见图 2—3—14）

科属：百合科风信子属。

拉丁学名：*Hyacinthus orientalis*。

主要品种：依据种源可分为罗马品系和荷兰品系。罗马品系包括两个变种，即白花风信子和早花风信子。荷兰品系由荷兰改良而成，现在栽培的园艺品种多属于此系。按花色和瓣性通常分为白色系、浅蓝色系、深蓝色系、紫色系、粉色系、红色系、黄色系、橙色系和重瓣系。

花期：4—5 月。

图 2—3—14　风信子及其园林应用

1. 主要形态特征

风信子为多年生草本，鳞茎球形或扁球形，有膜质外皮，皮膜颜色与花色相关。叶基生，4～6 枚，狭披针形，肉质肥厚。花茎肉质，花葶高 15～45 cm，中空，总状花序，小花 10～20 朵密生上部。花冠漏斗形，基部花筒较长，花瓣裂片向外反卷。原种为浅紫色，具芳香。品种色彩丰富。

2. 生态习性

风信子喜冬季温暖湿润、夏季凉爽稍干燥、阳光充足或半阴的环境。喜肥沃和排水良好的沙壤土，忌过湿或黏重的土壤。忌高温，较耐寒，在冬季较温暖地区，秋季生根，早春新芽出土，3 月开花，5 月下旬果熟，6 月上旬地上部分枯萎而进入休眠期。休眠期进行花芽分化。

3. 繁殖方法

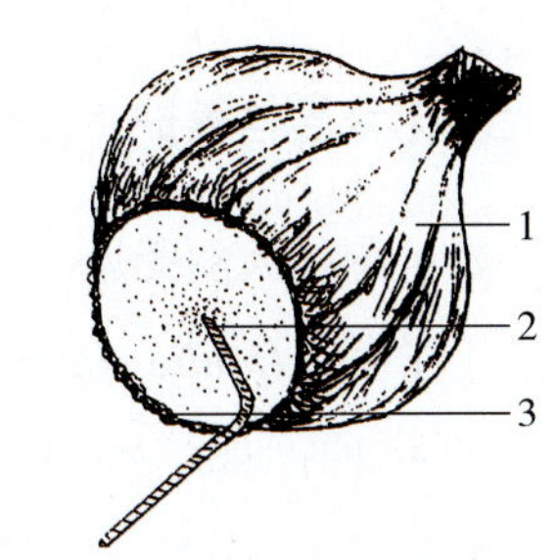

图 2—3—15　风信子鳞茎刳底法
1—鳞茎　2—弧形刀　3—子球

风信子以分球繁殖为主，也可用鳞茎繁殖，育种用种子繁殖。6 月份把鳞茎挖出，将大球和子球分开，大球秋植后早春可继续开花，子球培养 3 年后开花。分球不宜在采切后立即进行，以免分离后留下的伤口于夏季贮藏时腐烂。风信子自然分球率低，母株栽植一年后一般能分生 2 ~ 3 个子球。其鳞茎顶芽生长优势受阻后，鳞茎盘外层干枯鳞片基部的隐芽可相继萌发，生出许多小球，因此对风信子鳞茎盘进行不损伤顶芽的刻伤处理可获得较多小鳞茎（见图 2—3—15）。

为提高繁殖系数，通常在夏季休眠期对大球采用“阉割”措施刺激其长出子球。即花芽形成后，先将鳞茎底部茎盘均匀挖掉一部分，使茎盘处伤口呈凹形，再自下向上纵横各切一刀呈十字切口，深达鳞茎内的芽心，至有黏液流出为止，用 0.1% 升汞涂抹伤口消毒，置于光照下晒 12 h，再平摊于室内，室温保持 21℃左右使其产生愈伤组织。待鳞片基部膨大时，逐渐提高室温至 30℃，3 个月左右即形成许多小鳞茎。这样诱发的小鳞茎培养 3 ~ 4 年可开花。

4. 栽培养护

风信子应选择排水良好、不干燥的土壤种植，种植前要施足基肥。大田栽培忌连作。栽培方法有露地栽培、盆栽促成栽培和水养。

（1）露地栽培　宜于 10—11 月进行，选择排水良好的沙质土壤，种植前施足基肥，上层加一层薄沙，将鳞茎按 15 cm × 18 cm 株行距放好，覆土 5 ~ 8 cm，覆草以保持土壤疏松和湿润。夏季温度不宜超过 28℃。花后如不收种子应将花茎剪去，促进球根发育，剪除位置应在花茎的最上部。6 月上旬将球根挖出摊开，分级贮藏于冷库内盆栽。

（2）盆栽　10 月份将种头种入有培养土的盆内，壤土、腐叶土和细沙等混合作营养土，10 cm 口径盆栽 1 球，15 cm 口径盆栽 2 ~ 3 球，覆土，生长期注意增施磷、钾肥，120 天左右即可开花。

（3）水养　12 月份将种头放在阔口有格的玻璃瓶内，加少许木炭用于消毒和防腐。球根底部浸于水中，置于阴暗处，用黑布遮住瓶子，20 多天后根部在全黑的环境下萌发出来。移去黑布，初时每天光照 2 h，逐步增至 7 ~ 8 h，春节即可开花。

5. 园林应用

风信子是早春重要的观赏花卉。其株丛低矮，花丛紧密而繁茂，有少见的紫蓝色及其他颜色，最适合布置早春花坛和花境，也可成片种植于林缘，亦可作盆栽、水养或切花观赏。

六、大丽花栽培与养护（见图 2—3—16）

科属：菊科大丽花属。

拉丁学名：*Dahlia pinnata*。

主要品种：栽培品种繁多，全世界约 3 万种。按花朵的大小分为大型花（花径 20.3 cm 以上）、中型花（花径 10.1～20.3 cm）和小型花（花径 10.1 cm 以下）3 种类型。按花朵形状分为葵花型、兰花型、装饰型、圆球型、怒放型、银莲花型、双色花型、芍药花型、仙人掌花型、波褶型、双重瓣花型、重瓣波斯菊花型、莲座花型和其他花型等。

花期：8—10 月。

图 2—3—16 大丽花及其园林应用

1. 主要形态特征

大丽花为多年生草本。肉质块根肥大，呈圆球形、甘薯形或纺锤形。新芽只能在根颈部萌发。茎直立，有分枝，高 50～150 cm。叶对生，羽状深裂。头状花序，由中间管状花和外围舌状花组成，管状花多为黄色，舌状花单性色彩艳丽，有白色、黄色、橙色、红色和紫色等多种颜色。

2. 生态习性

大丽花喜疏松肥沃、排水良好的沙质土壤，适应全国不同气候及土质，病虫害少，易管理与繁殖。喜凉爽的气候，气温在 20℃左右生长最佳。忌积水。

3. 繁殖方法

大丽花以分根和扦插繁殖为主，育种用播种繁殖。大丽花的块根由茎基部发生的不定根肥大而成，肥大部分无芽，仅在根颈部发生新芽，因此分割块根时每株需带有根颈部 1～2 个芽眼。通常春季（3—4 月）分球或利用冬季休眠期在温室内催芽后分割。取出储藏的块根，将每一块根及附着于根颈上的芽一起切割下来（可在切口处涂草木灰防腐），另行栽植。根颈部发芽少的品种，可每 2～3 条块根带 1 个芽而切割。栽植后浇水，并进行常规管理。

扦插繁殖是商品生产大丽花的主要方法（见图 2—3—17），只要温度适宜，一年四季均可进行，以春、秋季为佳。顶芽、腋芽和脚芽都可以作为插穗，但以脚芽长势最旺，且后代不易退化，抗性较强。扦插适温为 15～22℃，可温室盆插或露地扦插，20 天即可生根，春插苗当年即可开花。于早春 2—3 月将不分割的块根密排于温室或繁殖床中，覆土至球顶，新芽可从根颈部不断发生，待嫩梢长到 6～7 cm，茎还未出现中空时取下进行扦插。控制温室昼夜温度，2～4 周即可生根。

播种繁殖仅限于繁殖矮生花坛品种及培育新品种时使用。

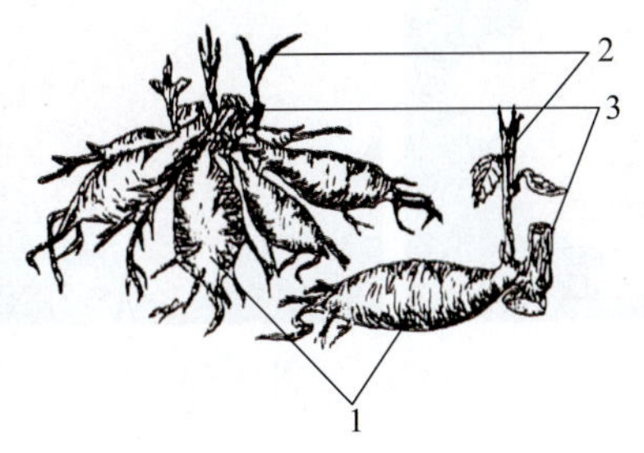

图 2—3—17 大丽花扦插繁殖
1—块根 2—芽 3—根颈

4. 栽培养护

大丽花在定植前要先催芽，即将块根的顶部向上排齐，覆土约 2 cm，充分灌水，外搭小拱棚或在温室中保温，催芽温度保持在 15℃以上，白天注意换气。当植株展两片叶时适宜定植。选择排水良好的沙壤土或壤土，施入堆肥，施入量为 3 kg/m^2，使其与土壤充分拌和，并经过冬季的堆置。然后在定植前 2 周施入钾肥和氮肥各 15 g/m^2。种植后要保持土壤湿润，雨季注意排水防涝。11 月将块根掘出，沙藏越冬，也可用木屑装填储藏于 4.5～7.5℃的温度环境，至立春再栽植，忌连作。大丽花虽喜光，但炎夏应适当遮阴。

大丽花的整枝常用两种方法，一是留单芽或单株，使其早开花，花后留 1～2 个节短截，长出的新芽可继续开花；二是对分枝性差的品种，在早期进行摘心，一般在 3～4 个节处摘心，促使其发枝，7 月中旬至 8 月上旬再对植株进行短截，秋季可产出高质量的切花。搭架拉网一般在株高 20～25 cm 时进行，网孔以 15 cm × 15 cm 为宜。

5. 园林应用

大丽花花形大气，色彩瑰丽多彩，惹人喜爱，是秋季布置花境及专类园的优良球根花卉，也可作盆栽观赏。

七、美人蕉栽培与养护（见图 2—3—18）

科属：美人蕉科美人蕉属。

拉丁学名：*Canna indica*。

主要种类：目前常见栽培品种有大花美人蕉（*C. generalis*）、紫叶美人蕉（*C. warscewiczii*）、蕉藕（*C. edulis*）和双色鸳鸯美人蕉等。

花期：5—10 月。

图 2—3—18　美人蕉及其园林应用

1. 主要形态特征

美人蕉为多年生根茎类草本，高可达 1.5 m。全株绿色无毛，被蜡质白粉，具块状根茎。地上枝丛生，有明显的节，节上侧芽萌发能力强。单叶互生，具鞘状的叶柄，叶片卵状长圆形，有明显叶脉。总状花序，花单生或对生，花冠大多红色，花瓣 3 枚，与萼片连接成一管状，雄蕊退化呈花瓣状，2～3 枚，鲜红色，唇瓣披针形，弯曲。

2. 生态习性

美人蕉性喜阳光充足、温暖炎热气候，不耐寒，霜冻天气花朵及叶片易凋零。适应性强，几乎不择土壤，喜深厚、肥沃土壤，耐瘠薄，耐短期水涝。在原产地无休眠性，可周年生长开花。

3. 繁殖方法

美人蕉通常采用根茎繁殖，一般在早春 3—4 月进行。将老根茎挖出，分割成块状，每块根茎上保留 2～3 个芽，并带有须根，栽入土壤中深 10 cm 左右，株间距保持在 40～50 cm，浇足水即可。新芽长到 5～6 片叶子时，要施 1 次腐熟肥，当年即可开花。美人蕉生长速度极快，每年可分割 1 次。

此外，大花美人蕉多数能结种，可用播种繁殖。其种皮坚硬，4—5 月份将种皮用利具割口，置于 30℃温水中浸种一昼夜后播种，播后 2～3 周出芽。春季露地直播，当年形成块茎，第二年开花。实生苗易发生变异，花色和花型不稳定，一般育种时采用播种繁殖。

4. 栽培养护

美人蕉宜露地栽种，一般以春植为主，长江流域也可秋季分栽。美人蕉栽培容易，管理粗放，病虫害少，应注意置于采光充足的地方。美人蕉虽耐贫瘠，但也喜肥，地栽、盆栽均需施足基肥，并在开花前追肥 1 次。花葶长出后应常浇水，花后缺水易出现“叶里夹花”现象。冬季减少浇水，以“见干见湿”为原则。

地栽采用穴植，每穴根茎具 2～3 个芽，穴距 80 cm，穴深约 20 cm，栽植后覆土约 10 cm。盆栽时多选用低矮品种，每盆留 3 个芽。

寒冷地区，秋季经 1～2 次霜冻后，待茎叶大部分枯黄时，剪去地上部分植株，挖出根茎，晾晒 2～3 天，待表皮发干后，置于 5～7℃沙土中储藏，第二年春季再行定植。温暖地区冬季可露地越冬，不必采收，经 2～3 年后挖出重新栽植。

5. 园林应用

美人蕉花大叶美，广泛应用于南、北方的园林绿化。可在公共绿地中大片丛植美人蕉，展现其群体美，也可布置花境、花坛或作建筑及道路分割带的基础栽植，柔化建筑线条，美化环境。此外，美人蕉可应用于厂区绿化以净化空气和改善小气候。

八、马蹄莲栽培与养护（见图 2—3—19）

科属：天南星科马蹄莲属。

拉丁学名：*Zantedeschia aethiopica*。

主要种类：园艺上有 3 个栽培种，青梗种植株较高大健壮，佛焰苞长大于宽，基部有较明显皱褶，色微黄。另外还有白梗种和红梗种。

花期：2—5 月。

图 2—3—19　马蹄莲及其园林应用

1. 主要形态特征

马蹄莲为多年生草本，具肥大的肉质块茎，株高 60～70 cm。叶大基生，叶柄一般为叶长的 2 倍，基部有鞘，抱茎着生，全缘，鲜绿色。花梗从叶旁抽生，高出叶丛，佛焰苞白色，形大，似马蹄状。肉穗花序鲜黄色，圆柱形，直立于佛焰苞中央，上部着生雄花，下部着生雌花。

2. 生态习性

马蹄莲性喜温暖，喜潮湿土壤，生长适温为20℃左右，不耐寒，越冬应在5℃以上。生长期间需水量大，喜水喜肥，喜疏松肥沃和腐殖质丰富的沙质土壤。夏季高温期休眠。花期需要阳光，否则佛焰苞带绿色。若气温合适，可四季开花，冬季保持夜温10℃以上能正常生长开花。在我国长江流域及北方均盆栽，冬季移入温室栽培，冬春开花，夏季因高温干燥而休眠。

3. 繁殖方法

马蹄莲一般采用分株繁殖方法（见图2—3—20）。花后将植株从土中挖掘出，掰取块茎四周着生的带芽小块茎，进行剥离分栽即可。一般种植2年后的马蹄莲可按1∶2甚至1∶3比例分栽。分栽的大块茎经1年培育即可成为开花球，较小的块茎需经2~3年才能形成开花球。剥离分栽时注意每丛需带有芽。

图2—3—20　马蹄莲分株繁殖

4. 栽培养护

马蹄莲适宜地栽，也可盆栽，多作切花栽培。栽植前选择疏松肥沃的黏质壤土，并施足基肥。春、秋播种均可，勿深植，覆土约5 cm即可，株行距根据种球大小而定。一般开花大球的株距为20~25 cm，行距为25~35 cm。定植后应浇透水，以利于块茎快速发芽生长。

马蹄莲喜湿，生长期内应充分浇水，通常水温在15℃左右，空气湿度宜大。5月份以后天气转暖，叶片开始变黄，此时要减少浇水量，令其干燥，使植株进入休眠状态。马蹄莲为喜肥植物，在生长期间宜每2周追施肥料1次，花期改为每4~5天施用1次。在休眠期要完全停止施肥。

马蹄莲的病害主要有细菌性软腐病、根腐病和叶斑病。对于软腐病和根腐病的防治方法是清除销毁病株，病株周围土壤用福尔马林100倍液消毒，块茎用50℃热水或40%甲

醛 50 倍液浸泡 1 h，晾干后再储藏。对于叶斑病的防治方法是用 60% 福美双或 30% 菌核利或 80% 代森锌等进行土壤消毒，发病初期喷洒 50% 福美砷 1 000 倍液或 2% 硫酸亚铁。

5. 园林应用

马蹄莲花叶俱佳，是用作瓶花、花束和花篮的好材料，也可盆栽作室内观赏。在华南地区，马蹄莲是重要的滨水区花卉和地被花卉。马蹄莲全株可药用。

九、蜘蛛兰栽培与养护（见图 2—3—21）

科属：石蒜科水鬼蕉属。

拉丁学名：*Hymenocallis americana*。

主要种类：常见栽培的同属近缘种有黄花蜘蛛兰（*H. amancaes*）、蓝花蜘蛛兰（*H. calathina*）和美丽蜘蛛兰（*H. speciosa*）等。

花期：夏、秋季。

图 2—3—21　蜘蛛兰及其园林应用

1. 主要形态特征

蜘蛛兰为多年生草本。株高 0.6～1.5 m，地下具粗大球形鳞茎。叶基生，鲜绿色，阔带形，质地厚实，呈大型叶丛。由基部抽出扁圆形的实心花轴，花轴粗壮。伞形花序顶生，花白色，有香味，花瓣细线形，6 枚展开或略外翻，瓣基 1/3 处与副冠相连。整朵花形似蜘蛛，故有蜘蛛兰或蜘蛛百合之称。

2. 生态习性

蜘蛛兰性喜温暖湿润的环境，喜光亦耐半阴，其生长强健，适应性强，不择土壤，但以富含腐殖质、疏松肥沃和排水良好的沙质土壤为好。

3. 繁殖方法

蜘蛛兰主要采用分球繁殖，也可采用播种繁殖。蜘蛛兰分球繁殖易被病毒感染，繁殖时选用无病毒母株作为材料，于春、秋季结合换盆进行。挖出母株，将大丛植株鳞茎分割成数小丛，每小丛具有 3～4 个鳞茎，除去烂根，用硫黄粉消毒后上盆栽种。地栽时先翻松土壤，挖掘苗穴，穴底施腐熟有机肥，覆盖 3～5 cm 薄土后再进行栽植。

4. 栽培养护

蜘蛛兰栽植宜选择向阳通风的场所，富含腐殖质的砂质壤土或黏质壤土。春、秋季均可栽植。栽前一般深耕 40 cm，施入基肥后栽植。栽植间距为 25～30 cm，覆土 3～5 cm。适当浇施水肥，及时中耕除草。蜘蛛兰喜水肥，整个生长季应保持较高的土壤湿润状态，冬季控制浇水。盛夏期间，植株陆续进入花期，每隔 7～10 天施 1 次粪肥，可使花开得更加旺盛。至秋后叶黄时，掘出地下假鳞茎，晾干置于干燥处，贮存温度不应低于 7℃，翌年再下地种植。蜘蛛兰在长江以南地区可露地越冬，不必挖起，每隔 2 年分栽 1 次即可。

5. 园林应用

蜘蛛兰花形奇特，花姿潇洒，色彩素雅，又具有香气，是布置庭园和室内装饰的佳品。可用于布置花坛和花境，亦可成排列植于道路及滨水区边缘。

十、韭兰栽培与养护（见图 2—3—22）

科属：石蒜科葱兰属。

拉丁学名：*Zephyranthes grandiflora*。

主要种类：小韭兰（*Z. rosea*）及近缘种葱兰（*Z. candida*）。

花期：6—9 月。

图 2—3—22 韭兰及其园林应用

1. 主要形态特征

韭兰为多年生常绿草本，株高 30 cm 左右。叶基生，肉质线形，暗绿色。花葶较短，自叶丛中抽出，中空。花单生，花被片 6 片，粉红色或玫红色。

2. 生态习性

韭兰喜阳光充足，亦耐半阴和潮湿环境，喜肥沃具黏性而排水良好的壤土。较耐寒，在长江流域可保持常绿，露地越冬。忌高温曝晒，夏季阳光直射下生长十分缓慢或进入半休眠状态，叶片受到灼伤而慢慢地变黄和脱落。

3. 繁殖方法

春、秋季为韭兰分株繁殖适宜期。韭兰鳞茎分生能力强，一个成年鳞茎可从基盘上产生十多个小鳞茎。一般在秋季老叶枯萎后或春季新叶萌发前掘起老株，抖掉多余土壤，分离盘结根系，将小鳞茎连同须根分开栽种。每株需带有一定量的根系，并对叶片进行适当修剪，以利于成活。分割下来的小株在百菌清 1 500 倍液中浸泡 5 min 后取出晾干，即可上盆。春季分株宜在春季萌发前进行，每 2 ~ 3 年可分株 1 次。韭兰亦可用播种繁殖。

4. 栽培养护

春季栽植的小鳞茎，当年即能开花。园林地栽应选择向阳、温暖和避风场所。长江中下游地区可露地栽培，且可保持常绿。但严冬重霜后，老叶可能枯萎，鳞茎可留地越冬，翌年照常开花。生长开花期宜施 3 ~ 4 次追肥，使其叶茂花盛。

盆栽宜选用口径为 15 ~ 20 cm 的泥盆或塑料盆，种植前培养土内施入基肥。每盆种 3 ~ 5 个球，种植深度以鳞茎顶部不露土面为宜。浅栽促使开花。种植后要浇足水，生长期要放在阳光充足处，每隔半个月施 1 次稀薄液肥。霜降后要移入室内。一批花凋萎后，应停止浇水 50 ~ 60 天，再恢复供水，如此干湿反复间隔，1 年内可开花 3 ~ 4 次。盆栽 2 ~ 3 年后，应将鳞茎取出，进行地栽培养 1 ~ 2 年，使鳞茎复壮后，再上盆养护观赏。

5. 园林应用

韭兰植株矮小，叶丛碧绿，花朵美丽优雅，是良好的夏季观花地被。常用作花坛、花境和路缘的镶边植物材料，也可成片种植于林下作地被，亦可作盆栽观赏。

思考与练习

1. 球根花卉有哪些常用的繁殖方法？
2. 球根花卉有哪些类型？分别举例说明。
3. 简述球根花卉栽培养护的技术要点。
4. 百合有哪些栽培品种群？
5. 简述球根花卉百合、中国水仙、唐菖蒲、大丽花和美人蕉的繁殖和栽培养护要点。

任务四
水生花卉栽培与养护

任务目标

◇熟悉水生花卉的类型

◇掌握水生花卉的繁殖方法

◇熟悉水生花卉的栽培与养护技术要点

◇掌握常见水生花卉的习性及其栽培与养护方法

任务提出

水生花卉是生长在水中或沼泽地中具有特殊功能的观赏花卉（见图2—4—1），有着特殊的生长环境，现要求通过学习和掌握水生花卉的种养技术，采取正确的栽培与养护方法，发挥水生花卉最佳的园林景观效果。

图2—4—1　水生花卉的应用（荷花、王莲、睡莲）

任务分析

滨水景观在公园、植物园、城市绿地和庭院中已广泛运用。水生花卉生长在与水有关的环境中，水是其重要的生长条件之一。在进行日常的栽培养护管理时，首先要分析水生花卉对环境的要求，然后分析环境对水生花卉生长的影响。根据不同的水生花卉类型，施以合理的栽培养护管理方法，使其花繁叶茂，营造丰富的水生花卉景观效果。

相关知识

生长于水体、沼泽地和湿地中的水生花卉是园林水景的重要造景元素，是水体绿化、美化和净化不可缺少的材料。它们不仅具有较高的观赏价值，而且具有涵养水源、保护水体、净化水质、监测和控制大气污染的生态功能，对保护物种多样性、稳固堤岸具有重要的生态意义。

一、水生花卉类型

水生花卉泛指生长于水中或沼泽地中的观赏植物，与其他花卉明显不同的习性是对水分的要求和依赖远远大于其他各类，因此也构成了其独特的习性。水生花卉不仅限于植物体全部或大部分在水中生活的植物，也包括在沼泽地或潮湿环境中生长的一切可观赏的植物。它们具有较高的观赏价值，其营养器官拥有高度发达的通气组织，能源源不断地输送氧气。

按照生活方式和形态特征，一般将水生花卉分为 4 大类。

1. 挺水花卉

此类花卉的根生长于泥土中，茎叶挺出水面之上，花开时高出水面，甚为美丽，包括湿生和沼生。挺水花卉植株高大，绝大多数有明显的茎叶之分，茎直立挺拔，生长于靠近岸边的浅水处，如荷花、千屈菜、香蒲、菖蒲和再力花等。

2. 浮叶花卉

此类花卉的根生于泥中，叶片漂浮水面或略高出水面，花开时近水面。茎细弱不能直立，有的无明显的地上茎，根状茎发达，花大美丽。浮叶花卉位于水体较深的地方，体内通常贮藏大量的气体，使叶片或植株能平稳地漂浮于水面上，如王莲、睡莲、芡实、萍蓬草和荇菜等。

3. 漂浮花卉

此类花卉根系生长于水中，植物体漂浮于水面上，随着水流、风浪四处漂泊，在水面的位置不易控制。此类花卉种类较少，以观叶为多，如浮萍、凤眼莲和水鳖等。

4. 沉水花卉

此类花卉根扎于泥中，茎叶沉于水中，花较小，花期短，以观叶为主，生长于水体较中心地带，整株植物沉没于水中，叶多为狭长或丝状。沉水花卉种类较多，如玻璃藻、黑藻、苦草和眼子菜等。

园林中较常见的主要是挺水和浮叶花卉植物，漂浮和沉水花卉则较少使用，一般用于净化水质。近几年兴起在水族箱中养殖热带鱼和水生花卉，其中沉水花卉使用较多。水生花卉为了适应水体环境，在漫长的进化过程中，逐渐地演变成许多次生性的水生结构，以便进行正常的光合作用、呼吸作用和新陈代谢，因此，与陆生花卉相比，它们在植物形态学和组织解剖方面，具有许多独有的特点。

二、水生花卉繁殖

水生花卉一般采用播种繁殖和分株繁殖法。

1. 播种繁殖

水生花卉生活在水环境中，种子成熟大都在水中完成，给采收种子带来一定的难度，必须适时观察，待种子 80% 成熟时，将果实采回后经过一段时间的后熟处理方可达到预期效果。同时，还可将即将成熟的果实套上纱袋，使成熟后的种子落入袋中，以防被流水冲走。种子采收后应及时清洗，选出粒形整齐、饱满、无病虫害的种子立即播种或进行干燥贮存，也可进行潮湿及水中贮存，贮存温度一般在 5℃左右。少数水生花卉种子可在干燥

条件下保持较长的寿命，如荷花、香蒲和水生鸢尾等。

播种前处理方法有温水浸种法，如莲、芡实和睡莲属等种子的硬度较强，壳较厚，应用 40℃的温水浸种；锉（剪）伤种皮法，如莲（荷花）种皮坚硬不易吸水，播种前将有种脐的一端用钳子剪破或用刀砍开一块（0.5 cm^2）种皮（壳）；砂藏法，如千屈菜、鸢尾等种子，采收后，拌入潮湿的沙，埋入 50 cm 的沟中，上部覆草，适时洒水进行贮存。种子易被病毒或细菌感染，在播种前需用福尔马林、多菌灵、甲基托布津等溶液消毒，消毒时间约为 30 min，同时对播种用的土、容器、水及用具等都要进行消毒处理。

春播气温在 20℃左右。长江流域以南在 3 月中、下旬播种，黄河流域以北在 5 月份播种，珠江三角洲地区在 1 月底或 2 月初播种。在有温室的条件下，常年都可以播种。播种方法有条播、点播和撒播。睡莲类、千屈菜等种子颗粒很小，需做成苗床（宽 40 ~ 60 cm），上撒一层沙（厚 1 cm），将种子撒在沙上，灌水 1 ~ 3 cm。荷花、芡实、王莲、鸢尾等种子较大，可做成苗床（宽 100 cm），灌水 5 ~ 8 cm，然后随苗的生长发育情况适时加水、施肥。发芽前，苗床或盆、水族箱必须覆盖塑料薄膜或玻璃以利于保温（温度保持在 25 ~ 30℃，不可超过 35℃），保持水湿环境，晴天中午给予一定的缝隙以便通风，适时加水、换水。因为种子大小不一，生长快慢也不一，生长发育必须经过移植阶段，待幼苗生长到 4 ~ 6 片浮叶时，方可定植。

种子的发芽速度因种而异，耐寒性种类发芽较慢，需 3 个月到 1 年，不耐寒性种类发芽较快，播后 10 天左右即可发芽。播种可在室内或室外进行，室内条件易控制，室外水温难以控制，往往影响其发芽率。

2. 分株繁殖

水生花卉大多成丛生长或具有地下根茎，可直接分株或将根茎切成数段进行栽植。分根茎时注意每段必须带顶芽及尾根，否则难以成活。

分栽时期一般在春、秋季节，有些不耐寒种类可在春末夏初进行分栽。

三、水生花卉栽培

1. 土壤选择及处理

栽培水生花卉的水池应具有丰富、肥沃的塘泥，并且要求土质黏重。盆栽水生花卉的土壤也必须是富含腐殖质的黏土。由于水生花卉一旦定植，追肥比较困难，因此，需在栽植前施足基肥。已栽植过水生花卉的池塘一般已有腐殖质的沉积，视其肥沃程度确定施肥与否，新开挖的池塘必须在栽植前加入塘泥并施入大量的有机肥料。

2. 栽培

各种水生花卉，因其对温度的要求不同而采取相应的栽植和管理措施。王莲等原产于热带地区的水生花卉，在我国大部分地区需进行温室栽培。其他一些不耐寒种类，一般盆栽之后置于水池中布置，天冷时移入贮藏处。也可直接栽植，秋季掘出贮藏。半耐寒性水生花卉如荷花、睡莲、凤眼莲等，可进行缸植，放入水池特定位置观赏，秋、冬季取出，放置于不结冰处即可，也可直接栽于池中，冰冻之前提高水位，注意植株周围，尤其是根部附近不能结冰。少量栽植时可人工挖掘贮存。耐寒性水生花卉如千屈菜、水葱、芡实、香蒲等，一般不需特殊保护，对休眠期水位没有特别要求。有地下根茎的水生花卉一旦在水池中栽植时间较长，便会四处扩散，以致与设计意图相悖。因此，一般在池塘内需建种植池，以保证其不会四处蔓延。漂浮类水生花卉常随风而动，应根据环境情况确定是否种植，以及种植之后是否固定位置，如需固定，可加拦网。

水体常因流动不畅、水温过高等原因，引起藻类大量繁殖，造成水质浑浊。防治的方法是：小范围内可用硫酸铜去除，即将硫酸铜装布袋悬于水中，用量为 1 kg/m^3；大范围内则需利用生物防治，如放养金鱼藻等水草。

四、水生花卉养护

1. 水生花卉的生态习性

绝大多数的水生花卉喜光照充足、通风良好的条件。但也有耐半阴者，如菖蒲、石菖蒲等。水生花卉对水温和气温的要求，因原产地不同而有较大的差异。较耐寒者可在中国北方地区自然生长，但在江河封冻的季节，越冬有以下几种方式：①以种子越冬；②以根状茎、块茎或球茎埋藏在淤泥中越冬，如莲藕、香蒲、芦苇、荸荠、慈姑等；③以冬芽的方式越冬，冬芽在母体上形成，深秋脱离母体沉入水底，保持休眠状态，春季来临、水温上升时开始萌动，夏季浮到水面形成新株，如苦草、浮萍等。而王莲等原产热带地区的水生花卉在中国大多数地区需进行温室栽培。栽培水生花卉的塘泥大多富含丰富的有机质，在肥分不足的基质中生长较弱。

水中的含氧量也影响着水生花卉的生长发育。只有极少数低等水生植物在近 3 m 的深水中尚能生存，而绝大多数高等水生植物主要分布在 1～2 m 深的水中，挺水和浮水类型的花卉常以水深 60～100 cm 为限，近沼生习性的种类则只需 20～30 cm 的浅水即可。水的流动能增加水中的含氧量并具有净化作用，所以完全静止的小水面不适合水生花卉的生长，有些植物需生长在溪涧或泉水等流速较大的水域，如西洋菜、苦草等。而在流水中生长的沉水植物，常具有穿孔状的叶片或茎叶呈细丝状，以适应特殊的环境。

2. 水生花卉的养护

不同的水生花卉对深度的要求不同，同一种花卉对水深的要求一般是随着生长发育不断加深，旺盛生长期达到最深水位。较清洁的水质有益于水生花卉的生长发育，水生植物

对水体的净化能力是有限的。轻微流动的水体有利于植物生长。同时放养鱼时，在花卉基部覆盖小石子可以防止小鱼损害植物；也可在花卉周围设置细网，稍高出水面以不影响景观为度，可以防止大鱼啃食。残花枯叶应及时清除，以防影响景观和水质。

任务实施

现以常见有代表性的水生花卉为材料，进行繁殖和栽培养护练习。

一、荷花栽培与养护（见图 2—4—2）

科属：睡莲科莲属。

拉丁学名：*Nelumbo nucifera*。

主要品种：‘青莲姑娘’、‘枚红重台’、‘案头春’、‘白雪公主’、‘玉钵’、‘小艳阳’、‘重水华’、‘白鹤’和‘迎宾芙蓉’等。我国栽培荷花品种丰富，依据用途不同可分为藕莲、花莲和子莲 3 个系统。

花期：6—9 月，单花花期 3～4 天。

图 2—4—2　荷花及其园林应用

1. 主要形态特征

荷花为多年生挺水花卉。地下茎膨大横生于泥中，称为藕。藕的断面有许多孔道，是为适应水下生活而长期进化形成的气腔，这种气腔一直连通到花梗和叶柄。藕分节，节周围环生不定根并抽生叶和花，同时萌发侧芽。叶盾状圆形，具 14～21 条辐射状叶脉，叶径可达 70 cm，全缘。叶面深绿色，被蜡质白粉，叶背淡绿，光滑，叶柄侧生刚刺。从顶芽处产生的叶小且柄细，浮于水面，称为钱叶；最早从藕节处产生的叶稍大，浮于水面，称为浮叶；后来从节上长出的叶较大，立于水面，称为立叶。此后，每 30～90 cm 有节，就产生立叶和须根，直到 5 月底至 6 月初抽生出花蕾。立秋后不再抽生花蕾，最后当“藕鞭”变粗形成新藕时，向上抽生最后一片大叶，称为“后把叶”，在其前方抽生 1 个小而厚、带晕紫的叶称为“止叶”，之后停止发叶，根茎向深泥中生长，逐渐肥大成为“新藕”，藕节还可分生出藕。花单生，两性，萼片 4～5 枚。花蕾瘦桃形、桃形或圆桃形，暗紫色或灰绿色；花瓣多少不一，色彩各异，有深红色、粉红色、白色、淡绿色及复色等。花后膨大的花托称为莲蓬，上有 3～30 个莲室。发育正常时，每个心皮形成一个小坚果，俗称莲子，成熟时果皮青绿色，老熟时变为深蓝色，干时坚固。果壳内有种子，外皮一层薄种皮。果熟期 9—10 月。

2. 生态习性

荷花原产于我国南方，除黑龙江、西藏外，其余地区都有分布。荷花具有“三喜”（喜光、喜温、喜肥）的习性。喜光，对光照要求高，在强光下生长发育快，开花早，弱光下开花、凋谢均迟缓；喜温，耐高温，耐寒性也很强，23～30℃为其生长发育的最适温度，在 41℃高温下仍能正常生长，只要池底不冻，即可越冬；喜肥，对土壤要求不严，喜肥沃、富含有机质的黏土，对磷、钾肥要求多，适宜 pH 值 6.5 左右，喜湿怕干，一般水深 0.3～1.2 m 为宜，过深时不见立叶，泥土长期干旱会导致荷花死亡。

3. 繁殖方法

荷花的繁殖方法有播种繁殖和分株繁殖。

（1）播种繁殖　莲子的寿命很长，几百年及上千年的种子也能发芽。莲子的萌发力也很强，有时为了加快繁育速度，在 7 月中旬，当莲子的种皮由青色转为黄褐色时，当即采收播种，也能发芽。但如果是次年以后播种，则应等到莲子充分成熟，种皮呈现黑色且变硬时，进行采收，收后晾干并放入室内干燥、通风处保存。应选用成熟和饱满的种子进行繁殖。

莲子播种在气温 20℃左右较为适宜，花莲在 4 月上旬至 7 月中旬播种，当年一般都能开花。7 月下旬至 9 月上旬亦能播种，但因后期气温较低，只能形成植株，不能达到开花的目的。

催芽的方法是将莲子尾端凹平一端用剪刀剪破硬壳，使种皮外露并注意不能弄伤胚芽。将破壳的莲子放入催芽盆中，用清水浸种，水深一般保持在 10 cm 左右，每天换水 1 次，4～6 天后，胚芽即可显露。夏天高温时，播种应适当遮阳，每天早晚各换水 1 次，夏天气温高，2 天就能显露胚芽。

播种繁殖分为盆育和苗床育苗两种方法。盆育即在盆中稀疏塘泥，盆土占盆的 2/3。苗床育苗，一般选用宽 100 cm，高 25 cm 的苗床，再加入稀塘泥厚 15～20 cm 整平，最后将催好芽的种子以 15 cm 的间距排列，依次播入泥中，并保持深 3～5 cm 的水分。当幼苗生长至 3～4 片浮叶时，就可以进行移栽。每盆栽植幼苗 1 株，应随移随栽，并带土以提高移栽成活率。田间种植子莲一般每亩 700 株幼苗，移栽后为促进幼苗的生长，前期应保持浅水，并根据幼苗的生长情况逐渐提高水位。

（2）分株繁殖　选择藕身健壮，无病虫害，具有顶芽、侧芽和叶芽的完整藕。在湖塘

栽种，无论是花莲、子莲还是藕莲，一般都选用主藕作为藕种。缸盆栽植的花莲、子莲基本可以作为种藕使用，碗莲、孙藕甚至走茎也能作为种源栽植。

在气温相对稳定，藕苫开始萌发的情况下进行分株繁殖。根据我国气候特点，华南地区一般在 3 月中旬进行，华东、长江流域在 4 月上旬进行较为适宜，而华北、东北地区宜在 4 月下旬至 5 月上旬进行。

缸栽荷花应选用含有鸡毛、豆饼等基肥，经过充分搅拌的糊状塘泥作栽植土，用泥量为缸容量的 3/4。每缸栽植 1～2 枝种藕，栽植时应将藕苫朝下，埋入土中，藕尾则应微露泥外，为使缸栽荷花有充足的光照和便于栽培管理，缸的间距一般为 80 cm，行距为 120 cm，碗莲盆距也应保持在 40 cm 左右，缸栽荷花最好是南北排列摆放，盆栽碗莲还应搭建高 80 cm 的几架。

4. 栽培养护

（1）常用栽培　荷花栽培时水位应根据苗的大小而定，栽植初期水位不宜过深，随着浮叶、立叶的生长，逐渐提高水位，池塘最深处水位不宜超过 1.5 m。秋、冬季节荷花进入休眠状态，只需保持浅水即可。为使荷花不在池塘中蔓延，可在池塘中设种植池，将其限定在所需要的范围内。荷花栽培时应选择避风向阳的场所。

（2）荷花容器栽培

1）池栽。池栽前先将池水放干，翻耕池土，施入基肥。然后灌入数厘米深的水，将种藕顶芽一律朝向池心，用手指保护顶芽以 20°～30° 斜插入缸、盆中或池塘内，再稍加镇压，以防种藕灌水后浮起。灌水深度应按不同生育期逐渐加深，初栽水深 10～20 cm，夏季加深至 60～80 cm，至秋冬冻冰前放足池水，保持深度 1 m 以上，以免池底泥土结冰，根茎可在冰下不冰冻的泥土中安全越冬。栽种后每隔 2～3 年重新分栽 1 次。若不能及时栽种，应将种藕放置背风寒、背阴处，覆盖稻草，洒水，以保持藕体新鲜。

2）缸栽。缸栽时，应选特制的“荷花缸”，口径 60～80 cm，深 30～35 cm 为宜，缸底施入基肥（以牛、羊、马蹄片为宜），再装入含腐殖质的塘泥、河泥或稻田泥，或在塘、河泥中混入豆饼粉和粪尿、骨粉及少量草木灰，至缸深 2/3 处，然后将根茎沿缸内周边栽入，使其首尾相连，顶芽略倾向缸中央，灌水深至 5 cm，放置于日光充足处，待泥土晒至龟裂，再加水晒，以使种藕和泥土密结不易漂浮。以后随着生长逐渐加水，直至盛夏灌满缸。初冬将缸水倒出，移入地窖或冷室，保持土壤湿润即可越冬。

荷花栽培要有充足的基肥。塘池栽培时，一般不施追肥。盆、缸栽植时，若基肥充足，也不必施追肥。生长期发现荷叶瘦弱发黄时，应施追肥，需掌握“薄肥多施”的原则。不同栽培类型、不同品种对肥分的要求不同，花莲、子莲类的品种喜含磷、钾较多的肥料，而藕莲类品种则喜含氮较多的肥料。

（3）常见问题的处理　塘池栽植荷花需解决鱼、荷共养以及不同品种的混植问题。希望塘内鱼、荷并茂，则应在塘池内设法分割出一部分水面栽植，使荷花根茎限制在特定范围内，以免根茎窜满整塘。若希望多品种同时栽培，必须在塘底砌埂，埂高约 1 m，以略低于水面为宜，每埂圈内栽植一品种，这样可防止生长势强盛品种的根茎任意穿行。

荷花有忌骤然降温及狂风的习性，在栽培时要做好保护工作，以防受害。当阳光不足时，荷花只长叶少开花，因此栽培时一定要满足充足的光照。

5. 园林应用

荷花婀娜多姿，高雅脱俗，是中国十大名花之一，既是著名的观赏植物，又是重要的经济植物。自古以来，荷花就是宫廷苑囿或私家庭院中的一种珍贵水生花卉，它花大色丽，清香远溢，清波翠盖，令人赏心悦目。在近代园林风景中，其应用也较广泛。在家庭中，可用于布置阳台或作瓶插清供，起到美化居住环境的作用。

二、睡莲栽培与养护（见图 2—4—3）

科属：睡莲科睡莲属。

拉丁学名：*Nymphaea tetragona*。

主要品种：常见的栽培品种有‘红花’睡莲、‘白花’睡莲、‘黄花’睡莲、‘香’睡莲、‘玛瑚’姑娘等。

花期：6—9 月。

图 2—4—3　睡莲及其园林应用

1. 主要形态特征

睡莲为多年生水生植物。地下具块状根茎，生于泥中。叶丛生并浮于水面，具细长叶柄，近圆形或卵状椭圆形，纸质或革质，直径 6 ~ 11 cm，全缘，叶面浓绿，背面暗紫色。花单生于细长花梗顶端，花径 3 ~ 6 cm，花色有白色、粉色、红色、黄色、蓝色、紫色等及其中间色。萼片 4，阔披针形或窄卵形，有的浮于水面，有的挺出水面。聚合果球形，

内含多数椭圆形黑色小坚果。果期 7—10 月。

2. 生态习性

睡莲喜温暖、湿润、阳光充足、通风良好、水质清的环境，要求肥沃的黏质土壤。每年春季萌芽生长，夏季开花。花后果实沉没水中，成熟开裂散出的种子最初浮于水面，而后沉底。冬季，地上茎叶枯萎，耐寒类的根茎可在不冻结的水中越冬，不耐寒类则应保持水温 18~20℃，最适水深为 25~30 cm，通常水深在 10~60 cm 之间均可正常生长。

3. 繁殖方法

睡莲以分株繁殖为主，也可播种繁殖。耐寒类于 3—4 月间进行，不耐寒类于 5—6 月间水温较暖时进行。分株时将根茎挖出，用刀切成数段，每段长约 10 cm，另行栽植。耐寒类睡莲以切分地下茎繁殖为主，于 3 月上旬从盆中或泥池中掘取带有芽眼的地下块根进行移栽，将原有睡莲根茎用花铲切分成几块，保证每块带 3 个以上新芽，栽插入土时，微露顶芽。池栽一般每 2~3 年挖出分株 1 次，盆栽或缸栽，可 1~2 年分株 1 次。播种繁殖宜于 3—4 月份进行。种子沉入水底易于流失，在采种时应在花后加套纱布袋使种子散落袋中。因种皮很薄，干燥即丧失发芽力，因此宜在种子成熟后立即播种或贮藏于水中。睡莲通常采用盆播，盆土距盆口 4 cm，播后将盆浸入水中或盆中放水至盆口。生长温度以 25~30℃为宜，不耐寒类约半个月左右发芽，翌年即可开花，耐寒类常需 3 个月甚至 1 年才能发芽。

4. 栽培养护

睡莲在气候条件合适之处，常直接栽于大型水面的池底种植槽内。小型水面，则常栽于盆、缸中，再将盆、缸放入池中，便于管理。也可直接将睡莲栽于浅水缸中。通常在生育期间应保持阳光充足、通风良好，否则睡莲生长势弱，易遭蚜虫虫害。施肥多在春天盆、缸沉入水中之前进行。缺光时，睡莲只长叶不开花，栽培时一定要保证充足的光照条件，冬季应将不耐寒类移入冷室或温室中越冬。

5. 园林应用

睡莲是一种重要的水生观赏植物，可用于美化平静的水面，也可作盆栽观赏或做切花材料。睡莲的根能吸收水中的铅、汞及苯酚等有毒物质，具有良好的净化水质功能。清洁水面的睡莲其根茎中的淀粉可用于酿酒。睡莲全株可作绿肥，亦可药用。

三、王莲栽培与养护（见图 2—4—4）

科属：睡莲科王莲属。

拉丁学名：*Victoria amazornica*。

主要品种：常见栽培品种有‘亚马逊’王莲、‘克鲁兹’王莲和两者的杂交种‘长木’王莲。

花期：夏、秋季，花常于傍晚伸出水面开放，次日逐渐闭合，傍晚再次开放，第三天闭合并沉入水中。

图 2—4—4　王莲及其园林应用

1. 主要形态特征

王莲为多年生水生花卉。地下具短而直立的根状茎，侧根发达。幼叶卷曲呈锥状，逐渐伸展变成圆形，叶径达 1～2.5 m。叶表面绿色无刺，叶背紫红色，网状叶脉上具长硬刺，叶缘形成高约 10 cm 的直立周缘。叶柄长 2～3 m，直径 2.5～3 cm。花单生，花径 25～35 cm。花瓣多数，初开时白色，翌日淡红色至深紫红色，第三天闭合沉入水中。果实球形，具多数玉米状种子。

2. 生态习性

王莲喜温暖、空气湿度大、阳光充足和水体清洁的环境，通常要求水温 30～35℃。室内水池栽培时，室温需保持 25～30℃，若低于 20℃便停止生长。空气湿度以 80% 为宜，王莲喜肥，尤以有机基肥为宜。

3. 繁殖方法

王莲在我国引种后多用播种繁殖。一般于 12 月至翌年 2 月将种子放入浅盆再浸入 30～35℃水池中，距水面 5～10 cm 深，经 10～21 天便可发芽。待锥形叶和根长出后进行上盆。种子采收后需在清水中贮藏，否则种子失水干燥丧失发芽力。种子先在 15℃下沙藏 8 周，发芽率最高。

4. 栽培养护

栽植 1 株王莲，需水池面积约 30～40 m^2，池深 80～100 cm，池中设立种植槽或台，并设排水管和暖气管，以保证水体清洁和水温正常。定植前，先洗刷和消毒水池（用 5% 硫酸铜溶液擦洗），然后将各为 1/3 的草皮土、塘泥土和腐熟牛粪混合后填入种植槽内，土面盖一层细沙，注入清水，加热至水温 30℃时，栽入幼苗，注意将其生长点露出水面。然后将盆浸入水池内距水面 2～3 cm 处。幼苗生长很快，每 3～4 天生长 1 片新叶，随着植株生长逐次换盆，每次的盆径比原盆大 2～3 cm，并逐次调整距水面的深度，由最初的 2～3 cm 逐渐深至 15 cm。后期换盆应加入少量的基肥。温室水池栽培，经 5～6 次换盆，叶片生长至 20～30 cm 时便可定植于温室水池内。

王莲于 6 月初即可开花。夏季气温太高时应注意通风和遮阴，直至秋末。王莲开花受精后，即沉入水中，发育成果实，花后 2 个月左右种子成熟，成熟开裂后，部分种子浮在水中，此时最易采收，部分种子沉入水底，待植株进入休眠状态，在清理水池时采收，并保存于清水中。

栽培时应注意光照充足和保持较高的温度，栽植基质中应施入充足的有机基肥。幼苗期间需光照充足，冬季光照不足，需补充灯光照明，否则叶片易腐烂。

5. 园林应用

王莲叶形硕大奇特，花大色艳，可用于创造典型热带景观，是美化水面的良好材料，深受人们喜爱。但在我国大多数地区需在高温温室中栽培，成本昂贵。王莲种子富含淀粉，可供食用。

四、千屈菜栽培与养护（见图 2—4—5）

科属：千屈菜科千屈菜属。

拉丁学名：*Lythrum salicaria*。

主要种类：同属有 25 个种，重要的种和变种有帚叶千屈菜、紫花千屈菜、大花桃红千屈菜、毛叶千屈菜、无毛千屈菜和大花千屈菜等。

花期：6—9 月。

图 2—4—5　千屈菜及其园林应用

1. 主要形态特征

千屈菜为多年生挺水植物。地下根茎粗硬横卧于地下，木质化。地上茎直立，四棱形，株高 30～100 cm。单叶对生或 3 片轮生，披针形或宽披针形，有毛或无毛，全缘，无柄。长穗状花序顶生，小花多而密集。花两性，花萼长筒状，花瓣 6 枚，紫红色。蒴果扁圆形。

2. 生态习性

千屈菜性喜强光和潮湿以及通风良好的环境，尤喜水湿，通常在浅水中生长最好，但

也可露地旱栽。千屈菜耐寒性强，在我国南北各地均可露地越冬。对土壤要求不严，但以表土深厚、含大量腐殖质的壤土为宜。

3. 繁殖方法

千屈菜以分株繁殖为主，也可用播种、扦插等方法繁殖。早春或秋季均可分栽，将母株丛挖起，切取 4～7 芽为 1 丛，另行栽植即可。播种宜在春季盆播或地床播。盆播时将播种盆下部浸入另一水盆内，在 15～20℃条件下经 10 天左右即可发芽。扦插可于夏季进行，剪取嫩枝长 6～7 cm，保留顶端两节的叶片，盆插或地床插，及时遮阳并放置荫蔽处，保持温度在 20～25℃，30 天左右即可生根。

4. 栽培养护

露地栽培选择池边湿地丛植，株行距 25 cm×30 cm，当年即可生长成片。盆栽宜选择口径 40～50 cm 的无泄水孔的盆，施足底肥，装入培养土，沿盆口留出 5～10 cm 的贮水层，生长期盆内不能断水，旺盛生长期盆内一定要满水。沉水盆栽，初期水面要距盆面 5～7 cm，生长旺盛期水面距盆面 10～15 cm，这样可使花穗多而长，开花繁茂。适当疏除过密过弱的茎秆，可使株形健壮美观。越冬前将枯枝剪掉，放入冷室养护，并保持盆土潮湿，可自然越冬。千屈菜露地栽培或水池、水边栽植，养护管理较为简便。

5. 园林应用

千屈菜株丛整齐清秀，花色明丽，观花期长，最适于水边丛植或水池栽植，可作花境背景材料，也可作盆栽观赏或切花。千屈菜全草可药用，用于治疗痢疾、肠炎等，还可外用治疗外伤出血。

五、萍蓬草栽培与养护（见图 2—4—6）

科属：睡莲科萍蓬草属。

拉丁学名：*Nuphar pumilum*。

主要品种：本属中主要观赏类型及品种有贵州萍蓬草、中华萍蓬草、欧亚萍蓬草、台湾萍蓬草等。

花期：5—7 月。

1. 主要形态特征

萍蓬草为多年生浮水草本植物。根状茎肥厚块状，横卧泥中。叶二型：浮水叶纸质或近革质，圆形至卵形，全缘，基部开裂呈深心形，叶面绿而光亮，叶背隆凸，紫红色，有柔毛；沉水叶薄而柔软，无茸毛。花单生叶腋，伸出水面，金黄色，径约 2～3 cm，萼片呈花瓣状。花瓣 10～20 枚，狭楔形。浆果卵形，具宿存萼片，不规则开裂。种子矩圆形，黄褐色，光亮。果期 7—9 月。

图 2—4—6 萍蓬草及其园林应用

2. 生态习性

萍蓬草性喜温暖、湿润、阳光充足的环境，较耐寒，稍耐阴。适应性强，对土壤选择不严，土质肥沃略带黏性为好。适宜水深 30～60 cm，最深不宜超过 1 m。生长适宜温度为 15～32℃，温度降至 12℃以下停止生长。耐低温，长江以南地区可在露地水池越冬，不需防寒。在北方冬季需保护越冬，休眠期温度保持在 0～5℃即可。

3. 繁殖方法

萍蓬草以无性繁殖为主。块茎繁殖在 3—4 月进行，用快刀切取带主芽的块茎 6～8 cm，或带侧芽的块茎 3～4 cm。分株繁殖可在生长期 6—7 月进行，用快刀切取带主芽或有健壮侧芽的地下茎，留出心叶及几片功能叶，保留部分根系，在营养充足条件下，所分的新株与原株很快进入生长阶段，当年即可开花。

4. 栽培养护

同一般水生花卉，养护管理粗放简便，极少发生病虫害，栽培管理同睡莲。

5. 园林应用

萍蓬草初夏开放，朵朵黄色的花挺出水面，如金色阳光铺洒于水面上，映衬着粼粼波光和翩翩蝶影，非常美丽。萍蓬草是夏季水景园林中极为重要的观赏植物，多用于池塘水景布置，与睡莲、莲花、荇菜、香蒲、黄花鸢尾等植物配置，形成绚丽多彩的景观，也可盆栽于庭院、建筑物、假山石前，或在居室中向阳处摆放。萍蓬草的根具有净化水体的功能，种子有健脾胃的功效，根状茎有补虚止血、治疗神经衰弱的功效。

六、雨久花栽培与养护（见图 2—4—7）

科属：雨久花科雨久花属。

拉丁学名：*Monochoria korsakowii*。

主要种类：同属栽培种在我国南方常见的品种为箭叶雨久花，本品种的特点是叶较小，箭形或三角状披针形，顶端锐尖，基部楔形，花蓝紫色带红点。

图 2—4—7　雨久花及其园林应用

花期：7—9 月。

1. 主要形态特征

雨久花为一年生挺水植物，株高 0.5～0.9 m。地下茎短且呈匍匐状，地上茎直立。叶片卵状心脏形，长 7～13 cm，宽 3～12 cm，前端短尖，全缘，质较肥厚，深绿色而有光泽。基生叶具长柄，茎生叶叶柄渐短，基部扩大成鞘，抱茎。花茎高于叶丛，顶生圆锥花序。花被 6 片，花瓣状，蓝紫色或稍带白色，径约 3 cm。蒴果卵形。

2. 生态习性

雨久花性强健，喜温暖和阳光充足的环境，更喜水湿，稍耐阴，不耐寒。生长适宜温度为 18～32℃，越冬温度应保持在 4℃以上。在自然界中常生长于水沟旁或稻田中等浅水处。

3. 繁殖方法

雨久花采用播种繁殖、分株繁殖皆可，极易成活。播种繁殖常在秋季种子成熟后进行，分株繁殖常在 3—5 月进行。因雨久花适应性强，常在生长的环境中自播繁衍。

4. 栽培养护

雨久花适应性强，无须管理。盆栽时可同一般水生花卉栽培养护方法。

5. 园林应用

雨久花花大，颜色素雅，叶色绿亮，可用于水面及岸旁绿化，也可作盆栽观赏。花序可做切花，全株入药，也可作饲料。

七、芡实栽培与养护（见图 2—4—8）

科属：睡莲科芡属。

拉丁学名：*Euryale ferox*。

主要种类：常见品种有刺芡（又称北芡）和苏芡（又称南芡），刺芡产于江苏洪泽湖等地，苏芡产于江苏太湖地区。南芡目前有‘紫花’芡、‘白花’芡和‘红花’芡3个品种。

花期：5—9月。

图2—4—8 芡实及其园林应用

1. 主要形态特征

芡实为一年生大型水生草本浮水花卉。全株具刺，根茎短肥。叶丛生，浮于水面，圆状盾形或圆状心脏形，边缘上摺成盘状，直径可达1.2 m，最大约3 m。叶表面皱曲，绿色，背面紫色。叶脉隆起，两面具刺（初生幼叶呈椭圆形，基部开裂似箭，沉于水中）。叶柄圆柱状，中空多刺。花单生叶腋，具长梗，挺出水面。花托多刺，状如鸡头，故称“鸡头”。花萼4枚，外面绿色，内面紫色。花瓣多数，紫色。雄蕊多数，外部雄蕊常瓣化呈花瓣状。浆果球形，直径10 cm左右。种子多数，称为芡实，可食用，故称“鸡头米”。

2. 生态习性

芡实多为野生，适应性很强，深水或浅水中均能生长，而以气候温暖、阳光充足、泥土肥沃之处生长最佳。

3. 繁殖方法

芡实常自播繁衍。在园林水体中栽培或盆栽时，可播种繁殖。种皮坚硬，播前先用水浸种，然后播于灌水3 cm深的泥土中，待苗高15～30 cm时移入深水池中。

4. 栽培养护

幼苗期应保持浅水、注意除草，否则易被杂草侵害。待植株长大，叶面覆盖度增加时就不易受侵害。其他无须多加管理，仅在采收种子时注意提前采收，并注意连同花梗一起割下，以防种子成熟自行脱落。

5. 园林应用

芡实为观叶植物。在园林中，与荷花、睡莲和香蒲等配植水景，可增添野趣。其叶片大，花茎多刺，果形奇特，种子可食，叶茎可作饲料，全株可入药。

思考与练习

1. 水生花卉有哪些类型？

2. 水生花卉有哪些常见的繁殖方法?

3. 简述水生花卉的栽培养护技术要点。

4. 简述荷花、睡莲、王莲的生态习性及其栽培养护要点。

任务五
木本花卉栽培与养护

任务目标

◇掌握木本花卉的繁殖方法

◇熟悉木本花卉的栽培养护要点

◇掌握木本花卉的整形修剪技术

◇学会常见木本花卉的栽培养护

任务提出

在城市绿化建设中，需要应用大量木本花卉，如公园中、道路旁、企事业单位绿化区等。而木本花卉的生命周期相对较长，现要求在最短的时间内栽培出健壮而符合要求的苗木，并通过养护维持其在生长发育过程中枝繁叶茂和花果满枝。

任务分析

在木本花卉的栽培过程中，首先需要了解木本花卉栽种的适宜时期，其次需要根据栽培方式掌握具体的定植或移栽的过程及技术。

在木本花卉的养护过程中，首先要熟悉花卉的生态习性，然后掌握其不同发育时期对环境条件的要求和维持生长发育对肥水营养的要求，结合实际栽培方式，进行科学合理的养护。

相关知识

木本花卉是以观花观果为主的木本植物，具有木质化程度较高的茎，寿命较长，在花卉分类中常单独列出。在园林景观用途上这类花卉应用极为广泛，有些可作庭园或道路美化，还可用于绿篱、花坛布置或盆栽。许多种类在花开时节，繁花满树、姹紫嫣红、美不胜收，为造园的优良树木（见图 2—5—1）。这类花卉中的一些乔木一般归入观赏树木课程

图 2—5—1 城市绿地中木本花卉的应用

中学习，本教材主要介绍的木本花卉是观花或观果的灌木及小乔木。

一、木本花卉分类

木本花卉均为多年生类型，个体的生命周期较长。多数的木本花卉从种子萌发到第一次开花的时间较长，树木学中把这个时间段称为幼年期或童期，营养生长在此时期最为旺盛，植株不断增大增粗，枝叶等营养器官建成并不断完善，为进入生殖生长阶段奠定基础。进入成年期后，植株在适宜的环境条件下可以每年开花结实，如栽培管理得当可以维持很长的时间。进入衰老时期后，植株的开花数量和质量都有所下降，直至植株最后死亡。

木本花卉按生态习性可分为常绿和落叶两类。常绿的类型有含笑、山茶、杜鹃、广玉兰、栀子和桂花等；落叶的种类有月季、八仙花、梅、牡丹、海棠和樱花等。按观赏的部位可分为观叶、观花和观果三个类型。观叶的有红枫、紫叶小檗、南天竹和红叶石楠等；观花的有碧桃、樱花、白玉兰、紫玉兰和山茶等；观果的有火棘、枸骨、金橘、佛手和木瓜等。还有一些木质藤本花卉，如紫藤、藤本月季等，它们的茎不能直立，但可以借助特有的攀缘器官在其他植物体或建筑物上生长。

二、木本花卉繁殖

木本花卉的繁殖方法主要有扦插、分株和嫁接法。

1. 扦插繁殖

根据使用的插穗材料不同可分为茎插、叶插、叶芽插和根插。其方法参见模块一任务二中的扦插繁殖。

（1）水分管理　扦插后立即浇 1 次透水，以后经常保持插壤的湿润。嫩枝扦插一定要保持插壤及空气的较高湿度，每天向叶面喷水 1～2 次，并可通过对插穗地上部分的枝芽遮阳、套袋、覆盖、喷雾等措施，减少插穗水分蒸腾。

（2）温度控制　木本植物最适生根的温度是 20～25℃，早春扦插时的地温较低，一般开始时达不到适温要求，往往需要加温催根；夏季和秋季扦插，地温较高，气温更高，需通过遮阳、喷水降温使扦插温度达到适宜状态；冬季扦插时，气温和地温都很低，需在保护地内进行。

（3）施肥管理　插穗生根前不需要肥料，生根成活后，植株开始迅速生长，原先插穗内部的贮藏营养已耗尽，必须对扦插苗进行追肥。嫩枝扦插因带有叶片，扦插后每间隔5～7天可用0.1%～0.3%浓度的氮、磷、钾复合肥喷洒叶面，对加速生根有一定效果。硬枝扦插当新梢展叶后，也可采用上述方法进行叶面喷肥，促进生根和生长。另外，将稀释后的液肥结合灌水灌入插壤，对促进吸收和生根具有一定效果。

（4）植株管理　扦插苗易出现假活现象，为了保持插条的水分平衡，可适当摘除一些叶片。插条上如带有花芽或出现花蕾时，应及早摘除，避免消耗养分。另外，根据不同花卉及其用途，对已生长的植株进行定枝、绑梢、修剪、造型、防病、灭虫及防寒越冬等管理。

2. 分株繁殖

分株繁殖是将根部或茎部产生的带根萌蘖（根蘖、茎蘖）从母体上分割下来，形成新植株的方法。丛生灌木类易产生茎蘖，常采用此法繁殖，如蜡梅、牡丹等。常产生根蘖的花木有丁香、蔷薇、紫玉兰等，也可用分株繁殖。

3. 嫁接繁殖

大部分木本花卉常用的嫁接方法是切接法，方法是先将砧木截干，在截面一侧稍带木质部纵切，切面要平整，然后取长5～8 cm，带2～3个芽的枝条作接穗，将其下端削成正反相对的一长一短两个斜面，斜面要平整、光滑。将接穗插入砧木切口，使两者的形成层对齐，最后用塑料条由下向上将砧穗连同切口绑扎好。当砧木较粗时使用劈接法，方法是先将砧木截干，然后在截面中央垂直纵切一刀，深3～4 cm，接穗基部两侧都削成3～4 cm长的楔形，然后用刀撬开砧木后插入接穗，并使砧穗的一侧形成层对齐，绑好。用普通嫁接法不易成活的花木可用靠接法，靠接法可在生长期间进行，方法是事先将接穗盆栽培养或将砧木与接穗植株移植在一起，嫁接时将砧木与接穗两者枝条的接合处各削出等长的切口，深度近中部，然后使两者贴合，最后用塑料条绑严，待二者愈合后剪去砧木上部和接穗下部即可。

芽接是以芽作为接穗的嫁接方法，多用于易剥皮的花卉中，如蔷薇、月季、杜鹃、梅花和丁香等。方法多种，有“T”形芽接、嵌芽接、方块芽接等，其中应用最多的是“T”形芽接。

三、木本花卉整形修剪

木本花卉在养护管理上要求精细，花前花后要勤施肥、多浇水，才能花繁叶茂，姹紫

嫣红。而整形修剪是木本花卉养护的重要环节之一，通过整形修剪可以维持木本花卉的良好株形，提高其观赏价值，调节花卉地上部分与地下部分、营养生长与生殖生长的关系并提高开花数量和质量。由于各种花木开花时期不同，花朵着生的枝条年龄不同，因此修剪时期也有差别。

1. 修剪时期

落叶花灌木依修剪时期可分为休眠期修剪（冬季修剪）和生长期修剪（夏季修剪），常绿植物没有明显的休眠期，可四季进行修剪。

（1）休眠期修剪　休眠期修剪指在秋末枝条停止生长时至来年早春顶芽萌发前这段时间的修剪。此时因处于花木休眠或半休眠期，不会因修剪过重而损伤花木元气，为花木的主要修剪期，可运用各种修剪方法。具体时间还应考虑地区和栽培方式等。

1）露地栽培花木。长江流域入冬后立即修剪；北方冬季严寒地区为防止剪口受冻，在早春萌芽前修剪。

2）室内越冬花木。室温低时剪口下的腋芽不会在冬季萌发，可在入室前修剪；室温高时以防剪口下的腋芽在室内萌生新梢，应在早春出室后修剪。

3）常绿花木。无真正的休眠期，原则上四季均可进行，但力求减少因修剪对花木产生不良影响，宜在春梢抽生前，老叶最多而许多老叶即将脱落的晚春进行，如桂花、山茶等。

（2）生长期修剪　生长期修剪指自春季萌生新梢后到秋末停止生长前这段时间的修剪，生长期只能做局部轻度修剪，如为保持完美株形，可随时剪除平行枝、徒长枝、内向枝等不合理枝。

2. 整形修剪方法

不论是休眠期还是生长期修剪，其修剪方法从实质上可概括为 5 个字，即“截、疏、放、伤、变”，但在不同时期叫法不同。

（1）休眠期修剪方法

1）短截。截掉枝条的一部分，根据截掉的枝条长短不同分为以下 3 种：

轻剪。剪掉枝条的 1/5～1/4，轻剪能刺激顶芽下侧芽萌发，促分枝，提高枝叶密度，利于有机物积累，从而促进花芽分化。

中剪。剪掉枝条的 1/3～1/2，缩短枝叶与根的距离，便于养分运输，有利于营养生长，亦可改变顶端优势，为平衡枝势，采取“强枝短留，弱枝长留”的做法。

重剪。剪掉枝条的 2/3 左右，主要用于更新复壮。

2）疏剪。从基部去掉整个枝条。疏剪病虫枝、枯枝、弱枝、交叉枝、丛生枝、平行枝、根蘖枝、徒长枝及扰乱树形的其他枝条。

3）甩放。留营养枝不剪任其生长称为甩放或长放。多用于长势中等的枝条，促使其形成花芽，对背上直立枝不宜甩放。如在剪连翘时，为了形成潇洒飘逸的树形，在树冠上方往往甩放3～4条长枝。

（2）**生长期修剪方法** 除了及时疏除一些扰乱树形的枝条外，还采取以下方法：

1）摘心。将新梢顶端剪除的措施称为摘心。摘心起到改变营养物质运输方向、促发分枝、促使枝芽充实、提早形成花芽等作用。注意摘心时期，不宜过早或过迟。

2）抹芽。把多余的芽从基部抹除称为抹芽。如芍药在花前疏去侧蕾，使养分集中在顶蕾，达到花大色艳的目的。

3）去蘖（除萌）。嫁接繁殖的花木或易生根蘖的花木，随时都要除去萌蘖。如桂花、榆叶梅、月季在栽培养护过程中经常要除萌以促生长。

4）伤。包括环剥、折裂、扭梢和拿枝、折枝等。扭梢是将旺梢向下扭曲，使木质部和皮层被扭伤而改变枝梢方向；拿枝是用手对旺梢自基部到顶部按捏，伤及木质部，伤骨不伤皮。

5）变。即改变枝向，缓和枝条生长势的方法，如曲枝、弯枝、拉枝、压平等。

6）绑枝、立支架。

3. 花灌木的常规整形修剪

花灌木的整形修剪，既要考虑植物本身生长发育的规律，又要考虑植物所处的具体环境及在该环境中的作用。非观花类灌木的整形修剪，以培养良好的冠形为主要目的；观花类灌木的整形修剪，则以促进多开花为主要目的。整形修剪的方法，首先要观察植株生长的周围环境、光照条件、植株种类、长势强弱及其在园林中所起的作用，做到心中有数，然后再进行修剪与整形。

根据树势进行整形修剪。幼树生长旺盛，以整形为主，宜轻剪。严格控制直立枝，斜生枝的上位芽在冬剪时应剥掉，防止生长直立枝。一切病虫枝、干枯枝、人为破坏枝、徒长枝等用疏剪方法剪去。丛生花灌木的直立枝，选生长健壮的加以摘心，促其早开花。壮年树应充分利用立体空间，促其多开花。于休眠期修剪时，在秋梢以下适当部位进行短截，同时逐年选留部分根蘖，并疏掉部分老枝，以保证枝条不断更新，保持丰满株形。老弱树木以更新复壮为主，采用回缩的方法，使营养集中于少数腋芽，萌发壮枝，及时疏剪细弱枝、病虫枝、枯死枝。

根据树木生长习性和开花习性进行整形修剪。春季开花的花灌木，花芽（或混合芽）着生在二年生枝条上。前一年的夏季高温时进行花芽分化，经过冬季低温阶段于第二年春季开花，如连翘、榆叶梅、碧桃、迎春、牡丹等。因此，应在花残后叶芽开始膨大且尚未萌发时进行修剪，修剪的部位依植物种类及纯花芽或混合芽的不同而有所不同。连

翘、榆叶梅、碧桃、迎春等可在开花枝条基部留 2～4 个饱满芽进行短截，牡丹则仅将残花剪除即可。夏、秋季开花的花灌木，花芽（或混合芽）着生在当年生枝条上，如紫薇、木槿、珍珠梅等是在当年萌发的枝上形成花芽，因此应在休眠期进行修剪。将二年生枝条基部留 2～3 个饱满芽或一对对生的芽进行重剪，剪后可萌发出一些茁壮的枝条，花枝会减少，但由于营养集中会开出较大的花朵。如希望某些花灌木在当年开两次花，可在花后将残花及其下的 2～3 芽剪除，刺激二次枝条的发生，适当增加肥水则可达到二次开花的目的。花芽（或混合芽）着生在多年生枝条上的花灌木，如紫荆、贴梗海棠等，虽然花芽大部分着生在二年生枝条上，但当营养条件适合时多年生的老干亦可分化。对于这类花灌木中进入开花年龄的植株，修剪量应较小。在早春可将枝条先端干枯部分剪除，在生长季节为防止当年生枝条生长过旺而影响花芽分化可进行摘心，使营养集中于多年生枝条上。花芽（或混合芽）着生在开花短枝上的花灌木，如西府海棠等，其早期生长势较强，每年自基部发生多数萌芽，自主枝上发生少量直立枝。当植株进入开花年龄时，多数枝条形成开花短枝，在短枝上连年开花，这类灌木一般不大进行修剪，可在花后剪除残枝，夏季生长旺盛时，将生长点进行适当摘心，抑制其生长，并将过多的直立枝、徒长枝进行疏剪即可。一年多次抽梢、多次开花的花灌木，如月季等，可于休眠期对当年生枝条进行短截或回缩强枝，同时剪除交叉枝、病虫枝、并生枝、弱枝及内膛过密枝。寒冷地区可进行强剪，必要时进行埋土防寒。生长期可多次修剪，于花后在新梢饱满芽处短剪（通常在花梗下方第 2～3 芽处）。剪口芽很快萌发抽梢，形成花蕾开花，花谢后再剪，如此重复。

4. 整形修剪应用示例

（1）将花灌木整成小乔木状　如扶桑、月季、海桐、红桑、红背桂、枸骨、迎春、蜡梅、牡丹、杜鹃等。

第一年剪掉外围的丛生主枝，仅保留中央一主枝；

第二年剪掉这根主枝下面萌生出来的新侧枝，从而形成一段光秃的主干；

第三年剪掉主干上由皮层内隐芽萌发后再次抽生出来的新侧枝，从而形成小乔木状。

（2）灌木类花木的雕塑式造型　选择那些叶片细小、枝条繁密的花木，通过强修剪进行雕塑式造型，形成各种图案，如冬青、枸骨、黄杨、小檗等。

（3）藤本类花木的图案式造型　如紫藤、叶子花、木瓜、金银花、木香等藤本花木通过修剪，设架绑扎成设计好的图案。

任务实施

现以常见有代表性的木本花卉为材料，进行繁殖和栽培养护练习。

一、月季栽培与养护（见图 2—5—2）

科属：蔷薇科蔷薇属。

拉丁学名：*Rosa cultivars*。

主要品种：藤本月季‘瓦尔特大叔’、‘光谱’、‘大游行’、‘白河’、‘龙沙宝石’、‘西方大地’等，大花香水月季‘肯尼迪’、‘坦尼克’、‘莱茵黄金’、‘明星’、‘蓝月’、‘林肯先生’等。依据其来源及亲缘关系可分为自然种月季花、古典月季花和现代月季花。现代月季花又包括大花（灌丛）月季系、聚花（灌丛）月季系、壮花月季系、攀缘月季系、蔓性月季系、微型月季系、现代灌木月季系、地被月季系等。

花期：北方 4—10 月，南方 3—11 月。

图 2—5—2　月季及其园林应用

1. 主要形态特征

月季为落叶或常绿、直立或丛生的灌木或藤本。灌木株高 0.3～2 m；藤本枝条呈蔓性，长可达 3～6 m 或更长。枝茎常具钩状皮刺。叶互生，奇数羽状复叶，小叶 3～5 枚，卵状或椭圆形。伞房花序顶生，花朵单生或多朵丛生。单瓣或重瓣。花色多样，具芳香。蔷薇果卵形。果期 6—11 月。

2. 生态习性

月季喜温暖湿润、日照充足、排水良好而避风的环境，盛夏过热时需适当遮阴。较耐寒，冬季气温低于 5℃，即进入休眠状态。夏季气温持续 30℃以上高温，则多数品种开花减少，品质降低，进入半休眠状态。冬季一般品种可耐 -15℃低温。月季喜肥，宜栽于富含有机质、肥沃、疏松的微酸性土壤（pH 值为 6～7）中，但对土壤的适应范围较宽。空气相对湿度宜为 75%～80%，具一年多次开花的特性。花谢后适当修剪，并浇水补肥，则可开放不绝。生长环境要求通气良好，无污染，若通气不良易发生白粉病，空气中的有害气体，如二氧化硫、氯、氟化物等均对月季花有毒害。

3. 繁殖方法

月季以嫁接、扦插繁殖为主，播种繁殖和组织培养为辅。

（1）嫁接　月季的嫁接苗具有生长势旺、适应性强、成株快、产量高等特点，尤其适于切花生产，但是生产成本较高，不适于微型月季花。嫁接所用砧木要选择生长强健、繁殖容易、抗性强且与接穗亲和力强的种或品种。美国及欧洲常使用含有中国月季血缘的 *Manetti* 月季及蔷薇嫁接，如多刺玫瑰、多花玫瑰或狗玫瑰等。我国常使用蔷薇及其变种嫁接，如野蔷薇、粉团蔷薇及白玉堂等。

1）芽接。具有节省接穗、操作快及结合口牢固等特点。砧木可用扦插苗，也可采用实生苗。芽接于 5—11 月期间均可进行，常采用嵌芽接或“T”形芽接。芽接部位应选择砧木较低且光滑部位，砧木容易离皮，操作方便，接穗选取当年生枝条且腋芽要发育饱满。芽接时要使盾形芽片上端与砧木水平切口相吻合，绑缚时不要盖住芽，松紧度要适宜，一般经过 3～4 周即可愈合。早春嫁接可用折砧方式，将砧木顶端约 1/3 折断，不断抹除砧木上的萌蘖，约 3 周后再剪砧。秋季芽接苗要在翌年春季发芽前进行剪砧。

2）枝接。在早春发芽前进行。接穗采用发育充实且无病虫害的一年生枝条，腋芽要饱满，采用劈接、切接或腹接等方法，接后要将砧木和接穗绑缚严密，使其不失水，4 周左右即可愈合。

（2）扦插繁殖　扦插繁殖具有开花早、成苗快、繁殖材料充足和能保持母本性状等特点。扦插有嫩枝扦插和硬枝扦插 2 种，分别在 5—6 月和 10—11 月进行。插条应选择生长健壮、芽眼饱满的枝条，剪取插穗时应去掉上、下两端芽不饱满的部分，根据节间长短剪成含 1～3 个芽、长度 10～12 cm 的枝段。嫩枝扦插需保留 1～2 片叶，在插穗上端距离顶芽 1 cm 处平剪，下端背对芽斜剪呈马蹄形剪口，用生根剂处理后，扦插于砂床中，在适宜的温度、湿度等条件下使其生根。生根难易依品种而定。

（3）播种　月季的种子具有休眠特性，未经处理或干藏的种子不发芽，秋末月季花的果实呈红黄色时即可采收，种子需要经过冷藏后才可发芽。种子采收后可进行层积或人工冷藏，一般在 4℃条件下冷藏 18～21 天，播于砂床或基质中，待有 3～4 片真叶萌发时即可移栽到小盆中培育成苗。

（4）组织培养　月季的组织培养苗在我国还没有普及，但根据世界花卉苗木发展的趋势，利用组织培养法繁殖月季种苗具有很大的潜力，能在短期内培养出大量的幼苗。

4. 栽培养护

一般可分为露地栽培、切花栽培和盆栽 3 种。

（1）露地栽培　主要栽培种类有聚花月季、攀缘月季、蔓生月季、现代灌丛月季和地被月季等。地栽一般使用大苗，以减少苗期管理，也能及早见到效果。栽植时期应在休眠期，如果在生长期应对苗木进行修剪，栽后要马上浇水。应选背风向阳、排水良好之处，整地做畦，并重施基肥（如腐熟的厩肥或堆肥），生长季加施混合化肥作追肥，及时正确地进行中耕、除草、浇灌、病虫防治、防寒以及修剪等操作。

月季修剪具体的原则与方法，因不同品种群而异，如对杂种香水月季、丰花月季、壮花月季等，一般只留 3～5 个主干，高剪时每枝留 75～120 cm（含 15～20 个芽）而截顶，低剪时各枝留 30～45 cm（含 6～8 个芽）。藤本月季既要令其攀缘而上，又要使之花多花好，故应比一般高剪留得更高些（120～150 cm）。对于微型月季，只剪去过密枝、枯死枝、乱生枝及弱枝即可，其余部分实行轻剪，使其多开花并维持冠形整齐。整形修剪一般在冬季休眠期进行，成年的植株主要以疏除枯枝和病虫枝为主，如有生长势衰弱的情况可以适度重剪，利于枝条的更新。除以休眠期修剪为主外，生长期的摘芽、剪除残花枝等可适当进行。

月季在一年当中可以多次开花，为了保证花芽分化的顺利进行，营养供应要充足。除了基肥以外，每次花后需要进行追肥，同时将残花剪掉，以利于植株再次开出美丽的花朵。

对于南方地区而言，春季和夏季雨量丰沛，除特别干旱的情况以外，都需要做好排水，以防止根系腐烂。秋、冬季节植株生长减缓，进入休眠期，浇水的频率与水量都需减少。

（2）切花栽培　参见模块四任务四中的切花月季栽培与养护。

（3）盆栽　盆栽应选择适宜的种或品种，矮株型、短枝型或微型月季均适宜用作盆栽。花盆尺寸应与苗木大小相适合，盆花根系较长，最好使用口径 13～20 cm、深 20～27 cm 的花盆进行栽种。栽培的适宜时期、栽培基质等与切花月季基本一致。苗木可选择扦插苗，也可选择嫁接苗。早期上盆多为裸根小苗，应注意保护细根和幼叶，上盆后先浇透水。在以后的栽培管理过程中，植株和根系会逐渐长大，对于多年生盆栽月季应每 2～3 年换 1 次盆，以满足其生长发育的需要。盆栽月季每开 1 次花要修剪 1 次，剪后追施肥水，冬季休眠期进行 1 次重剪，避免植株生长过高。

（4）病虫害防治要点　月季容易受到白粉病、黑斑病的危害，此外，也容易受到大蓑蛾和绿盲蝽等害虫的危害。白粉病的防治是在冬季休眠期喷洒波美 2～3 度的石硫合剂，消灭病芽中的越冬菌丝或病部的闭囊壳，使用抗霉菌素 120 等生物农药对白粉病也有良好的防治效果。黑斑病的防治是及时清除病叶或感病枝条，减少浸染来源，通过喷洒多菌灵 500～1 000 倍液或 70% 甲基托布津 1 000～1 200 倍液，也可以起到良好的防治效果。大蓑蛾和绿盲蝽等虫害的防治主要是通过喷洒 90% 敌百虫原液 1 000 倍液或 80% 敌敌畏乳油 1 000 倍液，防治效果良好。

5. 园林应用

根据月季不同的生长习性和开花等特点，各有用途。攀缘月季和蔓生月季多用于棚架的绿化美化，如用于拱门、花篱、花柱、围栅或墙壁上，其枝密叶茂，花葩烂漫；大花月季、壮花月季、现代灌木月季及地被月季等多用于园林绿地，其花开四季，色香具备，无处不宜，可孤植或丛植于路旁、草地边、林缘、花台或天井中，也可作为庭院美化的良好材料；聚花月季和微型月季等更适于作盆栽观赏；现代月季花中有许多种和品种，花枝长且产量高，花形优美，具芳香，最适于做切花，是世界四大切花之一。此外，月季的花、果可入药，有的品种如‘墨红’等，可供提炼香精。

二、牡丹栽培与养护（见图 2—5—3）

科属：芍药科芍药属。

拉丁学名：*Paeonia suffruticosa*。

主要品种：单瓣类、重瓣类、楼子类和台阁类。常见栽培的品种主要有‘姚黄’、‘魏紫’、‘墨魁’、‘豆绿’、‘二乔’、‘白玉’、‘胡红’、‘洛阳红’、‘状元红’、‘赵粉’、‘葛巾紫’、‘白雪塔’和‘墨撒金’等。

花期：4—5 月。

图 2—5—3　牡丹及其园林应用

1. 主要形态特征

牡丹为落叶半灌木，一年生枝条只有基部叶腋有芽的部分充分木质化，上部无芽部分秋冬枯死，故有“牡丹长一尺退八寸”之说，高达 1 ~ 3 m。根系肉质，粗而长，须根少。老枝粗脆易折，灰褐色，当年生枝较光滑，黄褐色。二回羽状复叶，具长柄，顶端小叶广卵形，先端 3 ~ 5 裂，基部全缘，侧生小叶长卵圆形，先端 2 浅裂，叶背有白粉，平滑无毛。花单生枝顶，两性，单瓣、半重瓣或重瓣，有红色、黄色、粉色、白色、绿色、紫色、墨紫色等颜色，还有一花两色的，多具清香。蓇葖果，8—9 月成熟，密被短柔毛，开裂，种子黑褐色。

2. 生态习性

牡丹喜凉怕热，喜燥怕湿，忌烈风酷日。宜中性或微碱性土壤，忌黏重土壤，最适生长温度为 18～25℃，生存温度不能低于 -20℃，气温超过 40℃生长不利。花芽为混合芽，分化一般在 5 月上中旬开始，9 月初形成。植株前三年生长缓慢，四至五年生时开始开花。黄河中下游地区，2 月至 3 月上旬萌芽，3 月至 4 月上旬展叶，4 月中旬至 5 月中旬开花，10 月下旬至 11 月中旬落叶，进入休眠期。牡丹花芽需满足一定低温的要求才能正常开花，开花适温为 16～18℃。

3. 繁殖方法

牡丹常用分株、嫁接法繁殖，也可用播种、扦插、压条和组织培养法快速繁殖。

（1）分株　关于分株有“春分分牡丹，到老不开花”的农谚，因此时气温升高较快，枝芽虽已萌动，但根系还不能供应充足的水分和养分，只能消耗植株本身原有的贮藏物质，植株长势衰弱。所以，生产上分株多在“寒露”节气（10 月 8—9 日）前后进行，暖地可稍迟，寒地易略早。分株过迟，发根迟或不发根，过早则易秋发。黄河流域多在 9 月下旬至 10 月下旬进行分株。分株时选择四至五年生的健壮母株掘出，去泥土，置阴凉处 2～3 天，待根变软后，顺自然走势，从根颈处分开。若无萌蘖枝，可保留枝干上潜伏芽或枝条下部的 1～2 个腋芽，剪去上部；若有 2～3 个萌蘖枝，可在根颈上部留 3～5 cm 剪去，伤口用 1% 硫酸铜或 400 倍多菌灵浸泡，然后栽植，壅土越冬。分株每 3～4 年进行 1 次，每次可得 1～3 株苗，繁殖系数低。目前，生产上采用将压条、分株和平茬相结合的方法（简称双平法），这是洛阳首创的一种快速繁殖牡丹苗木的新技术。方法是秋季将牡丹分株繁殖，把枝条平曲压埋，促进枝条上的不定芽萌发生长，第二年秋季全部平茬，第三年秋季挖出进行分株，用此方法一般每个母株可形成 8～10 株新苗。

（2）嫁接　嫁接适期为秋初后重阳前，过迟不宜，自处暑（8 月 23—24 日）到寒露（10 月 8—9 日）均可嫁接，但以白露（9 月 7—8 日）到秋分（9 月 23—24 日）为宜，尤以白露前后嫁接成活率最高。嫁接所用砧木，通常为芍药根或牡丹根。芍药根短粗，质软，易嫁接，易成活，生长快，但寿命较短，分株少；牡丹根细，质硬，不易嫁接，但分株多，寿命长，抗逆性强。生产上多用凤丹作砧木。一般采用枝接，也可用芽接。枝接时，把芍药或牡丹根挖出，在阴凉处放半天，使之失水变软，然后嫁接。若砧木较粗用劈接，反之用切接。接后绑紧，外涂泥浆，栽植深度与切口齐平，壅土至接穗上端 2～3 cm 处以防寒越冬，翌年春季扒开壅土。秋分时进行芽接，多用带木质部的单芽切接法，取萌蘖枝上的芽片，接后栽植，接口入地深 6～8 cm。近几年，牡丹芽接的新技术，即套芽换芽嫁接技术盛行，一般在 5—7 月进行，嫁接时期比传统芽接期长，成活率较高，但是

牡丹生长缓慢且有“枯梢退枝”现象，接穗产量非常有限，因此制约了牡丹苗木产量的提高。

（3）播种　主要用于药用牡丹、培育实生砧木苗和新品种选育。牡丹只有单瓣花品种结实多，半重瓣品种次之，重瓣品种一般不结实。由于种子具坚硬种皮，可用 50℃温水浸种 24 h 或用浓硫酸浸泡 2～3 min，也可用 95% 酒精浸泡 30 min，以软化种皮促进萌发。生产上常采用即采即播方法，于 8 月下旬至 9 月中旬将种子播入土壤，播深 4～6 cm，培土 10～15 cm，翌年春季平土。由于种子有上胚轴休眠习性，当年只能长根，苗不出土，需经一定时间的低温（1～10℃，60～90 天）打破休眠，在春天发芽出苗。因此，播种不能过迟，否则当年发根少，翌年春季出苗不旺。目前，在山东，用凤丹实生苗嫁接观赏牡丹进行商品化生产已经得到推广应用。

（4）扦插　牡丹扦插成活率低，即使成活，初期生长缓慢，养护难度大，因此生产上很少采用。但在春秋季节，利用掰掉的萌蘖枝（芽）作插穗，经 GA_3、萘乙酸（NAA）、吲哚丁酸（IBA）等处理，可达到弃物利用、增加苗木产量的目的。

（5）压条　因繁殖系数低，一般很少应用。压条多在开花后进行，选择健壮枝条，在当年生与多年生交界处刻伤（或环剥）后压入土中，第二年秋季与母株分离。

（6）组织培养　在牡丹组织培养育苗的研究中已用花药、种子的胚和上胚轴、茎尖、腋芽、嫩叶、叶柄等外植体培养，取得了很大进展，但是存在着外植体表面消毒污染率高、培养物容易褐变、繁殖系数低、生长缓慢、移栽阶段植株感病严重和死亡率高等问题，故目前尚未在生产上推广应用。一旦这些问题得到解决，牡丹组织培养技术将成为快速繁殖苗木的有效手段。

4. 栽培养护

选择光照充足、地势高燥、排水良好、土质肥沃的沙壤土作为牡丹栽培用地。一般在秋季（寒露前后）结合分株，待伤口阴干后栽植，使土与根系密接，栽后浇一次水。入冬前根系有一段恢复时期，能长出新根。一般不在春季栽植，但当需要延长牡丹栽植季节时，也可春栽，只是需要采取适当措施，精心养护。

牡丹根系有较强的抗旱能力，在年降水量 500 mm 以上的地区，一般干旱不需浇水，但特别干旱时应浇水。北方地区在春季萌芽前后、开花前后和越冬前要保证水分充分供应，雨季要注意排水。牡丹喜肥，施用腐熟的堆肥、厩肥、油饼等最为适宜。根据牡丹需肥的规律，一年内需施肥 3 次，分别在早春萌动前后、谢花后和入冬前，分别称为花肥、芽肥和冬肥。花肥、芽肥以速效肥为主，冬肥是值得重视的一次，施肥量要足，并以长效肥为主。

牡丹枝干性弱，一般采用丛状树形，每株定 5～7 个主枝（股），其余枝条疏除，每年从基部发出的萌蘖，若不作主枝或更新枝使用，应除去。成龄植株在 10—11 月剪去枯枝、病枝、衰老枝和无用小枝，缩剪枝条 1/2 左右，并注意疏去过多、过密、衰弱的花蕾，每枝最好仅留 1 个花芽。

牡丹主要病害有褐斑病、红斑病、锈病、炭疽病、菌核病等，主要害虫有根结线虫、蝼蛄、天牛等，要注意及时进行药剂防治和人工防治。

采取人为措施使牡丹在同一年内形成的花芽提早开花（早于自然花期）称为催化（促成）栽培，使去年形成的花芽延迟开花（晚于自然花期）称为延迟（抑制）栽培。我国唐代就已有牡丹促成栽培的技术，现在已基本实现周年开花栽培。促成栽培的关键，一是植株的花芽必须基本形成，二是植株已经具有一定的营养基础，三是给予适宜的环境条件。牡丹促成栽培时，对植株的要求是株龄 4～7 年，枝龄 2～3 年，枝长 15 cm 以上。打破休眠的措施有低温处理、使用外源激素（如 GA_3 500～1 000 mg/L）。催花过程中的温度、湿度和光照调节是否得当是能否成功的关键。温度控制前期（从萌动到翘蕾，约 15 天）白天保持 7～15℃，夜间以 5～7℃为宜；中期（从翘蕾到圆桃期前，约 20 天）白天为 15～20℃，夜间以 10～15℃为宜；后期（从圆桃期以后，约 20 天）白天应为 18～23℃，夜间为 15～20℃。相对湿度一般控制在 70%～80%，光照保持 5 000 lx 左右即可满足要求，在催花后期每天晚上补光 4～5 h（300～500 lx），对提高成花质量有良好效果。

催延花期的牡丹盆花是目前市场上重大节日需求的紧俏商品，为沿海城镇重要的年宵花之一，经济效益可观，开发价值很大。以前，催花牡丹因花后植株衰弱，多弃之不用，浪费了不少种苗，目前，北京林业大学花卉研究所研究出了催花牡丹复壮技术，可使催花牡丹在 1～2 年后再度开花，既节省了种苗也节省了时间。此外，该研究所的牡丹无土栽培技术也在催花生产中推广应用。无土栽培的牡丹根系旺盛，枝叶繁茂，花大色艳，无病虫害，品质远远优于土栽牡丹。

5. 园林应用

牡丹是我国十大传统名花之一，雍容华贵，国色天香，艳冠群芳，花盛开在风和日丽的“谷雨”节气前后，寿命长，有的寿命可达百年以上。适宜公园、庭院栽种，许多公园中建有牡丹园，自古以来，凡名园古刹多植牡丹。牡丹也可作盆栽观赏或做切花。牡丹药用价值很高，中医称牡丹根皮为“丹皮”，是名贵药材，叶也可以药用。牡丹花瓣可食用，也可酿酒。

三、木芙蓉栽培与养护（见图 2—5—4）

科属：锦葵科木槿属。

拉丁学名：*Hibiscus mutabilis*。

主要种类：白花木芙蓉、醉芙蓉等。

花期：10—11 月。

图 2—5—4 木芙蓉及其园林应用

1. 主要形态特征

木芙蓉为落叶灌木或小乔木，株高 2～5 m。叶宽卵形至圆卵形或心形，直径 10～15 cm，常 5～7 裂，裂片三角形，先端渐尖，具钝圆锯齿，上面疏被星状细毛和点，下面密被星状细绒毛。叶柄长 5～20 cm，托叶披针形，长 5～8 mm，常早落。花单生于枝端叶腋间，花梗长 5～8 cm，小苞片 8，线形，基部合生，萼钟形。花初开时白色或淡红色，后变深红色，直径约 8 cm，花瓣近圆形，直径 4～5 cm，外面被毛，基部具髯毛。蒴果扁球形，直径约 2.5 cm，被淡黄色刚毛或绵毛。种子肾形，背面被长柔毛。果期 12 月。

2. 生态习性

木芙蓉喜光，稍耐阴。喜温暖湿润气候，不耐寒，在长江流域以北地区露地栽培时，冬季地上部分常冻死，但第二年春季能从根部萌发新条，秋季能正常开花。喜肥沃湿润而排水良好的沙壤土。生长较快，萌蘖性强。对二氧化硫抗性极强，对氯气、氯化氢也有一定抗性。

3. 繁殖方法

木芙蓉繁殖可用扦插、压条、分株或播种法。扦插以 2—3 月进行为好，选择湿润沙壤土或洁净的河沙，以长度为 10～15 cm 的一至二年生健壮枝条作插穗，插前将插穗底部在浓度为 3～4 g/L 的高锰酸钾溶液中浸泡 15～30 min，扦插的深度以穗长的 2/3 为好。插后浇水，覆膜以保温及保持土壤湿润，约 1 个月后即能生根，来年便可开花。压条多于初秋进行，约 1 个月后即可与母株切离。分株在春季进行，先在基部以上 10 cm 处截干，然后分株栽植。

4. 栽培养护

木芙蓉栽培养护简易，移植栽种成活率高。因性畏寒，在长江流域及其以北地区应选择背风向阳处栽植，每年入冬前将地上部分全部剪去，并适当壅土防寒，春暖后扒开壅土，即会自根部抽发新枝，这样能使秋季开花整齐。在华南暖地则可作小乔木栽培。

5. 园林应用

“千林扫作一番黄，只有芙蓉独自芳”。木芙蓉晚秋开花，花期长，开花旺盛，品种多，其花色、花形随品种不同而丰富变化，是一种很好的观花树种。自古以来多在庭园栽植，可孤植、丛植于墙边、路旁、庭前等处。由于性喜近水，特别宜于配植水滨。在北方也可作盆栽观赏。

四、迎春栽培与养护（见图 2—5—5）

科属：木犀科茉莉属。

拉丁学名：*Jasminum nudiflorum*。

主要种类：变种有垫状迎春。同属栽培供观赏的种还有探春、云南黄馨、素方花。

花期：2—4 月。

图 2—5—5　迎春及其园林应用

1. 主要形态特征

迎春为落叶灌木。株高 30 ~ 100 cm。小枝细长，拱形下垂，老枝灰褐色，嫩枝绿色四菱形。叶对生，三出复叶，小叶卵形至椭圆形。花单生于去年生枝的叶腋，黄色，先叶开放，高脚碟状，花冠裂片 5 ~ 6，短于花冠筒，具清香，可持续 50 天之久。浆果黑紫色。

2. 生态习性

迎春喜温暖湿润和充足阳光，怕严寒和积水，稍耐阴，较耐旱、耐碱，也耐空气干燥，在微酸性、轻盐碱土中均能生长。浅根性，萌蘖力强，枝端着地部分极易生根，耐修剪。

3. 繁殖方法

迎春多以扦插繁殖为主，硬枝或嫩枝扦插均可，也可用压条、分株法繁殖。春、夏、秋三季均可进行扦插，剪取半木质化的枝条插入沙土中，保持湿润，约 20 天生根。压条时将较长的枝条浅埋于沙土中，不必刻伤，40 ~ 50 天后生根，翌年春季与母株分离移栽。分株在春季萌芽前或春末夏初进行。

4. 栽培养护

迎春生长强健，适应性强，栽培养护管理简单。春季移植时带宿土，地上枝干截除一

部分。在生长过程中注意土壤不能积水和过分干旱，开花前后适当施肥 2～3 次。欲培养独干直立的树形，可用竹竿扶持幼树，使其直立生长，并注意摘去基部的芽，待长到所需要高度时，摘心促分枝，形成下垂的拱形树冠。每年开花后修剪整形，保持树老枝新，开花繁茂。为防止新枝过长，在 5—7 月可保留基部几对芽进行 2～3 次摘心，以形成更多的开花枝条。栽培中如有蚜虫危害，可喷施 40% 乐果 1 500 倍液防治。

5. 园林应用

迎春株型铺散，枝条长而柔弱，下垂或攀缘，早春开花，金黄可爱，冬季鲜绿的枝条在白雪映衬下也很美丽，宜配植于湖边、溪旁、堤岸、桥头、墙隅，或在草坪、林缘、坡地、台地、悬崖、阶前等作边缘栽植，特别适于宾馆、大厦顶棚布置，也可盆栽观赏或做切花材料。在南方可与蜡梅、山茶、水仙等同植一处，构成新春佳景；在北方可与松、竹、银芽柳等同栽，构成北方四季均可观赏的动态景观。

五、连翘栽培与养护（见图 2—5—6）

科属：木犀科连翘属。

拉丁学名：*Forsythia suspensa*。

主要种类：变种有三叶连翘、垂枝连翘。

花期：4—5 月。

图 2—5—6　连翘及其园林应用

1. 主要形态特征

连翘为落叶灌木，高可达 3 m。干丛生直立。枝开展，拱形下垂，略有藤性，小枝褐色，梢 4 棱，有凸起的皮孔，髓中空。花谢叶出，单叶或 3 小叶，对生，叶卵形、宽卵形或椭圆状卵形，边缘除基部以外，有整齐的粗锯齿。花先叶开放，金黄色，常单生，少数 3 朵腋生，花冠裂片 4，倒卵状椭圆形。蒴果卵球形，表面散生较密的瘤点。果实 10 月成熟。

2. 生态习性

连翘喜温暖、湿润气候，也耐寒。喜光，略耐阴。不择土壤，以石灰岩形成的钙质土最为适宜。耐干旱瘠薄，病虫害少。

3. 繁殖方法

连翘可用扦插、压条、分株、播种等方法繁殖，以扦插繁殖为主。扦插宜在春季2—3月进行，用预先贮藏的一二年生枝条扦插或在梅雨季节用当年生嫩枝扦插。插条于节处剪下，长8～15 cm，成活率极高。播种繁殖可在秋季10月采种，干藏于翌年2—3月条播，3月下旬开始发芽，可持续出苗达1个月。

4. 栽培养护

连翘移栽可在落叶期进行，选向阳而排水良好的肥沃土壤栽植。连翘定植后需加强管理，首先应选留培养3～5个骨干枝，使花枝在骨干枝上均匀着生，每年花后进行修剪，疏除枯枝、老枝、弱枝，对部分比较健壮的枝条进行适度短截，促使萌生新的骨干枝和花枝。同时应注意在其根际周围施以厩肥。出现蚜虫、蓑蛾、刺蛾危害时，应及时防治。

5. 园林应用

连翘早春先叶开花，满枝金黄，艳丽可爱，是园林中常用的早春观花灌木。适宜宅旁、亭阶、墙隅、篱下与路边配置；若在溪边、池畔、岩石、假山下栽种，亦甚相宜。连翘根系发达，可作护堤树栽植。连翘茎、叶、果实、根均可入药。

六、叶子花栽培与养护（见图2—5—7）

科属：紫茉莉科叶子花属。

拉丁学名：*Bougainvillea spectabilis*。

花期：夏季，花期长。

图2—5—7　叶子花及其园林应用

1. 主要形态特征

叶子花为攀缘性常绿灌木或小灌木，无毛或稍有柔毛，茎木质化，有强刺。叶全缘平滑，绿色有光泽，呈长椭圆状披针形或卵状长椭圆形及阔卵形，长10～20 cm，基部楔形。苞片大型，椭圆状披针形，红色或紫色，长2.5 cm以上，苞片脉明显。

2. 生态习性

叶子花性强健，喜温暖湿润、阳光充足的环境，适于在中温温室栽培，不耐寒，冬季室内温度不能低于7℃，较耐炎热，气温达到35℃时还能正常生长。南方地区可露地越冬。生长期间要求水分供应充足，干旱时容易出现落叶、落花现象。喜光，若光照不足，植株新枝生长细弱，花少叶黄。叶子花喜欢富含腐殖质的肥沃土壤，在pH值为5.5～7.0的土壤中生长正常。

3. 繁殖方法

叶子花繁殖多用扦插法。扦插时期为3—7月，选发育充实、腋芽饱满的枝条剪成插穗，插后在25℃左右、空气湿度70%～80%条件下1个月左右即可生根。生产上采用0.002%的吲哚丁酸（IBA）处理24 h，有促进生根的作用。对于不易生根的品种，也可以采用嫁接和空中压条等方法进行繁殖。

4. 栽培养护

叶子花栽植以春、秋季进行最为适宜，应栽植在向南、阳光充足的地方。在热带地区露地栽培时，一般采用大苗栽种，坑穴要大并施入足量有机肥。栽种后要马上浇水，第二年就能开花。北方地区需进行盆栽，繁殖成活后要及时上盆，盆栽用土以壤土、堆肥土、腐叶土、腐熟的牛马粪等混合而成，上盆时可加上适量的骨粉。初上盆时需要遮阴，缓苗后再移入阳光充足处养护。欲在国庆节期间开花，可以在国庆节前40～50天进行短日照处理。多年生植株每年春季需要换盆，同时进行适当修剪，剪除细弱枝条，对过长枝条进行短截或造型。夏季和花期要满足水分需求，花后可适当减少浇水量，生长期每7～10天追施一次有机液体肥料，花期增施若干次磷肥，能够增强植株抗性，使花大色艳。叶子花开花期落花、落叶较多，要及时清理，以保持植株整洁美观。每5年左右对植株重剪更新一次，将枯枝、密枝、病虫枝剪除，老枝更新复壮，促发新枝，保持植株树姿美观，开花繁盛。

5. 园林应用

叶子花是园林绿化中十分理想的垂直绿化树种，可用作花架、拱门、棚架或墙垣攀缘材料，也适于在河边、护坡等地作为彩色的地被材料应用，在我国北方地区作盆栽花卉，也常用来制作盆景，可布置春、夏、秋花坛，是布置“五一劳动节”“十一国庆节”花坛的重要花材，有时也可用作切花。

七、铁线莲栽培与养护（见图2—5—8）

科属：毛茛科铁线莲属。

拉丁学名：*Clematis florida*。

主要品种：具有多数原种、杂种品种群，如大花品种、小花品种、复瓣或重瓣品种以及晚花品种等。经国际铁线莲协会确定的铁线莲栽培品种有以下6类：铁线莲类、杂种铁

线莲类、毛叶铁线莲类、转子莲类、红花铁线莲类、意大利铁线莲类。

花期：1—2 月。

图 2—5—8　铁线莲及其园林应用

1. 主要形态特征

铁线莲为多年生攀缘草质藤本，约 1 ~ 2 m 长。茎瘦长，棕色或紫红色，被稀疏短柔毛，具 6 条纵棱，节膨大。二回三出复叶，小叶片狭卵形至披针形。花单生于叶腋开展，具长花梗，萼片 6 枚，白色，倒卵圆形或匙形，苞片宽卵圆形或卵状三角形。瘦果倒卵形，扁平，宿存花柱伸长成喙状。

2. 生态习性

铁线莲是短日照花卉，喜凉爽和阳光充足环境。耐寒性强，可耐 -20℃低温。忌积水，喜肥，对土壤要求不严，喜肥沃、排水良好的碱性壤土。自然分枝力强，耐修剪。

3. 繁殖方法

铁线莲采用播种、压条、嫁接、分株或扦插繁殖均可。播种繁殖多用于原生种，春播种子要进行催芽处理，种子先用 40℃温水浸泡 24 h，再闷种催芽，种子“吐白”即可播种。条播行距为 50 ~ 60 cm，沟深 2 cm，播种后覆土厚度约 1.5 cm，可略加镇压。秋播不需催芽，可直接播种，一般在 11 月初进行，翌年春季出苗。秋播一般比春播出苗整齐、生长快。杂交铁线莲栽培变种以扦插为主要的繁殖方法，于 5—8 月采取当年生新梢作插穗，具 2 节，节下 2 cm 处切断，切口可在稀释的吲哚乙酸中浸泡 2 ~ 3 h 促进生根。压条繁殖适用于藤本类，一般于春季进行，3 个月后可分栽。木质藤本或灌木多用意大利铁线莲或当地野生种嫁接。

4. 栽培养护

裸根种植时，根颈应低于地表 5 cm，栽植后覆盖厚 10 cm 的泥炭或腐殖土，以免夏季温度过高根部受热，同时可保持土壤湿润。盆栽植株的土团顶部要和表土齐平。幼苗以一次定植为好，春、秋季移植均可。北方地区在解冻后进行栽植，中部地区宜于 4—5 月栽植。

铁线莲需要每天 6 h 以上的直接光照，夏季温度高于 35℃时，会引起叶片发黄甚至落叶，需采取降温措施。铁线莲对水分异常敏感，尤其是夏季高温时期，不能过干或过湿。生长期每隔 3～4 天浇 1 次透水，浇水在基质干透但植株未萎蔫时进行。休眠期应保持基质湿润。浇水时，叶面或植株基部忌积水，否则易引起病害。老枝着花的种类应轻度修剪，新梢或侧枝开花的种类修剪略重。

5. 园林应用

铁线莲是篱园绿化的优良材料，可植于篱垣或棚架作垂直绿化，亦可作盆栽观赏，是优良的庭院花卉。

八、紫藤栽培与养护（见图 2—5—9）

科属：豆科紫藤属。

拉丁学名：*Wisteria sinensis*。

主要品种：同属常见栽培的品种有白花紫藤。

花期：3—5 月。

图 2—5—9 紫藤及其园林应用

1. 主要形态特征

紫藤为落叶木质大型缠绕性藤本。奇数羽状复叶，互生。花叶同时开放，总状花序下垂，侧生于一年生枝，花序长 15～30 cm，花冠蝶形，蓝紫色至淡紫色，有芳香。荚果，果期 10 月。

2. 生态习性

紫藤为温带及暖温带植物。阳性树种，喜光照，但也能耐半阴。适应性强，耐寒，耐水湿及瘠薄土壤。在深厚、排水良好的土壤中生长较好。此外，对 SO_2、Cl_2、HF、粉尘等有害物质具有较强的抗性。

3. 繁殖方法

紫藤采用扦插、播种、嫁接繁殖均可，以播种繁殖为主。3 月中、下旬枝条萌动之前，采取一二年生的粗壮枝条，剪成 15～20 cm 长的插穗，插于准备好的苗床，基质以沙壤土为好，也可以用洁净的细河沙、珍珠岩、蛭石等。株距 6～8 cm，行距 25～30 cm，扦插深度为插穗长度的 2/3 左右，插后灌 1 次透水，覆盖塑料薄膜，需经常浇水，以保持土壤湿润，15～20 天即可成活，成活率较高。气温升高后，逐渐打开塑料薄膜以通风降温，直至全部撤除。5—7 月追肥 2～3 次，以有机肥为主（如豆饼水、人粪尿等），也可追施尿素等速效性化肥或根外追肥，当年株高可达 0.5～1.0 m，两年后可出圃。

紫藤根上容易产生不定芽，可以进行根插。3 月中、下旬挖取 0.5～2.0 cm 粗的根系，剪成长 10～12 cm 的插穗，插入苗床，扦插深度保持插穗的上切口与地面相平。其他管理措施同枝插，需要注意的是萌动后要及时选定 1～2 个芽作为培养对象，其余全部抹除。

紫藤极易结果，果熟期在 11—12 月，取种后进行沙藏，翌年 3 月露地播种，采用开沟点播，株行距 20 cm × 30 cm，当年株高可达 0.5～1.0 m，秋季或第二年春季即可移栽。

4. 栽培养护

紫藤生长量大，所需营养较多，栽培应选择土壤肥沃、疏松、排水良好的地块。生长期适当施肥，每年 3～5 次，以复合肥为主。生长过于茂盛的植株，应适当疏枝疏叶，以免影响开花。盆栽应选择矮小种类。紫藤除常规的水肥管理外，要特别注意整形修剪，在秋冬落叶之后，适当进行重剪，剪除过多的细弱枝条，有利于翌年花繁叶茂。

5. 园林应用

紫藤的主要特点是繁殖容易，生长迅速，抗逆能力强，开花繁多，遮阴效果好，是很好的垂直绿化植物。多用于配置庭园中的大型棚架、花廊及篱垣，也可修剪成灌丛状植于草坪、溪边及假山石旁。紫藤根、枝、叶及果实可入药，花可食用。

思考与练习

1. 木本花卉的繁殖方法有哪些？
2. 如何进行木本花卉的整形修剪？
3. 简述月季栽培技术要点。
4. 简述牡丹、叶子花、连翘、紫藤的栽培与养护技术。

模块三

温室花卉盆栽与养护

任务一
温室观花类花卉盆栽与养护

任务目标

◇了解温室环境因子调控方法和温室花卉养护管理要求

◇熟悉温室观花类花卉盆栽容器和栽培基质的选择

◇掌握常见温室观花类花卉的生态习性和繁殖技术要点

◇学会代表性温室观花类花卉的栽培与养护管理技术

任务提出

温室盆栽花卉类型丰富、种源多样且生态习性各不相同。要求在温室这样的大环境下，采取正确的措施栽培出不同类型的花卉，使其顺利完成由幼苗到定植苗的生长过程，并掌握相应技术养护好温室花卉，让其服务于园林产业。

任务分析

温室盆栽花卉，生长环境在温室，植物根系局限在狭小的盆内，一方面整个生长过程要在室内人为控制条件下完成，另一方面盆土营养面积有限，因此这类花卉的栽培与养护管理要比露地花卉复杂得多。

幼苗从上盆至定植期间的养护管理技术主要包括上盆、换盆、浇水、施肥等。

要养护好温室观花类盆栽，需要掌握调控环境因子的方法及温室盆花的常规管理办法，有针对性地掌握不同种类花卉生长中的特殊要求。

相关知识

一、概念

1. 温室花卉

温室花卉指在当地需要在温室等保护设施中栽培才能完成生长发育过程的花卉。一般多指原产于热带、亚热带及南方温暖地区的花卉，在寒冷地区必须在温室内栽培或在温室内保护越冬。

2. 观花类盆花

指栽培于花盆、花槽等容器中，花色鲜艳，花期较长，以观花为目的的花卉。

二、温室环境的控制与调节（参见模块一任务三温室部分）

温室环境条件主要指温室温度、湿度、光照、CO_2 等因子，通过对这些因子的调控，最大限度满足温室花卉健壮生长的需求。

三、盆栽花卉选择标准

盆栽花卉的选择一般是根据生产设施、技术水平和市场需求而定，此外，还应考虑以下几个方面：

1. 植株要优美，株高相对适中，能与花盆相协调，同时能适应多种场合的装饰应用；
2. 抗性和适应性要强，并且对温度、光照和水分等环境条件要求不特别严格；
3. 盆栽花卉应选择对养护要求较低、管理措施较为简单的植物种类。

四、盆栽容器（花盆）的选择

1. 选择原则

花盆的形状多样，大小不一，常依花卉的种类、植株的高矮和栽培目的不同而分别选用。在选择花盆时，要注意以下几点：首先，要考虑适用性，即被选择的花盆是否能满足花卉生长发育的需要，否则不能采用；其次，要考虑美观性，所选择的花盆要适合盆花的摆放或陈列，最好能起到画龙点睛、衬托盆花的作用；再次，要考虑实用性，目前，盆花生产一般都具有一定的规模，因此在选择花盆时，一定要对盆花的运输和花盆的损坏等因素充分考虑；最后，还必须考虑经济性，要尽量选择价廉物美的花盆，以便降低盆花的生产成本。

近年来塑料花盆大量用于花卉生产，它具有色彩丰富、轻便、不易破碎和保水能力强

等优点，一般盆花工厂化生产均选择软花盆（营养钵）和塑料花盆，而机关、企业单位摆放以及家庭观赏使用的一般是瓷质、木质或泥质花盆。

2. 花盆类型

（1）素烧泥盆　又称瓦盆，由黏土烧制而成，质地较粗糙，但排水透气性好，价格低廉，用途广泛，是花卉生产中常用的容器。其规格大小不一，一般口径与高相等。盆的大小为 10 ~ 40 cm（见图 3—1—1）。

图 3—1—1　瓦盆

（2）陶瓷盆　这种盆是在素陶盆外加一层彩釉，外形美观，适合室内装饰用。但上釉后水分、空气流通不良，对植物生长不适宜，可作套盆用（见图 3—1—2）。

图 3—1—2　陶瓷盆

（3）木盆（木桶）　素烧盆过大时易破碎，当需要 40 cm 以上口径的盆时，可采用木盆。木盆形状以圆形较多，也有方形。盆的两侧有把手，便于手动搬动。形状上大下小，便于换盆时倒出土团。盆底有短脚，否则需要垫砖石或木头，以免腐烂。木盆用材宜选择材质坚硬不易腐烂的，如红松、槲、杉木、柏木等，外面刷以油漆，内侧涂以环烷酸铜防腐。木盆多用于大型建筑物前、广场和展览会的装饰，适宜栽培如苏铁、南洋杉、棕榈、橡皮树等较大型花木（见图 3—1—3）。

图 3—1—3　木盆（木桶）

（4）紫砂盆　形式多样，造型美观，透气性稍差，多用来养护室内名贵盆花及栽植树桩盆景（见图 3—1—4）。

图 3—1—4　紫砂盆

（5）塑料盆　质轻而坚固耐用，形状各异，色彩多样，装饰性极强，是现代流行的容器。但水分、空气流通不良，应注意培养土的物理性质，以调节塑料盆的不足。在育苗阶段，常用小型软质的塑料盆（营养钵），使用方便。另外，也有不同规格的育苗盘，整齐、运输方便，非常适于花卉的商品化生产（见图 3—1—5）。

营养钵　　育苗盘（穴盘）

图 3—1—5　塑料盆

（6）纸盆　供培养不耐移植的花卉幼苗使用，如香豌豆、香矢车菊等在露地定植前，先在温室内纸盒中进行育苗。在国外，这种纸盒已经商品化，有不同的规格，在一个大盘上有数十个小格，适用于各种花卉幼苗的生产（见图 3—1—6）。

图 3—1—6　纸盆

（7）其他材料容器　如用玻璃（见图 3—1—7）、木条、藤条、塑料绳等制（编）成的各式花盆。

图 3—1—7　玻璃钢盆

五、培养土的种类、配制与消毒

温室花卉种类繁多，习性各异，对栽培土壤的要求各不相同。为适合各类花卉对土壤的不同要求，必须配制多种多样的培养土。

盆栽花卉花盆容积有限，花卉的根系局限于花盆中，因此要求培养土必须含有足够的营养成分，具有良好的物理性质。一般盆栽花卉要求的培养土，一要疏松透气，以满足根系呼吸的需要；二要水分渗透性能良好，不会积水；三要能固持水分和养分，不断供应花卉生长发育的需要；四要酸碱度适应栽培花卉的生态要求；五是不允许有害微生物和其他有害物质的滋生和混入。

培养土中应含有丰富的腐殖质，这是维持土壤良好结构的重要条件，也利于保持盆土土质松软，空气流通；干燥时土面不开裂，潮湿时不紧密成团，灌水后不板结；腐殖质本身又能吸收大量水分，可以保持盆土较长时间的湿润状态，不易干燥。因此，腐殖质是培养土重要的组成成分。

1. 常见温室用土种类

（1）堆肥土　由植物的残枝落叶、旧换盆土、垃圾废物、青草及干枯的植物等，一层一层地堆积起来，经发酵腐熟而成。堆肥土含有较多的腐殖质和矿物质，一般呈中性或微碱性。

（2）腐叶土　是配制培养土应用最广的一种基质，由落叶堆积腐熟而成。秋季收集落叶，以落叶阔叶树为好。针叶树及常绿阔叶树的叶子，多革质，不易腐烂，需延长堆积时间。

堆制的方法：将落叶、厩肥（牛粪、马粪、鸡粪、羊粪或猪粪等）与园土层层堆积，先在地面铺一层落叶，厚度约为 20～30 cm，上面铺一层厩肥，厚度为 10～15 cm，厩肥上最好再撒一层骨粉（或米糠）。然后铺一层园土（壤土），厚约 15 cm，每堆积 10 份体积的厩肥材料，可撒入 3 份体积的人粪尿或粪水，前后撒 2～3 次，最后堆成高 150～200 cm 的肥堆，上小下大，肥堆的顶端中央部分稍成凹形，以便在堆积物干燥时，便于自上部灌入人粪尿或粪水。堆好后，在上方加覆盖物，以防雨水浸入。在堆积期间，应每隔数月上下翻倒 1 次，并灌入稀薄人粪尿，使堆积物均匀分解。如此堆积到第二年秋季，即可筛取应用。制备完成的腐叶土，要储存在室内，若露地放置，因分解过度，会失去腐殖质的多孔性和弹性，并使一部分养分散失。堆积用的园土，以富含腐殖质的壤土为宜，土质过于黏重时，应混入部分细沙。

腐叶土土质疏松，养分丰富，腐殖质含量多，一般呈酸性（pH 值为 4.6～5.2），适用于多种温室盆栽花卉，尤其适用于秋海棠、仙客来、地生兰、蕨类植物、倒挂金钟、大岩桐等。

此种腐叶土除人工制备外，也可在天然森林中的低洼处或沟内采集。

（3）泥炭土　由泥炭藓炭化而成。

1）褐泥炭。是炭化年代不久的泥炭，呈浅黄色至褐色，含大量有机质，呈弱酸性（pH 值为 6.0～6.5）。褐泥炭粉末加河沙是温室扦插床的良好床土。泥炭不仅具有防腐作用，不易生霉菌，而且含有胡敏酸，能刺激插条生根，比单用河沙效果好得多。

2）黑泥炭。是炭化年代较久的泥炭，呈黑色，含有较多的矿物质，有机质较少，并含一些沙，呈微酸性或中性（pH 值为 6.5～7.4），是温室盆栽花卉的重要栽培基质。

（4）沙土　即一般的沙质土壤，排水良好，但养分含量不高，呈中性或微碱性。另外，蛭石、珍珠岩也可作栽培基质。

2. 培养土配制

盆栽的培养土是固定盆栽植物的基质，也是盆花吸收水分和养分进行自养生长的基础。温室花卉的种类不同，其适宜的培养土也不同，即使同一种花卉不同的生长发育阶

段，对培养土的质地和肥沃程度要求也不相同。例如播种和弱小幼苗的移植，必须用疏松的土壤，不加肥分或只有少量的肥分。大苗及成长的植株，则要求较致密的土质和较多的肥分。单一培养土虽然能够用于盆花生产，但由于各种原因一般较少采用。通常采用的盆栽培养土是选择两种或两种以上的单一培养土，按一定比例配合而成的复合培养土。常用复合培养土的配方有下列几种，应根据不同的生产要求进行配制。

（1）扦插成活苗上盆　2 份粗珍珠岩 +1 份壤土 +1 份腐叶土（喜酸性植物可用山泥）。

（2）移植小苗　1 份蛭石 +1 份壤土 +1 份腐叶土。

（3）一般盆栽　1 份蛭石 +2 份壤土 +1 份腐殖质土 +0.5 份干燥腐熟厩肥。

（4）较喜肥的盆花　蛭石、壤土、腐殖质土各 2 份 +0.5 份干燥腐熟厩肥和适量骨粉。

（5）木本花卉上盆　2 份蛭石 +2 份壤土 +2 份泥炭 +1 份腐叶土 +0.5 份干燥腐熟厩肥。

（6）仙人掌和多肉植物　2 份蛭石 +2 份壤土 +1 份细碎盆粒 +0.5 份腐叶土 + 适量骨粉和石灰。

3. 培养土消毒

为保证盆花生长健壮，需对盆栽培养土进行消毒。消毒方法有化学消毒和物理消毒两大类。

（1）化学消毒　常用氯化苦或福尔马林溶液进行消毒。

1）氯化苦消毒。氯化苦是一种高效的剧毒熏蒸剂，既可杀菌又能杀虫。消毒时将基质一层层堆放，每层厚 20～30 cm，每堆一层每平方米均匀地撒布氯化苦 50 mL，最高堆 3～4 层，堆好后再用塑料薄膜严密覆盖。在气温 20℃以上保持 10 天，然后揭去薄膜，并且将基质翻动多次，使氯化苦充分散尽，否则会对花卉造成危害。

2）福尔马林消毒。在基质上喷、拌 40% 福尔马林溶液，每立方米拌入 400～500 mL 药液，然后用塑料薄膜严密覆盖，密闭 24 h 后揭去薄膜，待药物挥发散尽后使用。

（2）物理消毒　物理消毒的方式主要有高温蒸汽消毒和日光消毒两种方式。

1）高温蒸汽消毒。把基质放在水泥地坪上，将高温蒸汽通入，再用塑料薄膜覆盖进行消毒。多数病原微生物在 60℃时经 30 min 可死亡，如在 80℃时只需 10 min 即可死亡，故一般基质在 95～100℃下消毒 10 min 即可完成。

2）日光消毒。是将培养土摊晒在烈日下，利用太阳的辐射热量将病原微生物杀死。

六、盆栽观花花卉栽培与养护技术要点

1. 选盆

应按照盆栽花卉不同的生长发育时期来选择不同规格的花盆。在幼苗期一般选用苗

盘，待幼苗长至具有 3～5 枚叶时选用直径为 8～10 cm 的盆上盆，以后每次换盆时应选择比原来的盆大 3～5 cm 的花盆，直至苗木长成后，需要限制其生长时，则可采用同样大小的盆进行换盆。

2. 上盆

将幼苗移植到花盆中的过程称为上盆。播种苗长到一定大小、扦插苗生根成活后，以及露地栽培的花卉需移入花盆中栽植的都称为上盆。花卉上盆前，先要选择与花苗大小相称的花盆，一般栽培花卉选择瓦盆上盆为好，若盆土物理性能好的，也可选用塑料盆等其他类型的花盆。另外，如是旧盆，应预先浸洗，除去泥土和苔藓，干后再用；如为新盆，应先行浸泡，以溶淋盐类。

（1）**垫盆**　上盆时，若用瓦盆，需将盆底排水孔用碎盆片或瓦片盖住，以免基质从排水孔流出，并利于排水。要求既挡住排水孔又使泥土不致堵塞排水孔，盆内水分能缓缓排出。盖住盆孔后，若花盆较大可先在盆底垫一些基质粗粒以及一些煤渣、粗沙等，小盆可直接填基质。若用塑料盆，因其盆底孔较小，不必放碎瓦片，可直接栽苗，或者铺一层基质粗粒。

（2）**装盆**　栽苗时，盆中先加少量栽培基质，然后将花苗放入盆的中央，扶正，沿盆边加入基质。当基质加到盆的一半时，将花苗轻轻上提，使根系自然舒展，然后再继续填入基质，直至基质填满花盆时，轻轻振动花盆，使基质下沉，再用手轻压植株四周和盆边的基质，使根系与基质紧密相接。注意用力不可过猛，以免损伤根系。花苗栽好后，基质离盆边缘应保留 2～3 cm 的距离，以便日后灌水施肥。

（3）**上盆后的管理**　栽植后，用洒壶浇水，浇水要充分，一直浇到水从排水孔流出为止。若需缓苗的花卉，可以将盆花放在庇荫处，待缓苗后转入正常的管理。如上盆时花苗原来的基质没有动过，上好盆后可以直接放置在阳光下养护。

3. 换盆或翻盆

随着花卉的生长，将已经盆栽的花卉，由小盆换到另一个大盆中的操作过程，称为换盆。盆栽多年的花卉、已经充分长成的植株，不需要更换更大的花盆，但是由于经过多年的养殖，原来盆中的土壤物理性质变劣，养分丧失，或为老根所充满，为了改善其营养状况，或者要进行分株、换土等，必须将盆栽的植株从花盆中取出，经分株、修整根系和更换新的培养土后，再栽入盆中，此过程称为翻盆，翻盆时用盆大小可以不变。

（1）**换盆和翻盆的次数**　换盆应按植株生长发育的状况逐渐进行，每次将花盆加大一号，切不可将植株一下子换入过大的盆内，因为这样不仅会使盆花栽培的成本提高，而且还会因水分调节不利，使盆苗根系生长不良，花蕾形成较少，着花质量较差。

温室一二年生花卉生长迅速，从生长到开花，一般要换盆 2～3 次，开花前最后一次

换盆，称为定植。宿根花卉一般每年换盆或翻盆 1 次；木本花卉 2～3 年换盆或翻盆 1 次，依种类不同而定。

（2）换盆或翻盆的时间　多年生宿根花卉和木本花卉的换盆或翻盆一般在休眠期，即停止生长之后或开始生长之前进行；常绿花卉可在雨季进行。生长迅速、冠幅变化较大的花卉，可根据生长状况以及需要随时进行换盆或翻盆。

（3）换盆步骤　换盆时一手托住植株基部，将盆提起倒置，另一只手用拇指通过排水孔下按，即可取出土球。如不易取出时，将盆边向他物（以木器为宜）轻扣，则可将土球扣出。如植株较大，应由两人合作完成，其中一人用双手将植株的根颈部握住，另一人用双手抱住花盆，在木凳上轻磕盆沿，将植株倒出。

土球取出后，如为宿根花卉，应将原土球肩部及四周外部旧土刮去一部分，并用剪刀将近盆边的老根、枯根及卷曲根全部剪除，并对植株地上部分的枝叶进行适当的修剪或摘除，最后将植株重新栽植到要换的盆内。

通常宿根花卉换盆时同时进行分株。一二年生花卉换盆时，土球不加任何处理，即将原土球栽植，并注意勿使土球破裂；如幼苗已渐成长，盆底排水物可以少填一些，或完全不填，在盆底填入少许培养土后，将取出的土球置于盆的中央，然后填土于土球四周，稍稍镇压即可。木本花卉依种类不同将土球适当切除一部分，如棕榈类的修根，可剪除老根的 1/3，橡皮树则不宜修剪。盆花不宜换盆时，可将盆面及肩部旧土铲去换以新土，也可起到换盆的效果。

换盆后，需保持土壤湿润，第一次应充分灌水，以使根与土壤密接，此后灌水不宜过多，以保持湿润为度，因换盆后根系受伤，吸水减少，特别是修剪过的植株，灌水过多易使根部伤处腐烂，应待新根生出后，再逐渐增加灌水量。初换盆时盆土也不可干燥，否则植株易在换盆后枯死，因此换盆后最初数日宜置于阴处缓苗。

4. 肥料的种类及制备用法

（1）有机肥料

1）饼肥。饼肥为盆栽花卉的重要肥料，常用作追肥，有液施与干施之分。液肥的制备：饼肥末 18 L，加水 9 L，另加过磷酸钙 0.09 L，腐熟后为原液，施用时，按花卉种类加水稀释。其中需肥较多及生长强健的花卉，原液加水 10 倍施用；花木及野生花卉，原液加水 20～30 倍施用；高山花卉、兰科植物，原液加水 100～200 倍施用。

饼肥亦可作干肥施用。加水 4 成使之发酵，然后干燥，施用时埋入盆边四周，经浇水使其慢慢分解不断供应养分。未发酵的饼肥使用过多时，易伤根系，应予以注意。饼肥发酵干燥后，亦可碾碎混入培养土中用作基肥。

2）人粪尿。粪干为盆栽常用肥料，将大粪晒干，用石磙压细过筛，制成粪干末施用。粪干末与培养土混合可作基肥，其混入量依花卉种类而异，大致的标准为小苗宜混入1成，一般草花2成，木本花卉3成。粪干末又可作追肥，混入盆土表面，或埋入盆边四周，肥力可持续达半年。若用作液肥使用，易被植物利用，即人粪尿加水10倍，腐熟后取其清液施用。

3）牛粪。为温室花卉常用肥料，常用于香石竹、月季、热带兰等栽培。牛粪充分腐熟后，可施用于温室地床中，即牛粪加水腐熟后，取其清液用作盆花追肥。

4）油渣。为榨油后的残渣，一般用作追肥，油渣可混入盆面表土中，特别适用于木本花卉。因其无碱性，为白兰花、茉莉所常用，即油渣加水腐熟后，取其清液作追肥。

5）米糠。含磷肥较多，应混入堆肥发酵后施用，不可直接用作基肥。对于茎叶柔软的草花，在播种或移植前使用未发酵的米糠，常使植物受害。

6）鸡粪。鸡粪含水少，为浓厚的有机肥料，含磷丰富，适用于各类花卉，尤适于香石竹、菊花及其他切花栽培。施用前，混入土壤1～2成，加水湿润，以便发酵腐熟，可用作基肥，也可加水50倍作液肥。

（2）无机肥料

1）硫酸铵。温室月季、香石竹、菊花及其他花卉都可应用，但施用量切勿过多。月季可稍多些，而菊花、香石竹要少些。硫酸铵仅适于促进幼苗生长，切花花卉如多施硫酸铵易使茎叶柔软，而降低切花品质。一般用作基肥时施用量为30～40 g/m^2，液肥施用量需加水50～100倍浇施。

2）过磷酸钙。温室切花栽培施用较多，常作基肥施用，施用量为40～50 g/m^2；作追肥时，则加水100倍施用。由于磷肥易被土壤固定，可采用0.3%以下溶液进行叶面喷洒。

3）硫酸钾。切花及球根花卉需要较多，基肥用量为15～20 g/m^2，追肥用量为2～7 g/m^2。一般在上盆及换盆时施基肥，生长期间施追肥。基肥施入量不应超过盆土总量的20%，可与培养土混合后均匀施入。

5. 盆花栽培管理

（1）松盆土　松盆土可使因不断浇水而板结的土表疏松，使空气流通，植株生长良好，同时还可除去土表的青苔和杂草。青苔的形成影响盆土的空气流通，不利于植物生长，且难于确定盆土的湿润程度，不便浇水。松盆土还对浇水和施肥有利。松盆土通常用竹片或小铁耙进行。

（2）转盆　盆花在一个位置放置时间过长后，由于植株的趋光性，会使植株向光线一侧偏转，造成盆花偏斜，偏斜的程度和速度与植物生长的速度有很大的关系。生长快的盆花，偏斜的速度和程度就大一些。因此，为了防止植株偏斜，破坏匀称圆整的株型，应在

相隔一段时间后，转换花盆的方向，使植株均匀生长。

（3）倒盆　由于各种原因调换盆花在栽培地摆放位置的工作称为倒盆。常见情况如下：

1）盆花经过一段时间的生长，冠幅增大，造成植株相互拥挤，通风透光不良。为了改善植株间的通风透光情况，使植株生长发育良好，同时有效地防治病虫害的发生，必须及时加大盆花的相互距离。

2）由于盆花放置的位置不同，从而造成光照、温度、通风等环境条件各异，致使盆花生长发育不一致，使所生产的盆花规格大小有较大的差异。为使盆花产品生长均匀一致，就要经常倒盆，将生长旺盛的植株移到环境条件较差的地方，而将生长发育较差的盆花移到环境条件较好的地方，调整其生长。

除以上两种原因外，还要根据盆花在不同生长发育阶段对温度、光照、水分的不同要求进行倒盆。

（4）浇水

1）盆花管理中的浇水分为浇水、找水、放水、喷水和扣水等。浇水多用洒壶进行，其水量以浇后能很快从盆底渗出为宜；找水是补充浇水，即对个别缺水的植株单独补浇；放水指生长旺季结合追肥加大浇水量，以满足枝叶生长的需要；喷水即对植株进行全株或叶面喷水，喷水不仅可以降低温度，提高空气相对湿度，还可清洗叶面的尘埃，提高植株光合效率；扣水指少浇水或不浇水，如在根系被修剪而伤口尚未愈合时，花芽分化阶段及入室前后常采用。

盆花浇水的方法根据花卉的种类和生产方法有喷灌、滴灌、浸灌、浇灌等。可根据具体的生产条件选择适宜的方法进行浇水。

花卉生长的好坏在一定程度上决定于浇水的适宜与否，其关键环节是如何综合自然气象因子、温室花卉的种类、生长发育状况、生长发育阶段、温室的具体环境条件、花盆大小和培养土成分等各项因素，科学地确定浇水次数、浇水时间和浇水量。

2）浇水水质。以天然降水为好，其次是江、河、湖中的流水。用井水浇花应特别注意水质，如含盐分较高，尤其对喜酸性土壤的花卉应先进行淡化处理。无论是井水还是含氯的自来水，均应在储水池储水经 1~2 天之后再用。

3）浇水的次数和浇水量。要根据花卉的种类、习性、生长阶段、季节、天气状况和栽培基质等多种因素灵活掌握。

花卉的种类不同，其浇水量也不同。一般草本花卉比木本花卉要多浇，球根花卉要少浇；喜湿花卉要多浇水，旱生花卉要少浇。

花卉的不同生长时期，对水分的需要亦不同。当花卉进入休眠期时，要少浇或停浇；

从休眠期进入生长期，浇水量要逐渐增加；生长旺盛期，浇水量要充足；开花前浇水量应适当控制，盛花期适当增多，结实期又需要适当减少浇水量。

花卉在不同季节对水分的需求差异很大。现就一般花卉在不同季节中对水分的需求不同进行说明。

春季：天气渐暖，花卉在将出温室之前，应逐渐加强通风。这时的浇水量要比冬季多些，草花每隔 1～2 天浇水 1 次；花木每隔 3～4 天浇水 1 次。

夏季：大多数花卉种类在夏季已放置在荫棚下，但因天气炎热，蒸发量和植物蒸腾量仍很大，一般温室花卉宜每天早晚各浇水 1 次。夏季雨水较多，有时连日阴雨，应注意盆内勿积雨水，可在雨前将花盆向一侧倾倒，雨后要及时扶正恢复原来位置。雨季要视天气情况决定浇水的多少和浇水的次数。

秋季：天气转凉，放置露地的盆花，其浇水量可减至每 2～3 天浇水 1 次。

冬季：盆花移入室温，浇水次数依花卉种类及温室温度而定，低温温室的盆花每 4～5 天浇水 1 次；中温及高温温室的盆花一般 1～2 天浇水 1 次；在日光充足而温度较高处，浇水要多些。

4）花盆的大小及植株大小也影响盆土的干燥速度。盆小或植株较大者，盆土干燥较快，浇水次数应多些，反之宜少浇。

5）浇水的时间。夏季以清晨和傍晚为宜，冬季以上午 10 点以后为宜。浇水的原则是“干透浇透，见干见湿”，即浇水应在盆栽基质干透时浇透水，要浇到盆底排水孔渗出水为止。要避免多次浇水不足，只湿及表层盆土，半干半湿，而形成“截腰水”，这样会使下部根系经常缺乏水分，影响植株的正常生长。

（5）施肥　盆栽花卉长期生长在盆钵之中，根系扩展受盆土限制，而盆花生长发育中需要的营养元素主要由盆栽基质提供，但盆栽基质中营养元素的量往往不能满足盆花生长的需求，因此施肥对其生长和发育就显得至关重要。

温室盆花以豆饼、粪干、动物蹄片等有机肥为主，配合施以无机化肥复合肥。基肥可于上盆、换盆或秋末冬初入室前施入，上盆、换盆时，可将其与培养土混匀施入，施入量不超过培养土量的 20%，而动物蹄片分解慢，可放在盆底或盆四周，勿使植株根系直接接触。追肥以“勤施薄施”为原则，注意施用浓度，一般来说，有机肥浓度低于 5%，化肥低于 0.3%，微量元素肥料低于 0.05%。

大苗养护管理阶段主要施追肥，施肥一般在晴天进行。施肥前先松土，待盆土稍干后再进行。施肥后立即用水喷洒叶面，以免残留肥液污染叶片，第二天务必浇 1 次水。生长旺盛期应多施肥，休眠期少施肥。根外追肥通常在中午前后喷洒，不宜在低温下进行。另外，由于气孔多分布于叶背面，叶背吸肥力强，因此液肥应多喷于叶背面。盆栽花卉的用

肥应合理配施，否则易发生营养缺乏症。苗期以营养生长为主，需多施氮肥；花芽分化和孕蕾期需多施磷、钾肥；观叶植物不能缺氮，观茎植物不能缺钾，观花和观果植物不能缺磷。此外，缓释型颗粒肥料已在专业化盆花生产中推广运用，其优点是养分可逐步释放，使用简单便利，并可视植物不同生长阶段选用成分和释放周期不同的型号，但成本较高。

（6）整形与修剪　整形与修剪是盆花养护管理中一项重要的技术措施。通过整形、修剪可调整植株的生长势，创造良好的株型，促进花芽分化，增加美观效果，提高盆花的观赏价值和商品价值。应根据各种盆花的生长发育规律和栽培目的，及时对盆花进行整形与修剪。

（7）病虫害防治　不同类型的花卉易染病虫害的类型不同，应根据具体情况，采用不同的方法进行防治。

任务实施

现以常见有代表性的温室观花类花卉为材料，进行繁殖和栽培养护练习。

一、瓜叶菊盆栽与养护（见图 3—1—8）

科属：菊科瓜叶菊属。

拉丁学名：*Senecio cruentus*。

主要品种：‘玫红纪念品’、‘紫色纪念品’和‘洋红色小丑’等。园艺品种众多，可按花型大致分为大花型、星花型、多花型和中间型。

花期：12 月至翌年 5 月，盛花期 2—5 月。

图 3—1—8　不同形态和应用形式的瓜叶菊

1. 主要形态特征

瓜叶菊为多年生草本，常作二年生栽培。植株高矮不一，矮的仅 20 cm，高的可达 90 cm，全株密被柔毛。茎直立，草质。叶大，心状卵形，叶面皱缩，掌状脉，形似黄瓜叶。头状花序多数簇生成伞房状，花色丰富，有蓝色、紫色、红色、淡红色及白色，还有间色品种。

2. 生态习性

瓜叶菊喜凉爽气候，冬怕严寒，夏畏高温。夏季惧烈日，忌雨涝。生长期间要求光线充足、空气流通并保持适当干燥。喜含腐殖质而排水良好的沙质土壤。

3. 繁殖方法

瓜叶菊多用播种繁殖，也可用扦插繁殖。播种期视所需花期和品种而定，一般从播种到开花需 6～7 个月。用细纱布包好的种子用 0.5% 高锰酸钾浸泡 2 h 消毒，晒干后播种。覆土要薄，用浸盆法，至土面全部湿润即可。盆面盖以玻璃，以保持湿度。温度最好保持在 20℃左右，5～10 天可发芽。扦插繁殖一般在 5—6 月于花谢后进行，将插穗扦插于消过毒的沙盘中，20～30 天生根，然后放在遮光通风处培养。

4. 盆栽养护

瓜叶菊叶片蒸腾量大，需水多，生长期需保持充足的水分但又不能过湿，以叶片不凋萎为适度。每半个月追施 1 次氮肥，起蕾后停止或减少施氮肥，增施 1～2 次磷肥。瓜叶菊从主茎上一般可抽出 20～30 根主枝，每根主枝顶端都形成一个花蕾。主枝各节位又抽出 3～4 根侧枝，每根侧枝也都有一个花蕾，因此需要进行整枝打杈。一般留 15～30 根生长旺盛的主枝，并尽量使各朵花的花期一致，其余的主枝和侧枝全部打掉。开花期需除去边缘花，打萌蘖，多在早上进行。

5. 园林应用

瓜叶菊花色丰富艳丽，株型饱满，深受人们喜爱，可供冬春室内布置，常用于会场作点缀，也可移植露天作花坛材料，还可用作花篮、花环的材料，十分鲜艳夺目。

二、报春花盆栽与养护（见图 3—1—9）

科属：报春花科报春花属。

拉丁学名：*Primula spp.*。

主要种类：报春花、臧报春、四季报春和多花报春。

花期：春季。

图 3—1—9　不同形态和应用形式的报春花

1. 主要形态特征

报春花为多年生草本，常作二年生栽培。株高约 30 cm。茎不明显。叶基生，莲座状。花冠漏斗状或高脚碟状，5 裂，排成伞形、总状、头状花序，或单生于叶丛中。花色有红色、橙色、黄色、蓝色、紫色、白色等颜色，早春开花。

2. 生态习性

报春花喜气候温凉、湿润的环境和排水良好、富含腐殖质的土壤。不耐高温，喜光，但忌强光直射。多数不耐严寒。

3. 繁殖方法

温室盆栽报春花以播种繁殖为主，也可采用分株繁殖。播种时期根据所需开花期而定，一般播后 6 个月左右便可开花。报春花种子寿命较短，以采种后立即播种为宜。报春花的种子发芽需光，不必覆土。播后连盆放水池中浸水，待表土浸湿后取出，放置半阴处，盆面加盖玻璃或塑料薄膜，以保持湿润，温度保持在 15～21℃，经 1～2 周发芽后移至有光线处。分株繁殖可以保持优良品种及重瓣品种的性状。在秋季将报春花从花盆中倒出，进行分株，每个子株带芽 2～3 个，然后移植于直径 8 cm 的容器中培育，也可以直接栽植于直径 16 cm 的花盆中培育。

4. 盆栽养护

盆土用腐叶土 4 份，堆肥土 2 份，亦可用园土加煤渣、锯末、腐熟厩肥、0.5% 过磷酸钙及少量骨粉混合而成。在酸性土中生长不良，叶片变黄，以四季报春最为明显。栽培土中要含适当钙质和铁质才能生长良好。注意移栽时不要使根颈部埋入土中。浇水视盆土而定，不宜过湿，一般每周浇水 1 次。生长期和盛花期应多浇水，并多见阳光。生长期每 2 周施 1 次腐熟饼肥水。当叶丛中抽出短花茎开始着花时，应增施磷、钾肥，以促进花蕾生长。盛花期减少施肥，花谢后停止施肥。注意施肥前盆土应稍干，以利于肥水吸收。一般施肥后需用清水冲洗叶片 1 次。报春花花期较长，花后及时剪去花茎，摘除枯叶，加强管理，可延长花期。

5. 园林应用

报春花种类繁多，花色鲜艳，形态优美，花期长，可作盆栽点缀客厅、居室、书房。其中一些较耐寒种类或在较温暖的地区，如广东、广西、云南等地，可露地栽植于假山园、岩石园内，或用作露地花坛花卉，少数种类还可作切花盆栽。

三、蒲包花盆栽与养护（见图 3—1—10）

科属：玄参科蒲包花属。

拉丁学名：*Calceolaria crenatiflora*。

主要品种：‘全天候’、‘娇小’和‘比基尼’等。目前常见栽培品种为大花系和多花矮性大花系品种。

花期：2—5 月。

图 3—1—10　不同形态和应用形式的蒲包花

1. 主要形态特征

蒲包花为多年生草本，常作二年生栽培。叶对生，全缘，叶钝圆，叶脉凹陷。顶生聚伞花序，花冠二唇形，下唇膨胀呈荷包状。花色有白色、黄色、红色、紫色等单色，也有各单色上具橙色、粉色、褐色、红色等斑点。

2. 生态习性

蒲包花喜温暖、凉爽、湿润、通风良好的环境，不耐寒，要求冬季温度不低于 3℃，畏高温，生长适温为 7～15℃，温度高于 20℃不利其生长和开花。温度高低还可引起花色变化。喜肥沃、忌土湿，喜排水良好、富含腐殖质的土壤，土壤以微酸性为宜。

3. 繁殖方法

蒲包花主要采用播种繁殖，8 月下旬至 9 月上旬播种，不宜过早。将育苗土过筛后装入浅盆，用浸盆法灌足水，即可播种。因种子较细小，播种时不宜过密，覆土不宜过厚，甚至可不覆土。播后，需在盆上盖上玻璃，以保持湿度。出苗之前，可置于阴处，温度保持在 20℃左右，10 天后可望出苗。出苗后去掉玻璃以利通风，并逐渐见光。

4. 栽培养护

出苗后约 20 天，当幼苗具 2～3 片真叶时进行移植上盆。当幼苗长至具 6～7 片真叶时进行定植。蒲包花忌干怕湿，日常浇水要“见干见湿”。开花后，5—6 月种子逐渐成熟，此时应注意浇水，否则植株易枯萎。生长期每 10 天施 1 次腐熟稀薄饼肥水。在现蕾期增施磷肥和钼铵酸，可使花色鲜艳。养护管理期间，对叶腋间的侧芽应及时摘除，否则侧生花枝过多，不仅影响主枝的发育，还会造成株型不正，影响美观。

5. 园林应用

蒲包花花形奇特，色彩鲜艳，早春开花，花期较长。对室温要求不高，常用作室内盆花观赏，可补充冬季观花花卉少的不足。

四、四季秋海棠盆栽与养护（见图 3—1—11）

科属：秋海棠科秋海棠属。

拉丁学名：*Begonia. semperflorens*。

主要品种：'大使'、'奥林匹克'和'鸡尾酒'系列等。园艺品种很多，根据花色、花径大小、叶色、单瓣或重瓣等大致分为矮型品种、大花品种和重瓣品种。

花期：全年，夏季略少。

图 3—1—11　不同形态和应用形式的四季秋海棠

1. 主要形态特征

四季秋海棠为多年生常绿草本，花坛应用时多作一年生栽培。株高 15～40 cm。茎直立，多分枝，半透明略带肉质，光滑。叶互生，有光泽，卵形至广椭圆形。绿色或淡紫红色。聚伞花序腋生，数朵成簇，花有白色、粉红色、深红色等颜色。

2. 生态习性

四季秋海棠喜温暖、湿润和半阴环境，怕干燥和积水。生长适温为 18～20℃，低于 10℃时生长缓慢。夏季怕强光曝晒和雨淋，冬季喜充足阳光。开花不受日照长短的影响，只要有适宜的温度条件，可四季开花。

3. 繁殖方法

四季秋海棠可采用播种繁殖和扦插繁殖。播种繁殖春、秋两季均可进行，一般播种后 130～150 天开花。播种后不必覆土，采用浸盆法浇水，让水从盆底孔逐渐向上渗入至盆土湿润，放在半阴处，在 20℃左右条件下，约 7 天就可发芽。扦插繁殖用于重瓣品种或单瓣品种中种子缺乏时，插穗选取生长健壮的嫩枝顶端，将插穗下端浸入 500 mg/kg 吲哚丁酸溶液中浸 2～5 s，稍晾干后将插穗插于沙床或珍珠岩与蛭石 1∶1 混合基质中，在 20℃左右的温度下，2 周便可生根，1 个月后可上盆。也可水插，每隔 1～2 天换 1 次清水，生根后移栽。

4. 栽培养护

四季秋海棠喜土壤湿润、透气性好、空气湿度相对较大的环境。4—5 月气温升高，

植株生长加快，需要逐渐增加浇水量，晴天可在每隔 2 天的下午 4 点浇水 1 次；夏季天气炎热，在每天傍晚浇水 1 次；立秋以后，3 ~ 5 天浇水 1 次；冬季，每隔 10 ~ 15 天浇水 1 次。四季秋海棠喜肥，每年春季翻盆时，要施足基肥，如腐熟的磷、钾肥以及干杂粪肥等，使培养土具有较高的肥力。植株开始萌动时，宜施稀薄的淡肥，每 7 ~ 10 天追施 1 次。5—6 月是花芽分化期，应施以磷、钾元素为主的肥料；8—9 月为盛花期，这时施肥要清淡，可结合浇水进行施肥。养护管理过程中，要进行摘心，一般在株高 10 cm 时进行，以压低株型，促使多发侧枝而开花繁茂。

5. 园林应用

四季秋海棠为小型盆栽花卉，其花、叶美丽娇嫩，花多而密集，适宜作家庭书桌、茶几、案头和商店橱窗等装饰，有些品种还可配置花坛和花墙。

五、大花君子兰盆栽与养护（见图 3—1—12）

科属：石蒜科君子兰属。

拉丁学名：*Clivia miniata*。

主要品种：‘圆头和尚’、‘小胜利’、‘油匠’和‘黄技师’等。

花期：可全年开花，但以春、夏季为主。

图 3—1—12　不同形态和应用形式的君子兰

1. 主要形态特征

大花君子兰为常绿宿根草本花卉，株高 30 ~ 50 cm。根肉质，细棒状，白色。茎为叶基形成的假鳞茎。叶二列交互叠生，宽带形，全缘，革质，深绿色有光泽，排列如开扇状。顶生伞形花序，着花数十朵，花被漏斗形，橙红至橙黄色。

2. 生态习性

大花君子兰性喜温暖，不耐寒。喜湿润和半阴环境，忌夏季阳光直射。喜疏松并含腐殖质的沙壤土，忌盐碱，最适土壤 pH 值为 7 ~ 7.5。

3. 繁殖方法

大花君子兰采用播种繁殖和分株繁殖。采种后 3 天内播种为宜，可在 11 月至翌年 3

月进行。果实成熟后，及时从果柄上剪下，再熟 10～15 天，从果实中剥出种子用温水浸种 24 h，然后放在洗净的河沙中催芽，温度控制在 20～25℃，半个月出芽，出芽后播种。分株繁殖于春季 3—4 月，结合换盆进行。

4. 栽培养护

君子兰上盆时间以 3—4 月或 9—10 月为佳。选择透气性好、通气性强的花盆，上盆后浇足水，放在阴凉处缓苗，2 周后转入正常管理。君子兰浇水不能过多过勤，原则是“见干见湿，不干不浇，干透浇透，浇透不浇漏”。抽箭前要经常向叶面喷水。君子兰喜肥，施肥原则是“宁稀勿浓，薄肥勤施”，切忌浓肥和生肥。换盆时要施足基肥，生长期、孕蕾期、开花后应及时追肥。春、秋季生长旺盛期可多施；夏季休眠期应停止施肥；冬季应少施。抽花茎前追施磷、钾肥 2 次，花期停止施肥。君子兰不需强光，尤其夏季切忌阳光直射，遮阴 40%～50% 有利于叶片生长。秋季光照要充足。

君子兰在冬季常出现花葶还没有长出假鳞茎处，小花就开放的“夹箭”现象。发生这种情况的原因一是平时栽培管理差，长势弱；二是在花葶抽出时，盆土温度过低、过高或水分不足。前一种情况当年不好补救，需在今后的栽培过程中加强管理；第二种情况通过调整温度和水肥可以解决。具体方法是：当君子兰抽出花葶时，应保持室温在 15℃左右，适量浇水、找水，保持湿润。北方地区将君子兰摆在向阳的地方，同时每 2 周追施 1 次磷、钾肥，连续施 2～3 次。

5. 园林应用

君子兰花、叶、果均美，观赏期长，又耐阴，为重要的观叶、观花植物，是布置会场、楼堂馆所和美化家居环境的名贵花卉。

六、天竺葵盆栽与养护（见图 3—1—13）

科属：牻牛儿苗科牻牛儿苗属。

拉丁学名：*Pelargonium hortorum*。

主要品种：‘香恩’、‘四倍红’和‘美洛多’等。

花期：10 月至翌年 6 月，盛花期在 4—6 月。

1. 主要形态特征

天竺葵为亚灌木花卉，全株被细柔毛，有鱼腥气味。茎粗壮，肉质、多汁，基部稍木质化。叶互生，圆形至肾形，绿色，表面有暗红色环纹。伞形花序顶生于嫩枝上端，花序柄长，小花多。花色白色、粉色、红色至深红色。

2. 生态习性

天竺葵喜温暖、湿润和阳光充足的环境。耐寒性差，稍耐干旱，怕水湿和高温。生长

图 3—1—13　不同形态和应用形式的天竺葵

适温 3—9 月为 13～19℃，冬季为 10～12℃，温度在 3℃以下易受害，短时间内能耐 0℃低温。6—7 月呈半休眠状态。宜肥沃、疏松和排水良好的沙质土壤。

3. 繁殖方法

天竺葵常采用播种繁殖和扦插繁殖。播种繁殖在春、秋两季均可进行。天竺葵种子不大，播种后覆土不宜过深，约 14～21 天发芽，发芽适温为 20～25℃。除 6—7 月植株处于半休眠状态外，均可进行扦插。夏季高温，插条容易发黑腐烂。插条以长 10 cm 的顶端部为最好。扦插过程中用 0.01% 吲哚丁酸溶液浸泡插条基部 2 s，可提高其成活率和生根率。一般扦插苗培育 6 个月可开花。

4. 栽培养护

天竺葵耐干旱、怕积水。在生长过程中，应本着“不干不浇，浇则浇透，宁干勿湿”的原则，适当控水。浇水过多盆土含水量过大，会引起枝条徒长或烂根。冬季气温低，植株生长缓慢，应尽量少浇水，一般 6～7 天浇水 1 次，具体视天气和盆土干湿情况而定。冬季浇水时间以中午为宜，避免气温与水温差异太大而影响生长。6 月下旬至 8 月上旬，高温酷暑，天竺葵处于半休眠状态，应控制浇水。每天清晨浇水，傍晚视干湿情况而定，如盆土太干，可补浇 1 次，但不宜浇足。在栽培中除施足基肥外，在生长季节特别是开花盛期可每隔 7～10 天施 1 次稀薄液肥。天竺葵喜光，春季和初夏光照不太强烈的情况下，可将花盆置于光照充足的地方，但在盛夏、初秋炎热季节宜放在庇荫处，忌强光直射。

5. 园林应用

天竺葵花、叶俱佳，花序形似绣球，色彩鲜明、艳丽，绚丽夺目。可用于布置餐厅、会场等公共场所，形成一种热闹的气氛。用来点缀家庭阳台、窗台，全年开花不断，呈现欣欣向荣的景象。露地摆放，装饰岩石园、花坛或花境具有美化环境的效果。

七、朱顶红盆栽与养护（见图 3—1—14）

科属：石蒜科朱顶红属（孤挺花属）。

拉丁学名：*Hippeastrum vittatum*。

主要品种：‘红狮’、‘阿弗雷’、‘艾斯黛拉’、‘大力神’和‘冰皇后’等。同属观赏植物还有美丽孤挺花、短筒孤挺花、网纹孤挺花、杂种孤挺花。

花期：春季。

图 3—1—14　不同形态和应用形式的朱顶红

1. 主要形态特征

朱顶红为球根花卉，鳞茎球形，较大。叶两侧对生，阔带状。花葶自叶丛抽出，粗壮，扁圆柱形。伞形花序，花大漏斗形，平伸或稍下垂，花色丰富。

2. 生态习性

朱顶红喜温暖、湿润而半阴的环境，要给予充足的水肥。夏季宜凉爽，温度在18～25℃，冬季休眠期要求冷凉干燥，气温保持在5～13℃，不可低于5℃。忌积水。

3. 繁殖方法

朱顶红的繁殖方法较多，有播种、分球、切割鳞茎和组织培养等繁殖方法，播种繁殖主要用于培育新品种。朱顶红易结实，花期可采用人工辅助授粉，2个月后种子可成熟，采后即播发芽率高。分球繁殖是于3—4月换盆时将母株旁着生的小鳞茎剥离，将小鳞茎的顶部露出土外栽种，培育1～2年可开花。切割鳞茎可在短时间内获得较多的子球。

4. 栽培养护

朱顶红对土壤的适应性较强，但喜富含腐殖质、疏松肥沃而排水良好的沙壤土，覆土要薄。浇水要适时适量，一般以保持盆土湿润状态为宜，待出现花茎或叶片时，再增加浇水次数。开花时水分供应要充分，花后应逐渐减少浇水量，盆土以稍干为好。朱顶红喜肥，待叶片长至5～6 cm长时开始追肥，一般每隔半个月施1次腐熟的油枯渣水，花谢后改为20天施1次，以促使鳞茎增大和产生新的子球。朱顶红一般在5月上旬出室，应放在背风向阳处养护。盛夏炎热，要注意通风并适当遮阴。雨季防止盆内积水，以免鳞茎腐烂。

5. 园林应用

朱顶红花朵硕大，顶生漏斗形花朵，大似百合，花色鲜艳，极为壮丽悦目。适宜盆栽作室内装饰，也可陈列在庭园的亭阁、廊下，成片地栽，形成群落景观，增添园林景色，也可作切花。

八、仙客来盆栽与养护（见图 3—1—15）

科属：报春花科仙客来属。

拉丁学名：*Cyclam persicum*。

主要种类：大花仙客来和暗红仙客来等。

花期：12 月至翌年 5 月。

图 3—1—15　不同形态和应用形式的仙客来

1. 主要形态特征

仙客来为球根花卉，株高 20 ~ 30 cm。球茎扁圆形。叶大，心形，肉质，丛生球茎顶端，表面深绿色，带有灰白色或淡绿色斑纹，背面紫红色。叶柄长，褐红色。花大，花蕾时花瓣先端下垂，开花时向上反卷，形如兔耳。蒴果球形。

2. 生态习性

仙客来喜冷凉、湿润的气候。不耐寒，怕高温。冬季温度不得低于 10℃，盛夏季节气温超过 30℃时，球茎休眠，若超过 35℃，球茎会受热腐烂。喜光，但忌阳光直射。另外，还要求空气清新的环境，在烟熏和气闷的环境中生长不良。

3. 繁殖方法

仙客来主要以播种繁殖为主，也可采用分割块茎和组织培养的方法繁殖。播种繁殖一般在 9—10 月进行。种子萌发的最适温度是 18 ~ 20℃。在休眠的球茎萌发新芽时，可采用分割块茎的方法，按芽丛数将块茎切开，使每份切块都有芽，切口处涂上草木灰或硫黄粉，放在阴凉处晾干切口，然后分别作新株栽培。

4. 栽培养护

仙客来喜疏松、富含腐殖质、排水良好的中性沙壤土。盆土用腐叶土、园土和河沙混合而成，应以肥沃疏松、排水通气为标准。上盆时，盆植深度很重要，要求球茎不能埋入土内，要露出 2/3；为保护球茎，防止老化，可用木炭屑或苔藓放置周围，这样能促进球茎迅速生长。最好的方法是将基质轻轻埋至块茎顶部，用左手扶好叶片，右手握细管慢慢浇水，刚栽好后浇 1 次透水，以后浇水以“见干见湿”为原则，一般每 1～2 天浇水 1 次，土壤不可过于潮湿。日常浇水采用浸盆法，将花盆放在盛水的浅盘中约 30 min，要注意不可过量。

5. 园林应用

仙客来株型美观，花繁色艳，花型奇特，高矮适中，花期长达半年之久，有的还有甜蜜香味。宜盆栽，点缀花架、几案、书桌等。仙客来在欧洲象征着高贵典雅，在日本是喜庆场合的首选花卉，在我国常作赠送亲友之礼花。近年新育成的品种，花梗长，宜做切花之用。

九、杜鹃盆栽与养护（见图 3—1—16）

科属：杜鹃花科杜鹃花属。

拉丁学名：*Rhododendron simsii*。

主要种类：比利时杜鹃、高山杜鹃、丹东杜鹃、锦绣杜鹃等。

花期：4—6 月。

图 3—1—16　不同形态和应用形式的杜鹃

1. 主要形态特征

杜鹃为常绿或半落叶灌木，分枝多，枝叶及梗均密被黄褐色粗毛，叶纸质，卵状椭圆形或椭圆状披针形。花 2～5 朵聚生于枝顶，花冠呈漏斗状，花色艳丽多彩，有深红色、鲜红色、粉色、白色等。

2. 生态习性

杜鹃生性强健、适应性强、有很强的萌发力，性喜温暖、阳光充足的环境，稍耐阴，耐贫瘠，忌水涝，喜排水良好的酸性土壤。

3. 繁殖方法

杜鹃繁殖方法多样，有播种繁殖、扦插繁殖、嫁接繁殖和组织培养等方法。杜鹃花种子无休眠期，可随采随播。播种育苗宜用浅盆，播种基质可用过筛的腐叶土。将种子清水浸泡一天后稍加晾摊后均匀撒播，其上不可覆土，20～30 天种粒即可发芽。扦插繁殖根据枝条的成熟度分为硬枝扦插和嫩枝扦插，硬枝扦插常在休眠季节进行，采用完全木质化的枝条；嫩枝扦插在生长季节进行，用半木质化的枝条作插穗进行扦插。

4. 栽培养护

杜鹃怕土壤黏重、盐碱和积水环境，栽培宜用排水良好、富含有机质的酸性沙壤土。杜鹃花属于浅根性植物，而且根系细弱，对水分十分敏感，土壤干燥对其根系伤害较大。杜鹃花开花量大，需要的营养多，但忌施浓肥，一般遵循“薄肥多施”的原则。生长季节较喜光，但不耐夏季的烈日曝晒。春、秋两季应放于阳光充足处，夏季可置于半阴处。

5. 园林应用

杜鹃品种繁多、花色株型极其丰富，丛植、片植或作绿篱均适宜，在园林中运用十分广泛。北方多作为盆栽观赏，可用来布置会场或居家摆放。

十、山茶盆栽与养护（见图 3—1—17）

科属：山茶科山茶属。

拉丁学名：*Camellia japonica*。

主要品种：‘复色大海伦’、‘大朱砂’、‘葡萄红’、‘劳拉夫人’和‘鸳鸯凤冠’等。品种可分为单瓣类、复瓣类、重瓣类。

花期：12 月至翌年 4 月。

图 3—1—17　不同形态和应用形式的山茶

1. 主要形态特征

山茶为常绿灌木。叶卵形或椭圆形，先端钝尖，边缘细锯齿，表面浓绿有光泽。花单生或对生于顶端或叶腋，花瓣近圆形，萼密被短毛，边缘膜质，花色有红色、黄色、白色等。

2. 生态习性

山茶性喜温暖，略耐寒，在夏季凉爽、冬季温暖的环境中生长良好；耐阴，也较喜光，一般在疏荫下生长良好，忌强光。喜疏松肥沃、排水良好的酸性土壤。

3. 繁殖方法

山茶常用扦插繁殖、播种繁殖、嫁接繁殖方法。扦插的山茶花苗，第三年开始开花，应选择空气湿度大、气温30℃左右的季节进行扦插，栽培基质可选用河沙、蛭石、珍珠岩等，插穗选择半木质化嫩枝。播种繁殖主要用于培养砧木和选育新品种。芽苗砧嫁接法常用单瓣山茶和油茶的实生苗作砧木，采用劈接法。半木质化枝拉皮嫁接法可用单瓣山茶或成龄油茶作砧木，进行换冠嫁接，1～2年内即可培育出各种山茶优良品种大株。

4. 栽培养护

山茶喜疏松肥沃、腐殖质丰富的偏酸性土壤，培养土以pH值5.5～6.5为宜，多以山泥或松针腐叶为主，并选用紫砂盆，底部垫物要多一些，以利排水透气。

山茶喜湿润环境，但忌浇水过多。春季生长新的枝叶时，土壤湿度应大一些。进入花芽分化时土壤应偏干为宜。夏、秋季高温时应浇透水。山茶根细而脆弱，应施薄肥。山茶喜温暖，忌严寒，需放置向阳、避风的温暖之处，以免冻害。花芽分化时期所需要的温度为25℃左右。山茶喜半阴，忌烈日，在温室盆栽时，日照时间不应少于4 h，长期光照不足则生长不良。但在盛夏烈日照射时要遮阳防晒，对叶面多次喷水，以免灼伤叶片。

5. 园林应用

山茶是中国传统的名花，叶色翠绿而有光泽，四季常青，花朵大，花色美，品种繁多，花期正值其他花开放较少的季节，故更为珍贵。常用于庭园及室内装饰。

十一、一品红盆栽与养护（见图3—1—18）

科属：大戟科大戟属。

拉丁学名：*Euphorbia pulcherrima*。

主要品种：'亨里埃塔·埃克'和'保罗·埃克小姐'等。

花期：12月至翌年3月。

图3—1—18　不同形态和应用形式的一品红

1. 主要形态特征

一品红为常绿灌木。茎无毛，叶具柄，叶片卵形至线状披针形，全缘。花序顶生，花不显著，靠近花序的大型苞叶呈猩红色，是主要的观赏部位。

2. 生态习性

一品红性喜阳光充足、高温环境，不耐寒。对土壤要求不严，但以土壤肥沃的砂质壤土为佳，怕旱忌涝。

3. 繁殖方法

一品红多用扦插繁殖，可在春季 3—4 月进行。剪取插穗长 10 ~ 15 cm，去掉下部叶片，保留上部 1 ~ 2 个叶片，切口宜平整。剪下的枝条切口分泌白色乳汁，可蘸上草木灰进行处理，插入洗净消毒的河沙中，深 4 ~ 5 cm。置于阴处，定期喷水，约 20 天左右即可生根，成活率较高。

4. 栽培养护

培养土宜选用富含腐殖质的沙质土壤，在定植后浇 1 次透水，以后正常浇水即可。一品红喜高温环境，在炎热的夏季，其生长迅速，管理容易，低温易造成一品红死亡。环境温度应保持在 20 ~ 35℃，才能保证其正常、迅速地生长。越冬温度不宜低于 15℃，否则叶片脱落，甚至植株死亡。一品红较耐旱，为防止枝条徒长，需控制浇水次数。生长季以施有机液肥为主，肥料不足则枝条细弱，叶片泛黄。一品红根系较发达，应于每年春季换盆 1 次，疏根。一品红萌芽力极强，修剪时以重剪为主，尽量使株形低矮，以利于室内摆放，增强观赏效果。

5. 园林应用

一品红花期正值元旦、春节期间，红绿相映，十分悦目，是重要的节日用花，适于厅堂内摆放，或布置会场，也可做切花。

思考与练习

1. 列举出 10 种不同类型的温室观花花卉。
2. 温室观花盆栽花卉常用的栽培容器有哪些？并说明其特点。
3. 请问温室盆栽花卉的栽培基质有哪些？并简述其特点。
4. 温室栽培土的消毒方法有哪些？
5. 简述温室观花盆栽花卉的栽培养护技术要点及注意事项。
6. 简述瓜叶菊、蒲包花、君子兰、仙客来和一品红的栽培养护要点。

任务二
温室观叶类花卉盆栽与养护

任务目标

◇了解观叶植物的定义、类型

◇熟悉观叶盆花的栽培容器、栽培基质和栽培条件的选择

◇掌握常见温室观叶花卉的繁殖、栽培和养护技术要点

◇科学栽培养护常见的观叶盆花并有针对性地解决栽培中常遇问题

任务提出

随着人们生活水平的提高，环保意识的增强，越来越重视室内环境的装饰与美化。观叶植物由于外形美观、四季常绿（见图 3—2—1）、养护管理方便、可以净化空气并具有装饰性，逐渐得到了人们的认可与青睐。现要求采用适合的繁殖方法，生产出质量上乘又具良好观赏特征的观叶盆花，并对其进行良好的养护管理。

图 3—2—1　室内观叶花卉种类及应用

任务分析

观叶植物是花卉中的一大类，其特点和对生长环境条件的要求有一些共同点。通过对这些共性的掌握和对几种有代表性的观叶植物在室内的栽培养护方法和技巧的学习，可以达到触类旁通的效果。

相关知识

一、观叶类盆栽花卉的含义

叶形、叶色美丽而具有观赏价值，且通常盆栽用于装饰观赏的植物，统称为观叶类盆栽花卉或观叶盆栽植物。观叶类盆栽植物也能开花，但通常其观叶价值胜于观花价值。

观叶类盆栽花卉包括草本观叶类盆栽花卉及木本观叶类盆栽花卉，其中草本观叶类盆栽花卉以多年生宿根草本为常见，如竹芋类、天南星科的多属植物、蔓绿绒属、黛粉叶类、合果芋类等，也有少数一二年生的植物，如彩叶草等；木本观叶类盆栽花卉大多数属灌木、亚灌木，如变叶木、龙血树属、龙舌兰类、朱蕉属，少数呈现小乔木状，如马拉巴栗（发财树）等。

大多数的观叶类盆栽花卉原产于高温高湿的热带雨林地区，需光量少，在强烈日照下，容易产生日灼、脱水萎蔫等现象，喜散射光、弱光照或有遮阳的林下环境，这类植物耐阴性较强，适合作室内植物应用。另有一些彩叶的植物对光照的需求较高，不宜长期放在室内荫蔽处。

二、室内观叶类盆栽花卉选择标准

1. 具有较高的观赏价值，如叶形、叶色、质地具有较典型的观赏价值或花叶兼美。
2. 对光照强度要求不严，耐阴性强。
3. 适于盆栽管理。
4. 易繁殖栽培。
5. 无毒。

三、温室盆栽观叶类花卉的繁殖方法

1. 分株法

分株繁殖是将植物产生的根蘖、吸芽、走茎、匍匐茎、珠芽、零余子、球根等从母株分离后另行栽植，培育成新植株的方法。

（1）分根蘖繁殖　分根蘖繁殖的时间一般在春、秋两季进行。将整株母株全部挖出，用刀具将母株分成树丛，将分开的植株根系和枝条进行适当修剪，然后分别栽植成新株，如图 3—2—2 所示。

（2）分吸芽繁殖　吸芽是一些植物在根际或地上部分的叶腋间产生的短缩、肥厚、莲座状的短枝。吸芽的下部可自然生根，将吸芽从母体分离，另行栽植即可成为新的植株。

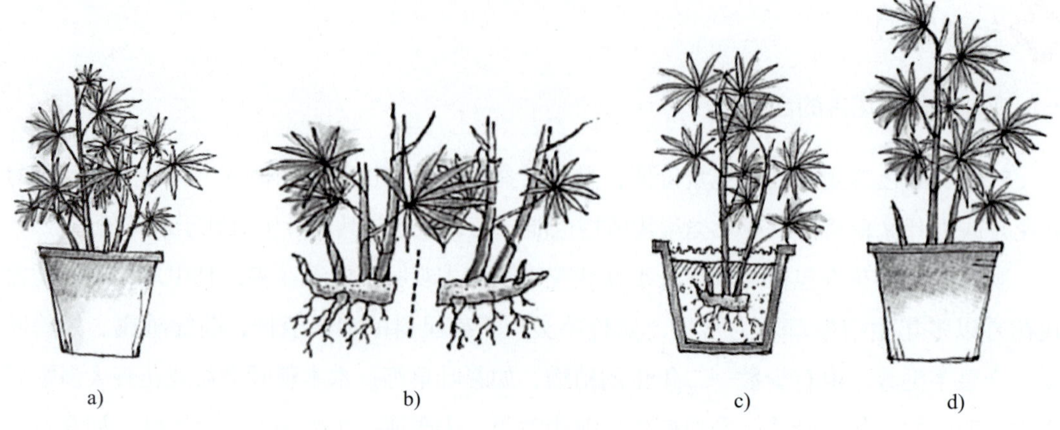

图 3—2—2　分根蘖繁殖过程

a）为丛生性，具地下肉质根茎，生长多年，其茎枝增多，过于拥塞时，需要分枝　b）完全掘出植株，并略加清除根茎附近的土壤，将根茎每 2～3 节切成一段　c）将各分段分别栽下，放置阴湿处，盆土表面可覆盖湿水苔，待其新芽抽出　d）新芽萌发时，表示分株成功

（3）分匍匐茎繁殖　有些植物种类的茎并非直立向上，而是沿地平面方向生长，这种茎的节间较长，每个节上可生叶、芽和不定根系，与整体分离后能长成新个体，所以可以进行营养繁殖，如吊兰、虎耳草、野牛草等。

（4）分球根繁殖　主要是分块茎繁殖，操作方法如图 3—2—3 所示。

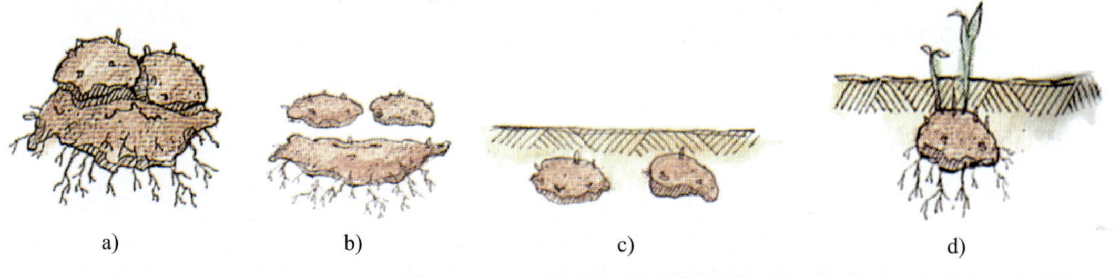

图 3—2—3　分球根繁殖过程

a）春季，将植株掘出，母球周围着生子球，用利刀切下，另大型母球可依其生长芽点，分割成数块　b）切口需先阴干　c）将子球埋入，深度与子球球径相同即可，不可埋入太深　d）勤浇水，待子球萌芽后，每一盆、钵放入 2～3 个球定植

2. 扦插法

（1）叶插　叶插即用植株叶片作为插穗，应选用生长肥厚的叶片。可分为全叶插和部分叶片扦插。用带叶柄的叶扦插时，极易生根。叶插发根部位有叶缘、叶脉、叶柄。非洲紫罗兰叶插于土中或泡于水中均可在叶柄处长出根来。将叶片剪为数段扦插的有虎尾兰，虎尾兰叶身较长，可切成 7～8 cm 长，斜插于盆中，可由叶片下部生根发芽。操作方法如图 3—2—4 所示。

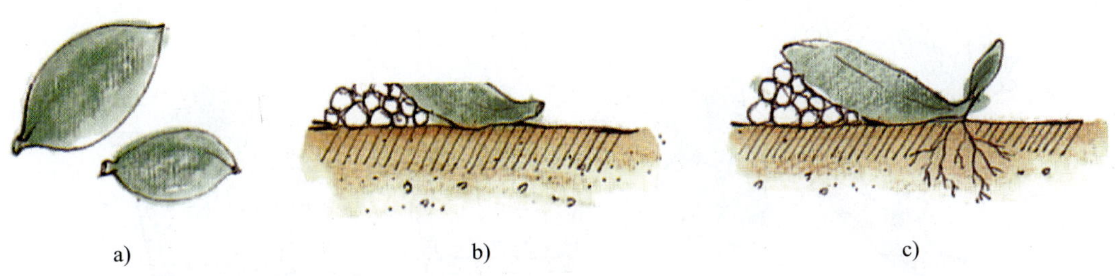

图 3—2—4 叶插繁殖过程

a）切下一枚带柄叶片，即可用来繁殖 b）将叶片平放于介质表面，不需埋入，最好用小石块将叶端垫高，使叶基贴近介质，便于发根入土 c）繁殖过程中，不需浇水过勤，避免厚肉质叶片水腐，不久即可见叶柄基部向下着根，向上发芽

（2）叶芽插 一枚叶片附着叶芽及少许茎的插法，介于叶插和枝插之间。茎可在芽上附近切断，芽下稍留长一些，这样生长势强、生根壮。一般插穗以 3 cm 长短为宜。橡皮树、花叶万年青、绣球花、茶花都可采用此法繁殖。操作方法如图 3—2—5 所示。

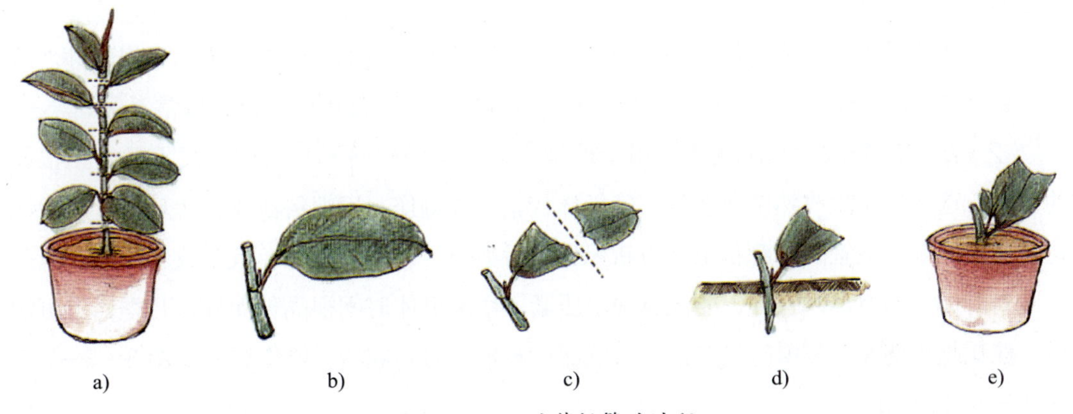

图 3—2—5 叶芽插繁殖过程

a）选取已生长一段时间且茎枝充实的健康枝条 b）剪下插穗仅为带 1 片叶的枝条，上部稍凸出于叶腋，全长约 2 cm 即可 c）剪去一半叶片 d）稍微削去插穗基部的部分树皮，并将基部黏附可促进发根的生长素。以泥炭土与沙各半混匀的介质装盆后，埋入插穗，让腋芽正好露出土面即可 e）待腋芽抽长，即可栽于 12 cm 左右的盆钵内

（3）枝插 根据插穗的木化程度，又分为嫩枝扦插、硬枝扦插以及半嫩枝扦插。嫩枝扦插多在母本的生长期、清早阳光不强时进行，切段要保证每段有 2 个以上芽。插穗应保留 2～3 片叶，叶片过大可剪去 1/3～1/2，如菊花、一串红、天竺葵、长寿花等通常采用嫩枝扦插。硬枝扦插、半嫩枝扦插采用较少。操作过程如图 3—2—6 所示。

（4）根插 用根作为插穗繁殖新苗，仅适用于根部能发生新梢的种类。一般采用根插时，根越大再生能力越强，可将肉质粗根剪为 5～10 cm 长，用斜插或水平埋插，促使发生不定芽和须根，不需埋入过深，深度与根径相同即可。当土面冒出新芽表示根插成功。

图 3—2—6　枝插繁殖过程

a）将去年发出、约有 6～8 枚叶片的顶梢茎枝剪下　b）仅用河沙作介质来扦插最适合，至少埋入 1 节枝条　c）1 个月后可发出新芽

如朱蕉、非洲菊、圆叶海棠等都可采用根插。

3. 压条法

压条法是一种先让枝条在与母体相连的情况下生根，再切断枝条与母体的联系得到新个体的无性繁殖方法。

（1）水平压条　先将茎枝紧贴土面，并固定。茎节处碰触湿润的土壤易生根萌芽。待发出新叶群方便处理时，即可剪下定植。水平压条几乎全年都可以进行，如常春藤等。

（2）高空压条法　此法通常是用于株型直立、枝条硬而不易弯曲，又不易发生根蘖的种类。选取当年生成熟健壮枝条，施行环状剥皮或刻伤，用塑料薄膜套包环剥处，用绳扎紧，内填湿度适宜的苔藓和土，待新根生长后剪下，将薄膜解除，栽植成新个体。压条不脱离母体，均靠母体营养，要注意埋土压紧。切离母体时间视品种而异，月季当年可切离，桂花越年切离。栽植时尽量带土，以保护新根，有利成活。操作过程如图 3—2—7 至图 3—2—11 所示。

四、室内观叶类盆花容器的选择

室内观叶植物栽培常用的容器有素烧泥盆、塑料盆、陶盆、玻璃盆、木桶、木筐以及各种艺术造型的组合盆等，见表 3—2—1。

五、室内观叶盆花栽培基质选择

1. 对栽培基质的要求

（1）均衡供水，持水性好，但不会因积水导致烂根。

（2）通气性能良好，有充足的氧气供给根部。

（3）疏松，便于操作。

（4）含丰富营养，可溶性盐类含量较低。

图 3—2—7

①植株株型成高脚状，柱形瘦长高挑，可用高压法繁殖，并将之矮化

②高压前应先于茎秆旁立一支柱固定，细杆必须加立支柱，以助自立

图 3—2—8

③于枝梢下方 10～30 cm 的裸秆处，切出一舌状树皮

图 3—2—9

④用湿水苔包裹此切割处，并将舌状树皮翻起，其内也填入湿水苔

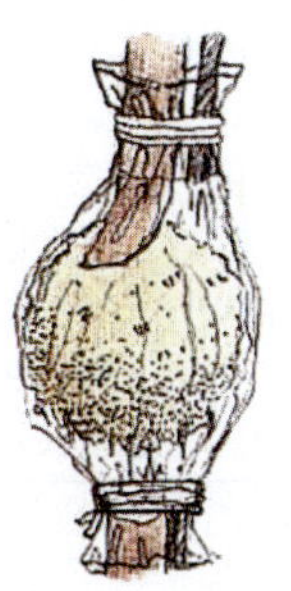

图 3—2—10

⑤用透明塑胶布包裹，上下扎紧，并固定于支柱

图 3—2—11

⑥1～2 个月后根系发出，即可拆除塑胶布，切下植株连同水苔一起定植

表 3—2—1　　室内观叶植物栽培常用容器

常见容器	图片	特点	应用场合
素烧泥盆		经济实用，盆壁上有许多细微孔隙，透气渗水性能理想，最适合花卉生长。但色彩单调，外观不美，表面粗糙，规格不多且易破碎	温室、苗圃等生产场地使用，室内装饰用可外套装饰盆和篮等
塑料盆		质料轻巧，使用方便，不破碎，经久耐用，盆壁内外光洁，不仅换盆时磕土容易，也易于洗涤和消毒。但透气性差，对植物生长不理想	由于轻便、经济、实用，花卉商品流通中和室内布置时最常使用

续表

常见容器	图片	特点	应用场合
营养钵		非常便宜、轻便和实用，但不结实，常作为一次性产品使用	育苗中和花坛布置中使用，室内装饰时脱盆或套盆使用
陶盆		耐腐蚀、通透性较强，造型样式丰富，美观有档次，但成本较高	常作室内装饰时套盆或直接栽植用
瓷盆		造型、花色非常丰富，美观大方，但通透性差，不利于植物生长	常作室内装饰套盆用
玻璃盆		造型流畅，晶莹剔透，色彩可变化，易清洁，但易碎，搬运不便，价格高	常作花卉水培之用
木桶		造型丰富，保温效果好，通透性好，质朴美观，使用寿命长	室内外花卉装饰时使用，装饰性强，可营造古朴田园气氛
木筐		形式多样，可实可空，可吊挂栽培，通透性强	作室内花卉装饰及组合盆栽用
艺术造型组合盆		造型自然流畅，层次分明，富有变化	花卉装饰和组盆时使用

（5）无病虫害。

2. 常用栽培基质（见表 3—2—2）

表 3—2—2　几种常用栽培基质

基质名称	特点	使用场合
园土	以壤土为宜，比较适合花卉的生长，但因常带病虫源且沉重不便搬运等限制了其室内使用	常规使用，苗圃、温室大棚等生产地使用，室内使用不便
泥炭	疏松多孔，质轻、吸水性强，富含有机质和腐殖酸，通气、保肥水性能良好，是目前无土栽培最好的栽培基质	商品花卉中最常使用，最适合室内栽培使用，进出口花卉亦可使用
蛭石	经高温膨胀而成，很少携带有害生物，保水、通气性好，质轻，作育苗基质效果很好，但其营养元素含量偏低，以蛭石为单一基质栽培效果并不十分理想	常和其他基质配合使用，一般不作为单一栽培基质使用
珍珠岩	为一种页岩，质轻、无养分、排水良好、通气性和透水性好	同上
河沙	透水、通气，养分含量偏低，来源广，价格低廉，容易操作	同上；还常用来做扦插基质

六、观叶类盆花的选购原则

1. 植株枝叶繁茂，节间密集，生长健壮。
2. 叶片色泽好，生机勃勃，叶片和叶尖无伤残。
3. 盆与植株比例适当，盆土合适，根系舒展。
4. 植株无病虫害。
5. 植株带有名实相符的标签。
6. 放置地的环境满足植物的需要。

任务实施

现以常见有代表性的温室观叶类花卉为材料，进行繁殖和栽培养护练习。

一、吊兰盆栽与养护（见图 3—2—12）

科属：百合科吊兰属。

拉丁学名：*Chlorophytum comosum*。

主要品种：金边吊兰、银边吊兰、金心吊兰、银心吊兰。

叶色：绿色或镶嵌色。

图 3—2—12 不同形态和应用形式的吊兰

1. 主要形态特征

吊兰为多年生常绿草本，株高 20～40 cm。叶腋抽生匍匐茎，伸出株丛，弯曲向外，顶端着生带气生根的小植株。叶基生，叶片线形，条形至条状披针形，绿色或具黄色纵条纹或边缘黄色。花梗细长，顶生总状花序，花白色，数朵一簇，疏离地散生在花序轴。花期在春夏间，室内冬季也可开花。蒴果。

2. 生态习性

吊兰性喜温暖湿润及半阴环境。生长期间室温宜在 20℃左右，冬季温度不可低于 5℃。喜疏松肥沃的沙质土壤，冬季宜多见阳光，以保持叶色鲜绿。

3. 繁殖方法

吊兰可采用扦插、分株、播种等方法进行繁殖。吊兰扦插和分株繁殖，从春季到秋季可随时进行。

（1）幼（吊）株繁殖　剪取吊兰匍匐茎上的簇生茎叶（即新植株幼体，上有叶，下有气根），直接将其栽入花盆内培植即可，如图 3—2—13 所示。

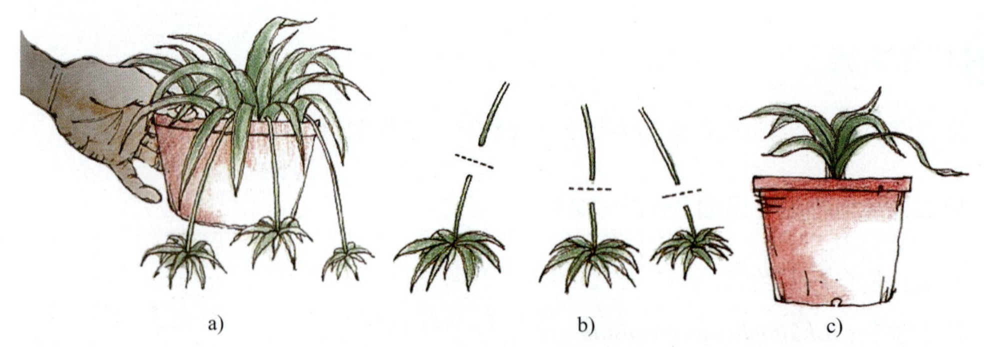

图 3—2—13 幼（吊）株繁殖

a）选取小幼（吊）株，可用来繁殖 b）将各小株切离母株 c）分别将根部埋入介质，即成为一独立植株。亦可不切离母株，待着根后再切离，更易成功

（2）扦插繁殖　取长有新芽的匍匐茎 5～10 cm 插入土中，约 1 周即可生根，20 天左右可移栽上盆，浇透水放阴凉处养护。

（3）分株繁殖　将吊兰植株从盆内托出，除去陈土和朽根，将老根切开，使分割开的植株上均留有 3 个茎，然后分别移栽培养。

（4）播种繁殖　可于每年 3 月进行。因其种子颗粒不大，播下种子后上面的覆土不宜厚，一般 0.5 cm 即可。在温度 15℃环境下，种子约 2 周可萌芽，待苗棵成形后移栽培养。

（5）压条繁殖　即先扦插后剪除法。不剪子株，直接将子株放入新盆中，盖少量土固定，不久可见白色新根长出，直伸入土中，约 10 天后可剪离母株，不需缓苗即生长良好。

4. 栽培养护

（1）上盆　盆栽基质常用腐叶土或泥炭土、园土和河沙等量混合并加少量基肥作为基质。

（2）浇水　定植后保持土壤湿润，但切勿过湿，否则易烂根，每天可用喷头向叶面喷 1～2 次水。吊兰肉质根储水组织发达，抗旱力较强，但 3—9 月生长旺盛期需水量较大，要经常浇水及喷雾，以增加湿度。秋后逐渐减少浇水量，以提高植株抗寒能力。

（3）施肥　生长旺盛期每个月施 2 次稀薄液肥，以氮肥为主，但金心和金边品种不宜施氮肥过量，否则叶片的线斑会变得不明显。也可在上盆、换盆时掺入 3 份腐叶土或在盆底放 2～3 片蹄片作底肥。

（4）光照　宜在半阴、散射光充足处栽培，阳光直射、空气干燥容易引起吊兰枯焦，使叶色变为淡绿色或黄绿色。光线不足，叶片就容易变成暗淡的深浓绿色且生长软弱。

（5）主要病虫害防治　吊兰病虫害较少，主要有生理性病害，叶先端发黄，应加强肥水管理并经常检查，及时抹除叶上的介壳虫、粉虱等害虫。吊兰不易发生病虫害，但如盆土积水且通风不良，除会导致烂根外，也可能会发生根腐病，应注意喷药防治。

（6）养护管理注意事项　家庭盆养吊兰，在一般情况下，常易出现叶尖干枯、叶片逐渐失去光泽等现象，为养护管理好吊兰，需采取如下措施：

1）换土换盆。盆养吊兰在管理上，为求茎叶茂盛，在每年的 3 月份应换土、换盆 1 次。若盆较深，基肥较足，可 2 年换盆 1 次。

2）光照适当。吊兰喜半阴环境，春、秋季应避开强烈阳光直晒，夏季阳光特别强烈，只能早晚见些斜射光照，白天需要遮去 50%～70% 的阳光。

3）施肥适量。吊兰是较耐肥的观叶植物，若肥水不足，容易焦头衰老、叶片发黄，失去观赏价值。

4）浇水适当。需在中午前后及傍晚往枝叶上喷水，以防枝叶干枯。

5. 园林应用

吊兰多作盆栽悬吊装饰于廊、檐、窗、架或阳台、门厅等高处；因具有极强的吸收有毒气体的功能，一般宜在房间内养1～2盆吊兰，以充分吸收空气中的有毒气体，故吊兰又有“绿色净化器”之美称。

二、万年青盆栽与养护（见图3—2—14）

科属：百合科万年青属。

拉丁学名：*Rohdea japonica*。

主要品种：金边万年青、银边万年青、花叶万年青等。

叶色：绿色或具花色斑点。

图3—2—14　不同形态和应用形式的万年青

1. 主要形态特征

万年青为常绿多年生宿根草本花卉，株高30～60 cm。根茎短粗，叶基生，自根状茎丛生，质厚，披针形或带形，全缘，边缘略向内褶，基部渐窄呈叶柄状，上面深绿色，下面淡绿色，直出平行脉多条，主脉较粗。花葶自叶丛中抽出，长10～20 cm。顶生短穗状花序。花被6片，淡绿白色，卵形至三角形。花期6—7月。浆果球形，橘红色，内含种子1粒，果期8—10月。

2. 生态习性

万年青性喜温暖湿润及半阴环境，夏季宜半阴，冬季可多见阳光，但不宜强光直晒。不耐积水，以微酸性排水良好的沙质土壤和腐殖质壤土为宜。稍耐寒，华东地区可露地越冬，华北地区温室栽培，冬季室温不得低于5℃。

3. 繁殖方法

万年青以分株繁殖为主，也可用播种繁殖。分株繁殖在春、秋两季可进行。播种繁殖可在早春3—4月进行盆播。

（1）分株繁殖　万年青地下茎萌发力强，可于春、秋季用利刀将根茎处新萌芽连带部分侧根切下，分割伤口处应晾干或涂草木灰，防止伤口腐烂，然后栽入盆中，适当浇水，放置遮阴处，1～2天后浇透水即可。亦可将整个植株从盆中倒出，视植株大小，用利刀分割为几部分，将伤口晾干或涂草木灰，盆上盖玻璃或扎上塑料薄膜，以保持盆土湿度、温度和光照。若温度控制在20～30℃，约20～30天即可发芽。待幼苗长至3～4片叶子时即可分盆栽植（见图3—2—15）。

图3—2—15　万年青分株繁殖

（2）播种繁殖　播种繁殖一般在3—4月进行。播于盛好培养土的花盆中，浇水后暂放遮阴处，保持盆土湿润，在温度为25～30℃的条件下，约25天即可发芽。

4. 栽培养护

（1）上盆　盆栽用2份腐叶土、1份园土、1份河沙加少量腐熟基肥作培养土。

（2）浇水　上盆后浇透水后放置阴凉处，缓苗正常生长后经常保持盆土湿润和较高的空气湿度。生长季节为保持盆土湿润，应多浇水，宁湿勿干，同时辅以叶面喷水。秋季控制水分，见干见湿。冬季注意使盆土干燥。

（3）施肥　施足基肥，生长期施肥一般每月1次，连续2～3次，土壤的pH值为6～6.5。

（4）光照　要防阳光直射，应予以遮阴。

（5）整形修剪　为保持植株的良好造型，提高观赏价值，随着植株的生长，株下部的黄叶、残叶及部分老叶要及时剪去。

（6）养护管理注意事项

1）灌水。万年青为肉根系，最怕积水受涝，不能多浇水，否则易引起烂根。盆土平时浇适量水即可，要做到盆土不干不浇，宁干勿湿。

2）施肥。生长时期每2～3周施1次稀薄的液体肥。可10天左右追施1次液肥，追肥中可加兑少量0.5%硫酸铵，促其生长良好，叶色浓绿光亮。在开花旺盛的6—7月，每隔15天左右施1次0.2%的磷酸二氢水溶液，促进花芽分化，以利于更好地开花结果。

5. 园林应用

万年青适宜用来点缀客厅、书房；幼株作小盆栽，可置于案头、窗台观赏；中型盆栽可放在客厅墙角、沙发边作为装饰；万年青具有独特的空气净化能力，可以去除尼古丁、甲醛等，空气中污染物的浓度越高，越能发挥其净化能力，可令室内充满自然生机。在温暖地区可地栽作为地被。

三、彩叶草盆栽与养护（见图 3—2—16）

科属：唇形科锦紫苏属。

拉丁学名：*Coleus blumei*。

主要品种：大叶型品种、彩叶型品种、皱边型品种、柳叶型品种、黄绿叶型品种。

叶色：色彩和图案变化丰富。

图 3—2—16　不同形态和应用形式的彩叶草

1. 主要形态特征

彩叶草为多年生草本，常作一二年生栽培。株高 50～80 cm。茎为四棱，基部木质化。单叶对生，卵圆形，先端长，渐尖，缘具钝齿，叶面绿色，有淡黄色、桃红色、朱红色、紫色等色彩鲜艳的斑纹，其叶为主要观赏性状。顶生总状花序，花小，浅蓝色或浅紫色。具 4 个小坚果，褐色，平滑有光泽。

2. 生态习性

彩叶草原产印度尼西亚爪哇。喜较强的阳光，不耐阴。喜温暖，不耐寒，最低越冬温度不可低于 10℃，温度过低叶片会变黄脱落，温度 5℃以下会枯死，夏季高温时需适当遮阴。喜湿润，怕干燥和积水。宜疏松肥沃、排水良好的沙壤土。

3. 繁殖方法

彩叶草以播种繁殖为主，多于春季 2—3 月进行，但温室内随时可播种，发芽适温为 25～30℃，10 天左右可发芽。也可扦插繁殖，四季均可进行，切取近基部枝长 5 cm 左右作为插穗，插于河沙中，温度保持在 20～25℃，约 1 周生根。也可水插生根分栽。

4. 栽培养护

（1）上盆　幼苗移栽后要防止日光曝晒，以利于移栽苗成活。当植株长到 5～6 片叶时，需将彩叶草移栽到花盆中培养。移栽时将彩叶草从育苗地中挖出，在直径 10 cm 左右的小盆中放入土壤，将彩叶草连同根土一同放入花盆中，再在周围填上富含腐殖质、排水良好的沙质土壤栽培。

（2）浇水　彩叶草喜湿润，土壤过分干燥会引起叶面褪色。夏季要浇足水，否则易发生萎蔫现象，并经常向叶面喷水，保持一定的空气湿度。其叶片大而薄，应注意经常性的水分供应，但切忌积水，以免引起根系腐烂。

（3）施肥　多施磷肥，以保持叶面鲜艳，忌施过量氮肥，否则叶面暗淡。盆栽时施以骨粉或复合肥作基肥。彩叶草移栽后即进入生长期，由于此时彩叶草生长速度加快，应经常施肥，一般情况下，每周需施 1 次氮、磷、钾叶面肥，施肥浓度为 0.8‰。

（4）温度　彩叶草喜温暖，耐寒力较强，生长适温为 15～25℃，越冬温度在 10℃左右，温度降至 5℃时易发生冻害。夏季要采用架设遮阳网等方式来控制温度，防止植株高温疯长。

（5）光照　彩叶草喜阳光充足，但忌烈日曝晒。光线充足可使叶色艳丽，尤其午后 3 点～4 点的光线作用更为显著，但夏季高温时要适度遮阴。长期在光线暗淡的室内盆栽会导致叶色灰暗。

（6）整形修剪　为了培育出丰满低矮的彩叶草株型，在彩叶草生出 6～7 片叶时，要进行 1 次打顶，打顶只留下部的 2～4 片叶和 2 个嫩芽，上部的植株全部掐掉。彩叶草培育中要进行多次打顶，在第一次打顶后，留下的 2 个小芽会生长出 2 条枝干，在这 2 条枝干上各留 1 对小芽，将枝条上部打去，即可以培育出低矮丰满的株型。

（7）换盆　彩叶草经过 2 个月的培育，植株高度可长到 20 cm 以上，小花盆已不能满足彩叶草生长的需要，此时要进行换盆。换盆可用直径 16 cm 的中型花盆，在盆底铺放含有机肥的泥炭土，再把小盆中的彩叶草连同泥土一起放入新盆中，并将土壤压实，换盆后，要为植株浇 1 次透水。

（8）病虫害防治　室内栽培时，易发生介壳虫、红蜘蛛和白粉虱危害，可用 40% 氧化乐果乳油 1 000 倍液喷雾防治。

5. 园林应用

彩叶草色彩鲜艳、品种繁多、易于繁殖，是优良的盆栽观叶花卉，可用于室内装饰或作插花用，亦可庭院栽培，彩叶草也是优良的花坛花卉，尤其适于毛毡花坛。

四、合果芋盆栽与养护（见图 3—2—17）

科属：天南星科合果芋属。

拉丁学名：*Syngonium podophyllum*。

主要种类：白条纹合果芋、白绿合果芋、暗绿合果芋、绿黄金合果芋等。

叶色：绿色带白色斑纹。

图 3—2—17　不同形态和应用形式的合果芋

1. 主要形态特征

合果芋为常绿多年生草本，宿根花卉，茎蔓生，节部常有气生根，光照适度时呈晕紫色。合果芋品种叶色、叶形变化丰富，叶互生，具长柄，幼叶箭形，淡绿色，成熟叶窄三角形，3 深裂，中裂片较大，深绿色，叶脉及近叶脉处呈黄绿色。

2. 生态习性

合果芋性喜高温高湿及半阴环境，不耐寒，越冬温度在 10℃以上。对光照要求不严，全光至阴暗都可生长，但以光照明亮处生长良好，斑叶品种如光照不足，则色斑暗淡不明显。喜富含有机质的疏松、肥沃、排水良好的微酸性壤土。

3. 繁殖方法

合果芋以扦插繁殖为主，切取茎部 2～3 cm 为插穗，插于沙土中，在 20～25℃室温下 10～15 天可生根。生产中大规模繁殖采用组织培养法快速繁殖。

4. 栽培养护

（1）上盆　栽培土宜用泥炭、松针土、沙等量混合配制。常用直径 10～15 cm 的盆，吊盆悬挂栽培可用 15～18 cm 的盆。

（2）灌水　保持土壤湿润，盛夏需每天浇水 2 次，冬季室温较低时要适当控制浇水，用雨水浇灌更有利于生长。喜较高的空气湿度，可每天进行喷雾以提高湿度，使植株更充满活力，叶片更鲜亮挺拔。

（3）施肥　生长期每半个月施肥 1 次，促进植株生长繁茂、分枝多，勤施稀薄追肥，冬季停止施肥。

（4）整形修剪　吊盆栽培，茎蔓下垂，如过长或过密需疏剪，以保持优美株态。

（5）病虫害防治　常见叶斑病和灰霉病危害，可用 70% 代森锌可湿性粉剂 700 倍液喷洒。平时可用等量式波尔多液喷洒预防。虫害有粉虱和蓟马，用 40% 氧化乐果乳油 1 500 倍液喷杀。

5. 园林应用

合果芋不仅适合于盆栽、吊盆观赏，也可于玻璃容器中水培，亦可做成中型图腾柱，用来布置美化会议室、客厅、书房、办公室及卧室。合果芋耐阴性强，适宜于普通居室的环境条件。

五、肖竹芋类盆栽与养护（见图 3—2—18）

科属：竹芋科肖竹芋属。

拉丁学名：*Calathea spp.*。

主要品种：竹芋科全球约有 30 个属 400 多个种，我国已引种栽培的竹芋科植物有肖竹芋属、竹芋属和锦竹芋属植物，但观赏栽培主要集中在肖竹芋属，如孔雀竹芋、玫瑰竹芋、箭羽竹芋、天鹅绒竹芋、美丽竹芋、浪星竹芋等。

叶色：色彩变化丰富。

图 3—2—18　不同形态和应用形式的肖竹芋

1. 形态特征

肖竹芋为常绿宿根花卉，株高 30～60 cm。本属绝大多数种类具有美丽的叶片，叶面斑纹及颜色变化极为丰富，并且幼叶与老叶常具有不同的色彩变化。花序为头状或球果状，自叶鞘或单独由根茎抽生，小花密集着生，苞片排列紧密，花小，紫堇色，子房 3 室。

2. 生态习性

肖竹芋原产巴西，分布于南美至中美的热带地区，喜温暖、湿润和半阴环境。忌阳光曝晒，但过阴叶柄软弱，叶片失去特有的光泽。不耐寒，生长适温为 20～25℃，越冬温度不得低于 10℃。生长期需较高的空气湿度，忌干旱，以肥沃、疏松、排水良好且富含腐殖质的砂质壤土为宜。

3. 繁殖方法

肖竹芋以分株繁殖和组织培养为主。分株繁殖在春末夏初进行为好，常保留 3～5 个芽和较多的根系为一丛分栽，否则会影响成活和成活后的生长发育。掌握分株时的温度，

如分株时温度低，伤根很难恢复，且易引起腐烂，一般以温度在 20℃左右最为适宜。1～2 年分株 1 次，华北地区通常在 5 月中旬天气转暖后进行分株，结合换盆进行，可 2～3 芽分为 1 盆，盆土以腐叶土、泥炭和河沙的混合土壤为宜。组织培养法繁殖时，茎、叶均可作为外植体进行组培繁殖，可用于大量育苗。

4. 栽培养护

（1）盆栽用土　以腐叶土、泥炭土等比例混合配成。

（2）光照与温度　喜半阴，忌烈日曝晒。肖竹芋属植物对直射光十分敏感，短时间阳光曝晒就可能造成日灼，使叶片卷曲、变黄。虽耐阴，但秋、冬季应接受充足的光照。

（3）浇水　5—9 月生长季节需充分浇水，经常给叶面喷水，忌积水。保持土壤和空气湿度，以利于叶片展开。低温时，应降低湿度，以防烂根，入冬后控制水分。

（4）施肥　生长期每隔半个月施稀薄液肥 1 次，结合换盆分株移植或盆栽进行。

（5）注意防风　应注意防风，以免叶片卷曲。

（6）常遇问题及其解决方法　肖竹芋属花卉栽培中常遇问题及其解决方法见表 3—2—3。

表 3—2—3　　肖竹芋属花卉栽培中常遇问题及其解决方法

常遇问题	产生原因	解决方法
叶尖、叶缘焦枯	由于该类花卉喜温暖、湿润、通风和半阴环境，而北方冬季室内空气湿度低，易引起叶尖、叶缘焦枯	经常在植株附近地面喷水、向叶面喷雾增加空气湿度即可
叶片上举或打卷，叶片折下贴盆且常发黄	由于其生长适温为 20～25℃，越冬温度大于 10℃。如果夏季遇数小时 34℃以上高温，则叶片上举或打卷；如果温度过低，则叶片折下贴盆且常发黄	夏季高温时应加强通风和喷地面水、叶面水降温。冬季温度过低时应逐步缓慢提高周围环境温度，使其慢慢恢复生机
叶片萎蔫	肖竹芋属植物在叶片与叶柄连接处有一膨大的关节，俗称叶枕，叶枕内有储水细胞，具有调节叶片方位的作用。当温度适宜、湿度大时，叶枕内水分充足，叶片明显直立。如果温度高而湿度低，或遇阳光曝晒，叶枕内缺水，叶片则萎蔫	应使温度适宜并增加空气湿度
晚上叶片闭合竖起，跟白天不同	肖竹芋属植物具有感夜运动的特性，叶片晚上闭合属生理现象	白天叶片恢复舒展
叶色变淡，光泽消失	过于荫蔽或阳光直射、肥水不当均会引起叶色改变，失去光泽	应置于充足的散射光处，生长旺季，每月追施 1 次稀薄肥，增加磷、钾肥含量
烂叶、烂根	低温而土壤潮湿，易引起烂叶、烂根	温度低于 10℃时，应控水停肥或提高生长温度

六、彩叶凤梨盆栽与养护（见图 3—2—19）

科属：凤梨科彩叶凤梨属。

拉丁学名：*Neoregelia spp.*。

主要品种：银边彩叶凤梨、血红彩叶凤梨、同心彩叶凤梨、大萼彩叶凤梨等。

叶色：叶色丰富，具金心、金边或撒金等斑纹或斑点。

图 3—2—19　不同形态和应用形式的彩叶凤梨

1. 主要形态特征

彩叶凤梨为多年生宿根花卉，附生莲座状草本，植株筒状，中央有一个贮水的杯状结构。叶革质，边缘具锯齿，顶端常有尖锐的小凸尖，平展，绿色、褐色或深红色，叶有各种线条、斑纹，叶色丰富，具金心、金边或撒金等斑纹或斑点。成熟开花的植株叶杯中央部分会成红色或白色，以吸引昆虫前来传粉。头状花序，一般不高过叶面，藏于杯状结构内，花序由许多小花集生而成，花蓝白色或粉红色，花瓣 3 片。花细小，观赏价值不大。

2. 生态习性

彩叶凤梨喜高温高湿，生长适温应在 20～25℃，冬季最低越冬温度应维持在 15℃以上。喜光，也有较强的耐阴力。充足的散射光对红色叶片、心叶红色的种类和品种十分重要，光照充足会使彩色更鲜艳。空气湿度在 85% 以上较为理想，最好在 90% 以上，低于 50% 的空气湿度会使植株色泽显得暗淡无光。北方空气干燥地区，需每天喷水雾增湿，或将盆栽埋入湿沙或湿水苔中，提高周围的湿度，以利于植株生长。

3. 繁殖方法

彩叶凤梨采用播种繁殖或分株繁殖。播种繁殖方法为采集成熟浆果去果肉，取出种子并洗净后立即播于沙床或培养土上。分株繁殖为母株开花后死亡，在其根部会自然长出吸芽或匍匐茎，待长至 8～10 cm 时，剥离母体上盆栽植。

4. 栽培养护

（1）基质　盆栽彩叶凤梨可用口径 13～18 cm 的塑料盆或瓦盆，培养土配比为泥炭 1 份 + 蛭石 1 份 + 珍珠岩 1 份，或树蕨根 2 份 + 泥炭 1 份 + 河沙 1 份，此外栽培洋兰的培养土亦适用。

（2）温度　生长适温应在 20～25℃，冬季最低越冬温度应维持在 15℃以上，低于 15℃停止生长，低于 10℃易受冻害。

（3）光照　喜光，也有较强的耐阴能力。如光照不足或过阴，色泽会变得暗淡无光或返绿。但要避开盛夏的直射光，以免叶片灼伤，造成枯斑而影响观赏效果。

（4）浇水　尽管彩叶凤梨属花卉有一定的耐旱力，但适时浇水仍是必不可少的。一般来说，夏季生长旺盛期要维持盆土湿润，冬季寒冷时节温度低于 15℃时则停止浇水，忌盆内过湿或积水，否则容易烂根。自春至秋"水杯"内要经常灌满水，每周换新鲜的水，冬季叶筒底部保持湿润即可。

（5）施肥　生长季节，即春、夏、秋三季，约每半个月施 1 次液体肥料，也可进行叶面施肥，肥料浓度是根部施肥深度的 1/2。开花前宜增施 1 次磷肥，使其花色更艳丽，花后控制浇水，停止施肥。

（6）空气湿度　空气湿度在 85%～90% 较理想，夏季要求较高的湿度，冬季的湿度可略低，但不能低于 50%，否则会使植株色泽暗淡无光。天气干燥季节和夏天要经常喷水，土壤要保持适度湿润。

（7）通风　天气闷热季节，要尽量开门窗通风，如长期通风不畅，易滋生介壳虫和红蜘蛛等虫害。

（8）病虫害防治　主要有叶斑病和病毒病危害。叶斑病用 50% 甲基托布津可湿性粉剂 1 000 倍液喷洒，病毒病用 20% 盐酸吗啉可湿性粉剂 500 倍液喷洒。

（9）常遇问题及其解决方法　彩叶凤梨类花卉栽培中常遇问题及其解决方法见表 3—2—4。

表 3—2—4　　彩叶凤梨类花卉栽培中常遇问题及其解决方法

常遇问题	产生原因	解决方法
叶色改变，失去光泽，具鲜艳叶色者变淡甚至丧失	彩叶凤梨类植物喜高温高湿和阳光充足或半阴，夏季适温为 20～30℃，冬季温度在 5～10℃以上的条件。栽培条件未满足，尤其是光照不足会引起叶片褪色	应满足其栽培条件，叶色鲜艳者要求充足光照，但夏季勿阳光直射；叶覆灰白鳞片者较喜半阴，但冬季需置于阳光充足处。北方冬季空气干燥，可经常喷叶面水，使叶片干净亮泽
烂根、植株萎蔫	盆土过于潮湿，不规则浇水易烂根；长期干旱引起植株萎蔫	彩叶凤梨科大多数植物的茎顶叶片的基部，常相互叠成向外扩展的莲座状，犹如水杯，称为"杯状结构"，可以储水供植株慢慢"饮用"。具杯状结构者，应保持杯中不断水，且经常更换清水即可，而不必经常浇盆土，盆土不能过于潮湿

续表

常遇问题	产生原因	解决方法
植株开花后死亡	彩叶凤梨类属于一次开花植物，母株开花后便会逐渐枯萎死亡，这种特性也常是很多家庭养花者所不知的	母株死后，在基部可产生几个萌蘖枝，待其长至 20 cm 左右时可切下植于苔藓中促其生根，长大后另行上盆栽植
组盆中植株同样管理，却有的出了问题	组盆销售是近年来高档花卉出售的主要方式之一，因将不同习性要求的品种组合在一起，而导致某些品种不能适应相同的管理而出现问题	应将生态习性相近的品种组合在一起，以适应同样的养护管理

七、富贵竹盆栽与养护（见图 3—2—20）

科属：百合科龙血树属。

拉丁学名：*Dracaena sanderiana*。

主要种类：金边富贵竹、银边富贵竹、绿叶富贵竹、银心富贵竹等。

叶色：绿色，镶嵌金边、银边或银色条纹。

图 3—2—20　不同形态和应用形式的富贵竹

1. 主要形态特征

富贵竹为多年生常绿灌木或小乔木观叶植物。株高 1 m 以上，植株细长，直立，上部有分枝。叶长 13 ~ 23 cm，宽 3.2 ~ 7.8 cm，边缘白色或黄白色，叶柄长 7.5 ~ 10 cm。

2. 生态习性

富贵竹原产加利群岛及亚洲和亚洲热带地区，性喜高温高湿和半阴环境。适宜生长温度为 20 ~ 28℃，可耐 2 ~ 3℃低温，但冬季要防霜冻。对光照要求不严，适宜在明亮散射光下生长，光照过强、过弱均影响叶色和植株生长。耐涝，耐肥，适宜排水良好的沙质土或半泥沙及冲积层黏土，亦可水培。夏、秋季高温高湿季节，是其生长的最佳时期。

3. 繁殖方法

富贵竹常采用扦插繁殖，只要气温适宜整年都可进行。一般剪取不带叶的茎段作插穗，长 5～10 cm，最好带 3 个节间，插于砂床中或水插。在南方春、秋季一般 15～30 天可萌芽，35 天可上盆或移栽大田。

4. 栽培养护

（1）温度、湿度控制　生长季节要经常保持盆土湿润，并经常向叶面喷水，以保持较高环境湿度，过于干燥易导致叶尖干枯。冬季盆土不宜太湿，空气干燥时应向叶面喷水。注意防寒，以免叶片变黄萎蔫或脱落。

（2）施肥　在生长旺季的 5—9 月，每月可施入颗粒状复合肥 2～3 次，以保持叶片青翠亮泽。

（3）造型　富贵竹茎干可塑性强，可以根据需要进行单枝弯曲造型，也可切段组合造型。切段组合的“富贵塔”形似中国的古代宝塔，象征吉祥富贵，开运聚财，在我国台湾，富贵竹也被称作“开运竹”。

（4）其他日常养护　富贵竹由于分枝能力较差，用作室内观赏时，最好将 5 枝以上集中起来栽入一盆，效果会更好。室内陈放时间过长，虽生长得到稳定，但叶片难免会沾染上一层灰尘，可用喷水法洗涤叶片，使其重新展现美丽的光泽。

（5）常遇问题及其解决方法　富贵竹在栽培中常遇问题及其解决方法见表 3—2—5。

表 3—2—5　　富贵竹在栽培中常遇问题及其解决方法

常遇问题	产生原因	解决方法
叶片褪色	过于荫蔽则叶片褪色	应置于有充足散射光的明亮处，冬、春季多照阳光，能保持叶色鲜艳
叶尖枯焦，枯叶	室内空气干燥、施肥过量和不规则浇水均会引起叶尖枯焦的生理病害，出现枯叶现象	如室内空气干燥，可喷水增加空气湿度；如施肥过量，应立即换新土，并用与气温接近的水冲洗根部，然后重新栽植。水养者应经常换水和营养液
植株生长虚弱，又细又高	缺肥、偏施氮肥、光照不足会引起植株生长虚弱，又细又高	应在生长旺季的 5—9 月，每个月施 1 次含氮、磷、钾的稀薄液肥，其余时候可经常用 0.1% 硫酸铵和磷酸二氢钾溶液叶面喷雾
茎干下部落叶，烂根	由低温、盆土过湿或浇水不当引起，长期缺肥或没有修剪也会引起下部落叶	在盆面以上 10 cm 左右将茎干切成所需长度的插段，插入水中或待切口干燥 2～3 h 后插入洁净的河沙中保持湿润，插条生根发芽的最适温度为 21～24℃，当根系形成后，可水养或土栽

5. 园林应用

富贵竹主要作盆栽观赏，可编织成瓶状，或做成富贵塔，观赏价值高，并象征着“花开富贵、竹报平安、大吉大利、富贵一生”，富贵竹也是因此而得名。

八、蕨类植物盆栽与养护（见图 3—2—21）

蕨类植物又称羊齿植物，是高等植物中比较低级而又不开花的一个类群。既是高等孢子植物，又是原始的维管束植物，是介于苔藓和种子植物之间的一群植物。蕨类植物种类很多，包括不同的科、属，多达 12 000 种，我国是世界上蕨类植物种类最丰富的国家之一，尤以我国西南地区最为丰富，有“蕨类植物王国”之称。常见栽培的品种有凤尾蕨、鸟巢蕨、鹿角蕨、铁线蕨、肾蕨、‘波士顿’蕨等。

图 3—2—21　不同形态和应用形式的蕨类植物
a）凤尾蕨　b）鸟巢蕨　c）鹿角蕨　d）肾蕨　e）铁线蕨

（1）肾蕨

科属：骨碎补科肾蕨属。

拉丁学名：*Nephrolepis cordifolia*。

（2）凤尾蕨

科属：凤尾蕨科凤尾蕨属。

拉丁学名：*Pteris multifida*。

（3）鹿角蕨

科属：水龙骨科鹿角蕨属。

拉丁学名：*Platycerum bifurcatum*。

（4）铁线蕨

科属：铁线蕨科铁线蕨属。

拉丁学名：*Adiantum capillus-veneris*。

（5）鸟巢蕨

科属：铁角蕨科巢蕨属。

拉丁学名：*Neottopteris nidus*。

1. 主要形态特征

蕨类植物属多年生常绿草本植物，无花无果，生命力顽强而旺盛，遍布于全世界温带地区和热带地区。蕨类植物的幼叶在展开前呈拳状卷缩，称为“拳芽”。绝大多数种类具有根状茎。蕨类植物叶片形状奇特而又多种多样，具有很强的观赏性，有单叶、羽状复叶、掌状复叶等类型。主要依靠叶子背面的褐色或黄色的孢子繁殖。

2. 生态习性

多数蕨类植物在 18～24℃温度条件下生长良好，根据原产地不同，可分为耐寒、半耐寒和不耐寒 3 种类型。喜阴，有较强的耐阴能力，忌阳光直射，在半阴的散射光下生长良好。喜较高空气湿度，60%～80% 以上的相对湿度对其生长有利，空气干燥会使很多蕨类植物叶片边变黄，出现皱缩，甚至干枯死亡。喜疏松、肥沃、保水和排水性能良好并富含腐殖质的偏酸性土壤。

3. 繁殖方法

蕨类植物可采用孢子繁殖、分株繁殖和组织培养方法。

（1）鸟巢蕨孢子繁殖在商品化批量生产方面已得到广泛应用；分株繁殖时，将生长健壮的植株在春末从基部分切成 2～4 块，并将叶片剪短 1/3～1/2，使每块带有部分叶片和根茎，然后单独盆栽成为新的植株。

（2）鹿角蕨分株繁殖，以 6—7 月进行分株最为适宜，从母株上选择健壮的鹿角蕨子株，用利刀沿盾状的营养叶底部轻轻切开，带上吸根栽进盆中，盖上苔藓，喷水保湿。

（3）肾蕨分株繁殖、孢子繁殖

1）分株繁殖。一般春季结合换盆时进行，将生长茂密的老株从花盆中脱出来，除去大部分培养土；把铁丝状匍匐茎分切成几份，使每份带有一定数量的叶丛和不定根；将茎段分栽于装有已配制好培养土的盆中，保持盆土湿润。夏、秋季也可进行分株繁殖，但更

需注意保持一定的空气湿度。肾蕨地下的球形块茎也可以发育成幼小的植株。

2）孢子繁殖。在孢子的采收时期进行，一般在肾形囊盖还没有脱落而孢子已变黑时采集孢子进行播种。

4. 栽培养护

（1）栽培基质　蕨类植物要求土壤富含有机质，疏松透水，微酸性（pH 值为 5.5～6.0）。基质一般以泥炭土、腐叶土、珍珠岩或粗沙按 2∶1∶1 的比例配制，或以腐熟的堆肥、粗沙或珍珠岩按 1∶1 的比例配制。

（2）温度　蕨类植物喜温和气候，一般以 15～25℃比较适宜。大多数蕨类可适应的最低温为 10℃，而温度在 28℃以上时生长不佳。但也有一些北方露地生长的蕨类植物，冬季能耐 -16～-20℃的低温，如荚果蕨。蕨类植物最忌闷热，在夏季需多通风，通风时要注意水分供给，使环境中空气新鲜且不干燥，幼苗期应避免出现“穿堂风”。

（3）光照　蕨类植物处于不同生长期，对光线的要求不同。一般生长初期即抽芽期，要防止光照过强，需多遮阴。大多数蕨类植物喜充足散射光，如光线不足，则植株徒长细弱。

（4）浇水　蕨类植物多喜潮湿，对土壤温度和空气湿度要求较高，生长期要每天浇水并进行叶面喷水，以保持湿度。发现植株因缺水而凋萎时，要立即将盆浸入清水中，对植株喷雾。缺水不严重，几小时后即可恢复，若 24 h 内仍未恢复，需将萎蔫的叶子全部剪去，可能会重新萌发新叶。浇水最好在早晨进行，特别是叶片裂片细的品种；晚间浇水，水滴滞留在叶隙间，蒸发慢，易引起叶部病害。

（5）施肥　蕨类植物喜肥但根系细弱，不宜施重肥，应勤施薄施。栽植时，基质中可加入基肥。生长期内可追施液肥，根据需要进行叶面喷施，浓度不超过 0.3%，每周 1 次，连续 2～3 周。充足的氮肥会使植物生长旺盛，不足会使植株老叶呈灰绿色并逐渐变黄，叶片细小。

（6）病虫害防治　蕨类植物常见病害主要有 2 种。①灰霉病。主要危害植株的茎和叶。发病茎叶呈水浸状腐烂，严重时整株枯死。防治方法是提高室内温度，注意通风透光，降低湿度，定期喷药，以预防为主。一旦发现病害，应立即用 50% 多菌灵 500 倍液或 70% 代森锰锌 500 倍液喷雾，7～10 天 1 次，连续 2～3 次，注意交替用药，以防产生抗药性。②立枯病。发病植株叶片绿色枯死，而茎干下部腐烂，呈立枯状。发病初期病株生长停顿，缺少生机，然后出现枯萎，叶片下垂，最后枯死。病株根茎处变细，出现褐色、水浸状腐烂。潮湿时，自然状态下病斑处也会产生蛛丝状褐色丝体。防治方法是选择充分消毒的培养土和腐熟的肥料作为盆土，忌积水。发现死苗应及时同盆土一并倒掉。上盆定植后，每隔 10 天喷 20% 甲基立枯磷乳油 1 500 倍液，或用 50% 克菌丹可湿性粉剂或

50% 福美双可湿性粉剂 500 倍液浇灌。

5. 园林应用

蕨类植物可作盆栽室内装饰或切叶插花用，也可基础种植或作林下地被。

九、变叶木盆栽与养护（见图 3—2—22）

科属：大戟科变叶木属。

拉丁学名：*Codiaeum variegatum*。

主要种类：长叶变叶木、复叶变叶木、角叶变叶木、螺旋叶变叶木、戟叶变叶木、阔叶变叶木、细叶变叶木等。

叶色：黄色、绿色、红色、粉色、橙色、紫红色和褐色等，斑块、斑纹混杂镶嵌。

图 3—2—22　不同形态和应用形式的变叶木

1. 主要形态特征

变叶木为常绿灌木，株高 2.5 m。叶片的大小、形状和颜色变化较大，因此称为变叶木，其叶色五彩缤纷，单叶互生，有柄，革质。花单性，不明显，总状花序，雄花白色，雌花绿色。

2. 生态习性

变叶木原产南沙群岛，喜温暖湿润，喜光照，不耐寒，要求富含腐殖质、疏松肥沃、排水良好的沙质土壤。

3. 繁殖方法

变叶木常用扦插繁殖，春季剪取一年生带顶芽的枝条，长 8 ~ 10 cm，切开晾干或洗去切口乳汁，涂抹草木灰后插于湿沙中，保持 25℃左右的床土温度及 80% 以上的空气湿度，20 ~ 30 天可生根。也可采用高空压条法繁殖。

4. 栽培养护

（1）上盆　扦插苗生根 1 个月后即可移苗盆栽，以腐叶土 : 园土 : 沙土 = 1 : 1 : 1 的

培养土上盆栽培。北方盆栽 5 月上旬出室，出室前换盆，出室后放阳光充足处培养。

（2）温度　忌寒冷的生长条件，冬季室温以不低于 10℃为好，如室温在 6℃以下，极易使变叶木发生冻害。另外应尽量避免温度剧变，夏季放置在通风良好处，保持恒定的温度，对变叶木的生长非常有利。

（3）光照　喜充足光照，但应避免直射，如光线柔和，可使其叶色更富魅力。

（4）浇水　怕干旱，喜湿润，夏季因其叶片多，蒸发量大，故需水量也大，但盆土吸水饱和后，应倒掉盆口过多的水，否则易引起根部腐烂。夏季除浇水外，叶面喷水也很有必要，以增加空气湿度。在其他季节应保持中等水量，切忌盆土干燥。另外，经常用海绵蘸温水擦拭叶面能增加观赏效果。

（5）施肥　幼苗每 3 周施 1 次肥，老株最好每周施 1 次肥。夏季生长量大时可多施氮肥，冬季不施肥。从 5 月至 9 月中下旬，一般每 10～15 天施 1 次腐熟液肥。每隔 1 个月左右喷 1 次 0.2% 硫酸亚铁，以利叶色碧绿光亮。冬季约在 9 月下旬入室，越冬期间停肥，并控制浇水。

（6）病虫害防治　干燥的环境易使变叶木叶片脱落，影响美观。通风不良常会导致介壳虫、红蜘蛛、白粉虱等危害其茎及叶背，可喷 40% 氧化乐果 1 000～1 200 倍液防治。如发生煤污病，可喷 25% 多菌灵 600 倍液防治。

5. 园林应用

变叶木在长江流域及以北地区均作盆花栽培，用于装饰房间、厅堂和布置会场；华南地区多用于公园、绿地和庭园美化，既可丛植，也可作绿篱，其枝叶是插花理想的配叶。

十、龟背竹盆栽与养护（见图 3—2—23）

科属：天南星科龟背竹属。

拉丁学名：*Monstera deliciosa*。

主要种类：栽培变种有斑叶龟背竹、迷你龟背竹、石纹龟背竹、蔓状龟背竹。常见同属观赏种有多孔龟背竹、洞眼龟背竹、翼叶龟背竹、斑纹翼叶龟背竹、斜叶龟背竹。

叶色：深绿，少有斑纹。

1. 主要形态特征

龟背竹为多年生常绿木质藤本植物，可达 10 m 以上，盆栽时一般不超过 2～3 m。茎粗，蔓长。叶片革质、深绿色，下垂，宽卵形，长 40～90 cm，幼叶心脏形，无孔，长大后呈广卵形，羽状深裂，叶脉间有椭圆形的穿孔，孔裂纹如龟背。肉穗花序白色，长 20～25 cm，佛焰苞淡黄色，长达 30 cm。花期为 7—8 月，松球状浆果，成熟后可食用。

图 3—2—23 不同形态和应用形式的龟背竹

2. 生态习性

龟背竹原产南美洲，主要分布在墨西哥的热带雨林中，性喜温暖湿润及半阴环境，生长适温为 30℃左右，温度在 10℃时停止生长，进入休眠状态。耐阴性强，忌强光曝晒，忌干旱寒冷，怕阳光直晒。在湿润、半湿润的条件下生长良好。对土壤要求不严，但在富含腐殖质且排水良好的微酸性土壤中生长较好。

3. 繁殖方法

龟背竹常用扦插繁殖和播种繁殖，也可用分株繁殖。

（1）扦插繁殖　以春季 4—5 月和秋季 9—10 月采用茎节扦插效果最好。选取茎组织充实、生长健壮的当年生侧枝，插条长 20～25 cm，剪去基部的叶片，保留上端的小叶，剪除长的气生根，保留短的气生根，以吸收水分、利于发根。插床用粗沙和泥炭或腐叶土的混合基质，插后保持 25～27℃的温度和较高的空气湿度，插后 1 个月左右开始生根。插条生根后，茎节上的腋芽开始萌动展叶，为了加速幼苗生长，室温应保持在 10℃以上，加强肥水管理，插后第二年幼苗成型可作商品。

（2）播种繁殖　将种子放入 40℃温水中浸泡 10 h，播种土应高温消毒。龟背竹种子较大，可采用点播，播后室温保持在 20～25℃，箱口盖上塑料薄膜，保持 80% 以上湿度，播后一般 20～25 天发芽。

（3）分株繁殖　将大型的龟背竹的侧枝整段劈下，带部分气生根，直接栽植于木桶或钵内，不仅成活率高，而且成型快。

4. 栽培养护

（1）上盆、换盆　盆栽通常用腐叶土 3 份、堆肥土 3 份、河沙 4 份混合配制成培养土，或用熟黄土 2 份、蜂窝煤灰 1 份、鸡粪 1 份混合拌制成培养土。

（2）换盆　每年春季换盆，可在盆土中拌入少量优质腐熟有机肥或磷、钾肥作基肥，也可在盆底放蹄片、碎骨等基肥。换盆后置于阴凉处，约 10 天后即恢复正常生长。

（3）浇水　龟背竹叶片大，水分蒸发快，又喜潮湿，浇水要掌握“宁湿勿干”的原

则，经常使盆土保持湿润状态，但不能积水。晴天及春、秋季节每日浇水 1 次，夏季每日早、晚各 1 次。入冬后浇水宜减少，盆土过湿易导致烂根黄叶，一般 3 ~ 4 天浇 1 次水。此外，应经常往叶面上喷水，干燥季节和夏季每天喷 3 ~ 5 次，春、秋季节每天喷 1 ~ 2 次，以保持空气湿润，使叶色翠绿。

（4）施肥　龟背竹在 5—9 月期间需每隔 10 ~ 15 天施 1 次稀肥，可追以氮肥为主的薄肥或复合化肥。如用沤熟的饼肥或养鱼换下来的旧水，效果更好。生长高峰期可进行 1 ~ 2 次根外追肥（叶面施肥），或用含 0.1% 尿素和 0.2% 磷酸二氢钾的水溶液喷洒在叶面、叶背上。

（5）光照　宜在明亮散射光处栽培，如受强光直射，叶片易发黄，甚至叶缘、叶尖枯焦，影响观赏效果。

（6）越冬　龟背竹应在寒露节气前（10 月上旬）移入室内养护。越冬期应保温，注意防冻、防寒。

（7）注意事项　龟背竹可吸收室内的有害物质，有轻微毒性，只要不误食其汁液或将汁液揉入眼中，其毒性是不会对人体造成危害的。

（8）主要病虫害防治　危害龟背竹的主要病虫害是介壳虫和灰斑病。

1）介壳虫。室内栽培龟背竹，若通气不良，茎叶上易出现介壳虫，使其失去观赏价值。少量发生时，可采取人工捕捉，严重时，可用 40% 氧化乐果乳剂 1 000 倍液喷杀。

2）灰斑病。多从叶边缘伤损处开始发病。低温、烟熏、受虫害后发病较重。受害后，病斑初为黑色斑点，后扩大呈椭圆形或不规则状，边缘黑褐色、内灰褐色。需加强植株养护，及时除虫，剪除部分病叶；发病时，用 70% 甲基托布津 1 000 倍液或 0.5 等量式波尔多液喷洒。

5. 园林应用

龟背竹适用于家居、办公、宾馆、展览大厅等各种室内场所装饰用；在南方可露地种植、庭植，在庭院中可散植于池旁、溪沟和石隙中。

思考与练习

1. 观叶植物的概念和选择标准是什么？
2. 如何选购优良的室内观叶盆栽花卉？
3. 温室观叶盆栽花卉有哪些繁殖方法？
4. 简述吊兰、合果芋、变叶木、蕨类植物的栽培养护要点。
5. 竹芋类、彩叶凤梨类花卉、富贵竹在栽培中常遇问题有哪些，如何解决？

任务三
温室观果类花卉盆栽与养护

任务目标

◇熟悉观果类盆栽花卉的概念、特点与栽培条件

◇了解观果类盆栽花卉人工授粉方法与过程

◇掌握观果类盆栽花卉的栽培养护技术要点

◇掌握佛手、石榴、乳茄、朱砂根和冬珊瑚的繁殖栽培与养护技术

◇能分析和解决观果类盆栽花卉栽培养护中出现的问题

任务提出

某农业生态观光园为吸引游客和增加采摘业务，特开辟了观果和采摘园，需要选择、繁殖、栽培多批大量新、优、特的观果花卉，如佛手、金橘、观赏南瓜、乳茄等（见图 3—3—1）。但观果植物与观叶植物的栽培不同，花美、果好是采摘园业务的基础。现要求通过专业方法，帮助观光园繁殖、栽培、养护好观果植物，并解决其开花结果的问题。

图 3—3—1　温室观果花卉（佛手、飞碟瓜、酸浆）

任务分析

观果类花卉盆栽栽培时，要突出其盆栽技艺，掌握花芽分化原理和环境因子对开花结果的影响。养护时要从观果花卉对环境因子的要求和养护管理的共同点入手，通过掌握其中几种观果植物的栽培和养护管理，而触类旁通地掌握这一类植物的栽培养护技术。

相关知识

一、观果植物分类

1. 按生长习性分类

（1）常绿木本果类　如佛手、金橘、柑橘、代代、柚子、柠檬、橄榄、枇杷等，原产于亚热带及热带，大多为南方果树，北方可保护地栽培。

（2）落叶木本果类　如石榴、海棠果、木瓜、山楂、桃、梨、梅、杏等，原产于温带及暖温带，多为北方果树。

（3）藤本果类　如葫芦、观赏南瓜、葡萄、猕猴桃、罗汉果、霹雳、金樱子等，可供棚架、花架、廊架垂直美化用。

（4）草本果类　如观赏辣椒（五色椒）、乳茄、草莓、蛇莓等，可供盆栽观赏和地被美化用。

2. 按实用功能分类

（1）食用果类　如金橘、柑橘、代代、柚子、柠檬、橄榄、枇杷、石榴、海棠果、山楂、桃、梨、梅、杏、葡萄、猕猴桃等。

（2）观赏果类　如冬珊瑚、枸骨、金弹子、冬青、南天竹、火棘、胡颓子等。

（3）药用果类　如朱砂根、木瓜、佛手、霹雳、枸杞、山茱萸、金樱子、酸枣、罗汉果等。

3. 按果实色彩分类

（1）红色果　如朱砂根、枸骨、枸杞、冬青、南天竹、火棘、冬珊瑚、金弹子、小檗、山楂等。

（2）黄色果　如佛手、金橘、代代、柚子、柠檬、枇杷、木瓜等。

（3）蓝黑色果　如女贞、桂花、五加、地锦等。

（4）紫色果　如紫珠、紫葡萄、紫石榴等。

（5）白色果　如红瑞木、雪果、湖北花楸等。

（6）花（多）色果　如观赏南瓜、五色椒、飞碟瓜等。

二、观果花卉应用

1. 室内外装饰布置，庭院棚架、廊架美化等。

2. 盆栽、盆景开发应用。

3. 采摘园。

4. 儿童乐园的配置应用。

5. 食用、药用、果品加工等。

三、观果花卉盆栽与养护要点

盆栽观果植物以植株矮小者为宜，如金橘、佛手、枸骨、冬珊瑚、小檗、石榴等都适合盆栽培养以供观赏，一些乔木果树如苹果、梨、杏等需经矮化处理后才能盆栽。盆栽观果植物比露地栽培观花、观叶植物栽培管理更加精细，对光照、盆土、水、肥等均有特殊要求。

1. 光照

光照强度和光的组成对观果植物的生长和结果有直接影响。绝大部分观果植物都是喜光的，因此充足的光照是十分必要的，充足的光照能加强植株的生理活动，使枝叶生长健壮、花芽分化良好，一般来说，散射光比直射光对植株生长发育更为有利，其中含有较多植物所需的红、黄色光。

2. 土壤

观果植物最喜深厚、疏松、有机质含量丰富、通气透水性良好的沙质土壤或壤土。不同种类对土壤的酸碱度要求不同，如佛手、金橘、柠檬等适宜酸性土壤；南天竹、枸杞、小檗等适宜中性或石灰性土壤。通常，配制的培养土有田园土、河沙、泥炭、腐叶土、河塘泥等。

3. 水分

观果植物在不同季节和生长发育时期对水分的要求是不同的，一般在新梢生长旺盛期和果实迅速膨大时需水量最多，此时对缺水最敏感，如供水不足，会影响生长发育。对于落叶性果木类，新梢旺盛生长期在 4 月下旬至 5 月中下旬，春季发芽前供水不足常延迟发芽，并影响新梢新芽质量。前期干旱而花期多水，则引起落花；花期过度干燥会使柱头黏液干燥，影响授粉受精，导致坐果率降低；夏季高温时缺水，容易发生日灼，花期如湿度太大，也会影响授粉受精；果期水分过大，易发生果皮锈斑病，有时发生裂果现象；秋季多雨或浇水过多，易引起二次生长，降低越冬抗寒能力。

不同观果植物对水分的需要量不同。耐旱的种类有石榴、无花果、海枣等，浇水以“宁干勿湿”为原则；比较耐水湿的种类如葡萄、山茱萸、草莓等，喜湿润，不耐干旱；枸杞、代代、佛手、桃、杏等则忌积水。

4. 施肥

一般在果苗刚栽植时施腐熟的厩肥、堆肥和饼肥等有机肥作基肥。在果苗生长季节追施稀薄液肥或无机速效肥，如在早春果树萌芽前或开花前，施 1 次速效性氮肥，以促其枝壮叶茂，开花整齐，提高坐果率；在盛花期末和开花 2 周内，根外追施 0.3% 尿素和磷酸二氢钾可加速新梢生长，促进幼果膨大、减少落果；高温多雨季节，为控制新梢生长，应减少氮肥，增施磷、钾肥。

5. 整形修剪

一般通过整形修剪来调节观果花卉的生长与结果的关系，采用“强枝弱剪，弱枝强剪”的方法，在生长期采用抹芽、疏蕾方法，将多余的芽从基部抹除和把过密多余的侧蕾疏去，使养分集中在顶芽、顶蕾，使花大色艳，提高坐果率；通过环剥、扭梢和拿枝等方法，可更好地调节观果花卉的开花和结果。

四、花芽分化

1. 概念

花卉植物生长到一定阶段便由叶芽生理和组织状态转化为花芽生理和组织状态，发育成器官雏形，此过程称为花芽分化。花芽分化是决定植物开花多少和质量好坏的基础，是植物发育中最关键的阶段。

2. 花芽分化机理

（1）C/N 学说　即糖与蛋白质、氨基酸的比值，当碳水化合物积累时，即 C/N 比高时，促进花芽分化。C/N 学说的机理是如果体内同化产物不足，可使正在分化的花芽不能完成分化以致不能正常开花。例如：

1）同一个体上分化较早的花芽，由于营养供应充分，分化就好。

2）一些花序花数较多的种类，往往基部的花先开，花形也最大，而最上部的花则发育不全。

3）生产上，菊花、芍药、香石竹等在栽培中疏蕾，使养分集中于留下的芽，提高花质。

4）花木类和观果植物常用环割、修剪等方法调节养分分配。

（2）成花素假说　通过嫁接实验证明，已诱导开花的植物叶中能形成开花刺激物，并可传递到另一种尚未诱导开花的植株使其开花。研究认为这种开花刺激物是一种成花激素，称为“成花素”，由它决定花芽的产生和成花过程。关于成花素的作用还有不少证据，但迄今尚未被分离出来。

（3）“积温”学说

$$\mathrm{At}=n\,(E-B\mathrm{t})$$

At：有效积温；n：发育天数；E：n 天中平均温度；$B\mathrm{t}$：生长发育的下限温度。

3. 花芽分化阶段

当花卉生长到一定阶段，经温度、光周期诱导后，营养生长逐渐变缓或停止，花芽开

始进入生殖生长阶段。一般花芽分化过程包括生理分化期、形态分化期和性细胞形成期三个阶段。

（1）生理分化期　芽中生长点经低温或光周期诱导，代谢旺盛，成花基因由遏止状态向活跃表述状态转变，实现芽内营养生长向生殖生长转变。该期没有明显的形态变化，但却是花芽形成决定期及控制分化的关键时期，故又称为“分化临界期”。

（2）形态分化期　芽内组织形态出现变化，包括以下几个时期：①分化初期；②花蕾形成期；③萼片形成期；④花瓣形成期；⑤雄蕊形成期；⑥雌蕊形成期。

（3）性细胞形成期　有些花卉花芽分化后很快开花，进入性细胞形成期，有的则要经过相当长一段时间，越冬后或春季发芽后开花前进入，如樱花、八仙花等。

4. 花芽分化类型

（1）夏秋分化型　在6—9月高温季节进行，秋末完成，翌春开花。春植球根花卉于夏季生长期花芽分化；秋植球根花卉于夏季休眠期花芽分化，如牡丹、丁香、梅花、榆叶梅等许多木本花卉属于此类型，如要使榆叶梅元旦开花，可于花后摘掉叶子，促进休眠、花芽分化，并在元旦前给予合适的光照、温度等。

（2）冬春分化型　包括一些二年生花卉、春季开花的宿根花卉（如白头翁）及一些产于暖温带的常绿木本植物，如柑橘类。

（3）当年一次性分化型　属于此类型的有一年生花卉，如一串红9月上旬摘心，大约25天后开花。还有夏秋开花的木本、宿根花卉，如紫薇、木槿、木芙蓉、美女樱、萱草、菊花、福禄考等。

（4）多次分化型　四季开花的花木和宿根花卉属于此类型，如茉莉、月季、倒挂金钟、香石竹、矮牵牛等。

（5）不定期分化型　此类型花卉对光照、温度无特殊要求，只要营养生长达到一定量时（叶面积数）就可开花，如凤梨类花卉。

5. 影响花芽分化的环境条件

除遗传基因、内部结构物质、形态建成调控等内在条件，花芽分化也受以下外界条件的影响：

（1）光照　光周期、光照强度影响花芽分化，如生理分化期连续阴雨天气会降低分化率。

（2）温度　各种花卉花芽分化的适温不同，郁金香适温为20℃，麝香百合适温为2～9℃，唐菖蒲需大于10℃，不同品种之间也有差异，菊花有的品种适温为13～15℃，有的品种适温在8～10℃。

（3）水分　水分过多，则花苗或枝梢停止生长晚，成熟迟，不利于花芽分化，故在花芽分化临界期前进行短期控水有利于分化。

五、花卉人工授粉

花卉授粉率的高低与其结实率紧密相关。只有提高授粉率，才能获得较多的果实。为了提高授粉率以及采用有性杂交方法培育新品种时，通常采用人工授粉方法。有的花卉由于花的结构发生较大变异，自然授粉十分困难，必须人工授粉才能结果，如菊花因其花冠变长不能结果，需将花冠剪短后再进行人工授粉。还有当开花时遇严寒没有授粉的，也只能采取人工授粉的方法解决。人工授粉的方法与步骤如下：

1. 去雄和套袋

进行人工授粉前，需了解植物是雌雄异株还是雌雄同株，是自花授粉还是异花授粉。雌雄异株或花期不一致的花木（特别是花期不一致），可采用人工授粉的方法来解决。若该种植物是雌雄同株、自花授粉，特别是闭花授粉，杂交时需将未成熟的母本去雄；若该种植物可以风等为媒介帮助传粉，则去雄的同时还需套袋。

杂交授粉前为了防止母本自花授粉，应把花器内的雄蕊全部拔掉，这项工作称为“去雄”。雄蕊大都比雌蕊成熟早，为保险起见，最好在花蕾尚未展开前把花瓣剥开，随之将雄蕊和花瓣拔掉，然后套上半透明纸袋，防止异花授粉造成天然杂交，让雌蕊的柱头、花柱和子房在纸袋内慢慢发育成熟。

2. 采集和储存花粉

不同品种的花卉其花期不同，需采集花粉并进行储存。花粉的寿命很短，在低温干燥的环境下能保存 10～20 天。采粉时可用新毛笔掸刷，将花粉粒收集到白纸上，或将成熟的花药连同花丝一起拔下来，装入玻璃器皿，然后于低温干燥处保存。将先熟的花粉收集起来，待稍干燥后包好，放在装有吸湿剂（如无水氯化钙）的干燥器中密封，然后将干燥器放在 2～5℃的低温环境中（如冰箱）保存，直到后熟的母本成熟时再进行人工授粉。

3. 人工授粉

当母本雌蕊的柱头显现出亮晶晶的黏液时，表明已经成熟，即可授粉。先打开半透明纸袋，再用毛笔尖蘸上花粉涂在柱头上，也可拿住父本的花丝，将花药在柱头上直接点涂。人工授粉在一天内应间隔进行 2～3 次，或隔日重复授粉。授粉后仍将纸袋套上，待子房或花托膨大并结出幼果时再把纸袋去掉。观赏椒的简易人工授粉如图 3—3—2 所示。

a）　b）　c）　d）

图 3—3—2　观赏椒人工授粉过程

a）花药散粉、收集花粉　b）人工授粉　c）观赏椒授粉成功　d）观赏椒幼果形成

任务实施

现以常见有代表性的温室观果类花卉为材料，进行繁殖和栽培养护练习。

一、佛手盆栽与养护（见图 3—3—3）

科属：芸香科柑橘属。

拉丁学名：*Citrus medica var. sarcodactylis*。

主要品种：按产地分有金华佛手、云南佛手、广东佛手、福建佛手等，其中以金华佛手最负盛名，被誉为“果中仙品”。按花色分有白花佛手和紫花佛手。

果色：金黄。

图 3—3—3　不同形态和应用形式的佛手

1. 主要形态特征

佛手为常绿小乔木或灌木，高 1 ~ 3 m，枝有刺，幼叶枝带紫红色；小型盆栽 0.8 ~ 1 m 不等。单叶互生，革质，叶片椭圆形或倒卵矩圆形，先端钝，边缘有波状锯齿，叶表面深黄绿色，背面浅绿色。总状花序，花单生或簇生于叶腋，极芳香，有白色、红色、紫色三色。果实色泽金黄，香气浓郁，果形奇特，顶部裂如拳或张开如指，橙黄色，皮粗糙，果实奇特似手，握指合拳的为“拳佛手”，而伸指开展的为“开佛手”。

2. 生态习性

佛手主产于广东、云南、福建、浙江等省，各地花圃多盆栽。喜温暖湿润气候，生长适温为 22～25℃，越冬温度不能低于 3℃，否则易引起大量落叶。喜阳，不耐阴，忌烈日直射。喜肥沃、疏松和排水良好的微酸性土壤。

3. 繁殖方法

佛手通常采用扦插、嫁接、高枝压条等繁殖方法。

（1）扦插繁殖　于 6 月下旬至 7 月上旬进行为宜。从健壮母株上剪取去年的春梢、秋梢或当年的春梢作为插条，取中段剪成长 10～12 cm 一段插入沙土中。插后浇透水，用塑料薄膜覆盖，放半阴处，在 25℃温度条件下 20～30 天可生根，2 个月可以发出新枝，然后移栽。

（2）嫁接繁殖　常用切接法。选 2～3 年生的枸橼、橘、柚的实生苗作砧木，在谷雨至立夏间或秋后，选健壮一年生佛手嫩枝进行切接；也可用芽接或靠接法繁殖。嫁接成活的苗根系发达，生长旺盛，抗寒力较强，结果早。

（3）高枝压条繁殖（高压法）　一般在 5—7 月进行，选生长旺盛的 1～2 年生枝条进行环剥，然后用苔藓、泥炭包扎保湿，40 天即可生根。也可于 8 月选择带果实的枝条压条，10 月分离母株上盆，果实继续生长，当年即可用于装饰房间或出售。

4. 栽培养护

（1）品种选择　品种选择很重要，白色花和紫色花品种的佛手，伏果为开佛手，秋果为拳佛手；红花品种佛手的果是拳佛手。

（2）上盆　繁殖苗盆栽以富含腐殖质、肥沃疏松、偏酸性的沙质土壤为好，通常用风化后的塘泥土或腐叶土，pH 值为 6～6.5，或用田园土 3 份 + 河沙 4 份 + 腐熟的鸡禽粪干 4 份混合配制成培养土栽培。

（3）浇水　生长旺盛期和夏季高温时，充分浇水，但避免浇水过量，以免引起枝条疯长、不充实和推迟结果。

（4）施肥　佛手喜肥，在营养生长阶段每 5～10 天浇 1 次充分腐熟的稀薄枯饼液肥；结果期，忌施氮肥，改用磷、钾复合肥；果实膨大阶段，多用钙、磷、钾复合肥，少用氮肥。

（5）整形修剪

1）生长期修剪。摘梢，每年春、夏、秋季都要摘梢 1 次，春梢、夏梢要及时剪除，秋梢除可保留部分健壮枝待来年结果外，其余的也要剪除，以免与叶片生长争夺养分。

2）休眠期修剪。在植株休眠期或萌芽前进行，一般留 3～5 个主枝，构成树形骨架，其短枝多为结果枝，应尽量保留。夏季生长的徒长枝短截 2/5，让其抽生结果枝。适当多

保留生长健壮的秋梢，以留作第二年的结果母枝。

（6）保护伏果　因为佛手一年能多次开花结果，但春天和秋天结的果实往往结果率低和发育不良，易形成形状不整的残次果，而只有7—8月开花结的果，即伏果，形大、色黄、味浓。

（7）防寒越冬　霜降前应将佛手移入室内向阳处或温室越冬。

（8）常见问题处理

1）叶片问题。有的佛手在生长过程中，叶片呈黄绿色或出现黑褐斑，很可能是土壤中缺钾，需增施钾肥；如果佛手叶片发黄，光泽暗淡，可能是土壤碱性大，可于生长季节每月施1次矾肥水（硫酸亚铁等沤制而成），增加土壤酸性。

2）光长叶不开花问题。说明氮肥过多，可停施氮肥，增施磷肥。

3）长势问题。枝叶不茂，长势不好，花少又不易结果，说明氮肥不足，可增施氮肥。

4）落花落果问题。开花、结果初期，如浇水过量，生长期间施肥不及时或缺肥，以及没有合理地修剪和疏花疏果均会导致落花落果。开花、结果初期适当控水，只需保持土壤湿润，不可过量；生长旺盛期、盛花期和初果期，需肥量较大，以磷、钾肥为主，忌施氮肥；果实生长期，施肥量减少；疏去春花、过密花和幼果，以及避免一次结果过多，当佛手果实长到纽扣大小时，可疏去一些果实以预防落花落果现象。

5）不易坐果、畸形果问题。佛手一年可多次开花结果，一般春花（4—5月）不易坐果，即使结果，大部分为畸形果，应全部疏去，不让其结果。6月下旬至8月的花，坐果率高，果实大而饱满，多为开佛手，在开花时选留花序中上部、子房肥大、花心发绿的1～2朵，其余疏去。

5. 园林应用

佛手果形奇特，颜色金黄，香气浓郁，是一种名贵的常绿观果花卉。南方可配植于庭院中，北方盆栽是点缀室内环境的珍品。

二、石榴盆栽与养护（见图3—3—4）

科属：石榴科石榴属。

拉丁学名：*Punica granatum*。

主要品种：白石榴、黄石榴、红石榴、墨石榴等。

果色：古铜黄色或古铜红色。

1. 主要形态特征

石榴为落叶灌木或小乔木。高2～10 m不等，以3～4 m为主，盆栽在1 m左右。叶倒卵状长椭圆形，无毛而有光泽，在长枝上对生，在短枝上簇生。全缘，叶脉在下面凸

图 3—3—4　不同形态和应用形式的石榴

起，叶柄短，新叶呈红色。花多红色，也有白色和黄色、粉红色、玛瑙色等颜色，两性花，5—8 月在小枝顶端开花，有单瓣和重瓣之分。浆果近球形，古铜黄色或古铜红色，外种皮肉质，呈鲜红色、淡红色或白色，多汁，甜而带酸。

2. 生态习性

石榴性喜温暖潮湿、阳光充足、通风良好的环境，耐旱、耐寒、耐肥，忌水渍涝害。喜生长于略带黏性、富含石灰质的土壤中，以沙壤土为最好。

3. 繁殖方法

石榴可用扦插繁殖或嫁接繁殖。

4. 栽培养护

（1）温度管理　石榴生长适温为 20～35℃，在 29～30℃时生长最为旺盛，气温低于 10℃时会有黄叶出现，低于 8℃会出现落叶现象，3～5℃全株黄叶落叶。

（2）浇水　宜不干不浇，浇则浇透，盆栽宜选择排水良好的沙壤土为基质，陶盆、紫砂盆或瓦盆为宜，切忌使用塑料盆或瓷盆栽植。

（3）整形修剪　花开时节可先疏花疏蕾，每枝留 1～3 蕾为宜，留蕾太多会对植株的营养供给造成压力。石榴有“不实花”的存在，较容易分辨，“不实花”的下端呈“三角形”，比较瘦，而结实花的下端膨大，整个花朵呈小葫芦状。在果实膨大期及成熟期，要追施以磷、钾肥为主的复合肥料，促使果实个大、色正、形圆、饱满。

石榴比较耐修剪，在生长过程中，往往会长出许多徒长枝，应及时修剪，但有些位置的枝条可以保留作调整株型用，修剪以徒长枝、密生枝、枯枝、病虫枝为主。盆栽石榴一般整形修剪成单干式、自然圆头形或两干式开心形。石榴也是作盆景的优良花材，应选择那些冠小枝柔，花繁果秀，易栽培易造型，幼树生机勃勃、成树茂盛典雅、老树古朴苍劲的植株。

（4）常遇问题及其解决方法　盆栽石榴常遇到黄叶和不开花的问题，其原因和对策如下：

1）光照不足或荫蔽环境易导致枝叶徒长或不开花结果。石榴是强阳性花卉，喜欢阳光充足、春夏全日照的环境，要求肥沃、湿润、排水良好的沙质土壤，略带黏性并富含石灰质的土壤更为适宜。

2）缺肥或营养不足常导致不开花。石榴对肥料的反应十分敏感，施肥过勤，易引起枝叶徒长，影响花芽分化，造成落蕾落花。生长季节可每隔 10 天左右浇 1 次充分腐熟的含磷质液肥，现蕾时和结果后，每周浇 1 次稀薄磷、钾肥，以保花保果。为确保坐果率和观果效果，应适当疏蕾。施肥注意勤施薄施。

3）浇水不当，过量、骤然浇水和中午前后温度高时浇水会影响开花。石榴要防止浇水过量、土壤过分潮湿，勿使雨淋，不宜喷洒叶面水，应于早晚浇水保持湿润即可。

5. 园林应用

石榴树姿优美、叶色碧绿而有光泽，花色艳丽如火而花期又长，极其引人入胜。宜丛植于庭院，也可配置于假山、亭、廊旁。矮化型石榴可作盆栽，也可作树桩盆景，既可观花又可观果。

三、金橘盆栽与养护（见图 3—3—5）

科属：芸香科金橘属。

拉丁学名：*Fortunella margarita*。

主要种类：四季橘、金柑、圆金橘、长叶金橘、山金柑、长寿金柑等。

果色：金黄色。

图 3—3—5　不同形态和应用形式的金橘

1. 主要形态特征

金橘为常绿小乔木或灌木，高 0.8～1.5 m。叶片披针形至矩圆形，长 5～9 cm，宽 2～3 cm，全缘或具不明显的细锯齿，表面深绿色，光亮，背面绿色，有散生腺点。叶柄有狭翅，与叶片边缘处有关节。单花或 2～3 花集中于叶腋，具叶柄。花两性，整齐，白色，芳香。萼片 5。花瓣 5，长约 7 mm，雄蕊 20～25 mm，不同程度的合生成若干束，雌蕊生于略升起的花盘上。果矩圆形或卵形，金黄色。果皮肉质厚，平滑，有许多腺点，有香味。花期 3—5 月，果期 10—12 月。

2. 生态习性

金橘喜阳光和温暖、湿润的环境，不耐寒，稍耐阴，耐旱，要求排水良好的肥沃、疏松的微酸性砂质壤土。

3. 繁殖方法

金橘常用嫁接法繁殖。以其他柑橘类植物，如枸橘实生苗为砧木，选择一年生粗壮春梢作接穗，随采随用，剪去叶片保留叶柄嫁接。嫁接方法有靠接、枝接和芽接。每年春季 4—5 月用切接法进行枝接，靠接在 4 月间进行，芽接在 6—9 月进行，成活率很高。

注意去除砧木苗发出的根蘖，经 45～60 天愈合。当接芽萌发长出 5～6 片叶时留 4 片叶进行摘心，萌发二次梢后，第二次萌芽 5～6 叶时，又留 4 片叶摘心 1 次，使一年生苗具有 4～6 个主枝，形成株型紧凑、分枝匀称的优质苗。当年 10 月就可以上盆或定植，翌年 5 月底至 6 月中旬，即可正常结果。

4. 栽培养护

金橘原产我国南方的两广、闽浙一带，在北方均作盆栽。金橘夏初开花，秋末果熟，是集观花与赏果于一身的盆栽花卉。

（1）盆和盆土选择　盆栽金橘应选择透气性好的土瓦盆，盆底用碎瓦片做好排水层，以利排水；盆土选用通透性好、较肥沃、呈微酸性或中性的沙质壤土，可用腐叶土 5 份、田园土 3 份、细河沙 2 份配制栽培土，使用前最好先喷药消毒。

（2）光照和温度控制　金橘喜光，但怕强光，光照过强易灼伤叶片。春季可放置于背风向阳的地方，夏季需在遮阴棚下莳养，特别要避免中午的强光直射，可使其接受上午 9 点以前及下午 5 点以后的阳光照射，初秋也需遮去 30% 光照，秋末和冬季应摆放在室内向阳处，使其充分接受光照。

（3）浇水　金橘喜湿润，但又怕涝。春季出室后到夏初开花期每 3～4 天浇 1 次透水，平时保持盆土湿润，幼果期后正值夏季高温，可每天浇 1 次透水，缺水不仅导致叶片萎蔫，还易使果实脱落。雨天应避免淋雨，如遭雨淋应及时将盆内的水倒掉。秋季随着气温的降低，植株蒸腾量减小，浇水的次数和量也应随之减少，可 4 天左右浇 1 次透水，此时水大易导致植株烂根。冬季在室内可 7 天浇 1 次透水。

（4）施肥　最好用液肥。春季出室后到现蕾前（4 月中旬至 6 月初），每 7 天施用 1 次液肥，开花期到幼果期（6 月初至 7 月初），每 5 天施用 1 次液肥，结果后到果实生长期（7 月初至 7 月底），每 10 天施用 1 次液肥。给金橘施用由芝麻渣饼和蹄片混合后浸水

发酸后的肥水效果最好，可使植株生长旺盛，果实多、大，色泽鲜亮。

（5）出、入室　金橘喜温暖，秋末气温低于10℃时应及时搬入室内，冬季室温最好能保持在6～12℃，温度过低易遭受冻害，温度过高会影响植株休眠，不利于来年开花结果。春季清明后可适当开窗通风，使其逐步适应室外的气温，谷雨节气后方可出室。夏季应放置于遮阴通风处，还应经常喷水增湿降温。

（6）换盆　一般在出室后的4月下旬进行，先将植株从盆中磕出，用剪刀将外层过密的根剪掉。新盆的大小要视植株的生长情况而定，如生长好的应选择大盆，盆底也需用碎盆片做好排水层，垫一层土后放入几片蹄片，再垫一层土，然后将植株放在土上，边填土边压实，最后浇1次透水，放置于遮阴处。

（7）修剪　一般在换盆时和立秋后各修剪1次。春天的修剪要重剪，主要是修剪过密枝、下垂枝、枯枝，此时的修剪还要注意给植株造型，使植株形成“三叉九顶”之势，使树冠长成圆头形，对前一年的夏梢和秋梢也要适当的剪短，只保留3～4个芽。秋季的修剪，主要是修剪纤细枝、内生枝。此外，在幼果期进行疏果也是非常必要的，可根据植株的生长情况，每枝保留3～5个果，其余的全部摘除，这样不仅可使留下的果实长得大，也能保证足够的养分供植株生长，防止因果实多而消耗过多的养分。

5. 园林应用

金橘四季常青，枝叶茂密，花朵皎洁雪白，娇小玲珑，芳香远逸，果实成熟时为金黄色，垂挂枝梢，味甜色丽，为我国特有的冬季观果盆景珍品。可丛植于庭院，也可作盆栽陈列于室内观赏。

四、乳茄盆栽与养护（见图3—3—6）

科属：茄科茄属。

拉丁学名：*Solanum mammosum*。

果色：金黄。

图3—3—6　不同形态和应用形式的乳茄

1. 主要形态特征

乳茄为常绿小灌木，株高约 1 m。叶片稀疏，对生，全株被蜡黄色扁刺。花蕾略下垂，花瓣 5 枚，紫色，花药黄色呈锥形。果实呈倒置的梨状，基部有 5 个乳头状凸起，幼果淡绿色，成熟时为橙黄色至金黄色。

2. 生态习性

乳茄原产中美洲热带地区，性喜光，喜温暖、高温高湿环境，喜疏松、肥沃且排水良好的土壤，忌涝、忌旱、忌连作，适宜大水大肥。华南地区略加保护即可露地越冬，华东、华中、华北地区冬天必须在室内越冬。

根系分布广而深，但经过移栽后，主根被切断，产生许多侧根，分布的深度在表土 0.3～0.5 m，横向伸展可达 0.6～1.0 m，到结果盛期，可达 1.3～1.7 m，因此中耕宜早不宜迟。乳茄不耐寒，生长适温为 15～25℃，能耐 4℃低温和 42℃高温。最佳挂果温度为 20～35℃。可于霜降后搬入室内光线较好的地方，维持不低于 10～15℃的室温。

3. 繁殖方法

乳茄通常用种子繁殖，浆果成熟后取出种子，干燥储藏，种子发芽率可达 80% 以上。春天霜冻结束后，南方 3 月播种，北方 4 月播种，有条件的可提前 30～40 天进行保温育苗。播种前用温水浸种 24 h 后，当 80% 种子萌动后取出播种，撒播于沙壤土中，播种量以 500～800 粒 /m^2 为宜，播种深度 0.3～0.4 cm。苗土湿润，温度保持在 20～30℃，8～10 天即可出苗。种子发芽出土后，苗前期要遮阴，之后逐渐多见阳光，并加强肥水管理。待小苗长至 4 片以上真叶时可移栽上盆。

4. 栽培养护

（1）栽培方式　可盆栽、地栽，盆栽宜用盆口直径 30 cm 以上的大花盆。乳茄喜疏松肥沃且排水良好的土壤，在南方的酸性土壤和北方的碱性土壤中均能生长，但盆土最好不要掺入换盆后留下的旧土。地栽也不要选择前茬是茄科植物的地块种植，这样能明显减少虫害，有利于植株正常生长。

（2）栽植　乳茄用种子繁殖，种子发芽率可达 80% 以上，苗土湿润，温度保持在 20～30℃，8～10 天即可出苗，待小苗长至 4 片以上真叶时可移栽上盆（幼苗细而长，深绿色，真叶圆形有绒毛）。苗高 15 cm 左右时进行大田带土移栽，选用口径 30 cm 的大盆，每盆 1 株，地栽，株行距为 60 cm×80 cm。

（3）栽培养护管理

1）温度。喜温暖，不耐寒，需在室内过冬，应保持温度在 10～25℃；乳茄生长适温为 20～30℃，5～10℃时生长缓慢，5℃以下停止生长，0℃以下受冻害；夏季能忍耐 35℃左右的高温，但不宜持续时间过长。

2）光照。喜阳光充足，忌长期遮阴，最适合在强光下生长，如果光照不足，植株会徒长，叶片黄化脱落。

3）土壤。在土层深厚、疏松肥沃、排水良好的弱酸性沙壤土中生长良好，在中性、弱碱性土壤中也能生长。

4）水分。喜湿润，忌干旱、积水，夏季每天浇水 1~2 次，防止过度干旱引起落叶和影响生长；花期土壤过湿易导致落花，降低结果率；果实成熟期保持土壤湿润，防止果实干黄无光；高温干燥，易出现只开花不结果现象。

5）施肥。上盆换盆时施足底肥，可每盆垫蹄片 50 g；苗期多施氮肥，每半个月施 1 次液肥；开花结果后以施磷、钾肥为主，或叶面喷施 0.2% 磷酸二氢钾溶液，使果实壮硕、种子饱满。

6）整形修剪。为使高大的植株充分矮化，可在其茎枝长至 50 cm 高时摘去顶芽，使植株不再长高，让侧芽生长，待侧芽长至适当高度，用多效唑喷洒，抑制高度，并促其开花，直至果熟为止。结果后，如植株果实过多，应立支架，以防折断倒伏，可在不影响观赏的前提下适当疏果，保证果实硕大。

5. 园林应用

乳茄果实成熟后可连枝条剪下，状似塑胶制品，是高级的插花材料；果实摆设观赏，经久不变色不干缩。适合庭院露地栽培或剪切果材作插花材料和盆栽观赏。

五、观赏南瓜盆栽与养护（见图 3—3—7）

科属：葫芦科南瓜属。

拉丁学名：*Cucurbita pepo var. Ovifera*。

主要品种：‘金童’、‘玉女’、‘皇冠’和‘龙凤飘’等。

果色：白色、黄色、橙色等。

图 3—3—7 不同形态和应用形式的观赏南瓜

1. 主要形态特征

观赏南瓜为一年生蔓性草本植物。叶对生，叶质硬、直立，广卵圆形，边缘具不规则锐齿，两面粗糙，被毛刺。卷须多分叉。全株披蜡黄色扁刺。雌雄同株异花，筒状花单生，花冠黄色。果实颜色呈白色、黄色、橙色等，形状有圆、扁圆、长圆、钟形、梨形等。

2. 生态习性

观赏南瓜性喜冷凉气候，不耐高温，适宜生长的温度为 25℃。

3. 繁殖方法

观赏南瓜通常采用播种繁殖。观赏南瓜的生育期为 70～80 天，由于不耐低温，冬季栽培要求有良好的保温设施。

（1）播种时间　可于春、秋两季播种。春季播种期南方为 2—3 月，北方寒冷地区露地播种可推迟到 4 月，秋季播种期为 8—10 月。一般一年可种植两茬，第一茬可在 3 月下旬至 4 月上旬播种，6—7 月果实成熟；第二茬可在 8 月下旬至 9 月上旬播种，11 月中旬至 12 月果实成熟。

（2）播种基质　选择土质肥沃、富含有机质的中性偏酸性土壤，土壤 pH 值为 5.5～6.8，最好选择 3 年以上没有栽种过南瓜并在其周边 100 m 内未种有其他南瓜的地块，土壤翻耕后用 1 000 倍的高锰酸钾稀释液进行喷洒，再用塑料薄膜覆盖 24 h 消毒，2 天后即可播种育苗。也可采用盆播，盆土宜采用添加了有机质的复合菜园土或椰糠：草炭土：粗沙 =1：1：1 的混合无土基质。

（3）种子处理　播种前 3 天将种子先用 50～55℃温水浸种 10 min，消灭种子携带的病菌。然后用毛巾包好种子在 30℃温水中浸 8～12 h，再放入 30℃恒温箱中催芽。催芽期间要每天用温水清洗 2 次种子，并保持发芽湿度，待种子露白后即可播种。

（4）播种方式

1）露地播种。株距 40～50 cm，行距 50 cm，每穴播 2～3 粒带芽种子，种子平放，以防子叶“戴帽”出土。若土壤湿度不够，可在穴内适量浇水，待水渗足后下种。播后在种子上覆厚约 1.5 cm 的潮湿疏松土压膜封口，种子在 15℃开始发芽，发芽适宜温度为 25～30℃。

2）盆播。盆规格为 30 cm × 30 cm，每盆植 1 株。

3）大量育苗。可用（8～10）cm×（8～10）cm 的营养钵，也可用土层厚度为 6～8 cm 的苗床。如采用苗床育苗，则需在苗床上划（8～10）cm×（8～10）cm 的土方，防止移栽时扯断根系。

4）播种后管理。播种覆土后，浇 1 次透水，覆盖塑料薄膜，一般播后 2 天种子出土，这时可揭开塑料薄膜。苗期要保持充足光照，防止幼苗徒长，出芽后 1 周，幼苗长至 2 片真叶时即可移栽定植。

4. 栽培养护

（1）品种选择　观赏南瓜属植物系列品种很多，种植者最好购买其混合装的种子，进行混合种植，观赏效果更好。南方一般在春、秋或冬季栽培，四季冷凉地区可一年四季栽培。观赏南瓜多为主蔓结瓜，侧蔓结瓜极少，适合作廊架式或墙垣式露地栽培和大棚或温室等保护地栽培。

（2）栽培方式　栽培时，先整地施足基肥。将土壤做成宽 1.5 m 的畦，整地作畦时每平方米施腐熟有机肥 3～5 kg，复合肥 0.02 kg。采用盆栽时，盆土宜采用添加了有机质的复合菜园土。采用温室有机无土栽培时，基质配比为椰糠：草炭土：粗沙 =1：1：1，基质厚度为 20 cm，基肥每立方米基质添加腐熟鸡粪 3 kg、菇渣 5 kg、花生渣饼 2 kg，生长期每隔 20 天添加有机肥或少量复合肥，每天或隔天加清水。

（3）定植　幼苗 2 叶 1 心时即可定植，定植后淋透定根水。植株高 30 cm 以上时采用立柱（人字架）或吊线引蔓，及时摘除侧芽，留主蔓结瓜。

由于观赏南瓜属植物为虫媒花，在温室大棚内栽培要进行人工授粉，水肥管理与普通南瓜相同，前期注意防止植株徒长，整个生长期注意防治病毒病、白粉病等。

（4）采收　观赏南瓜通常作为观赏和玩物用，所以必须等瓜充分老熟后才能采收，成熟瓜比未成熟瓜放置时间长，可以存放半年以上。

5. 园林应用

因观赏南瓜品种多样、果形果色丰富，通常作棚架植物观赏，也可于房前屋后栽培观赏或陈设于案头。

六、朱砂根盆栽与养护（见图 3—3—8）

科属：紫金牛科紫金牛属。

拉丁学名：*Ardisia crenata*。

主要品种：常见栽培品种为‘黄金万两’。

果色：鲜红色。

1. 主要形态特征

朱砂根为常绿灌木，高 1～2 m。叶互生，革质，长椭圆形或倒披针形，先端急尖或渐尖，边缘皱波状或波状。花序顶生伞形或聚伞形，白色或淡红色。浆果熟时呈鲜红色，经冬不落。

2. 生态习性

朱砂根原产亚热带丘陵地阔叶林下，性喜温暖湿润，较耐阴，稍耐寒，生长适温为

图 3—3—8　不同形态和应用形式的朱砂根

16～28℃，越冬温度为 5～8℃，喜肥沃疏松的沙质土壤。

3. 繁殖方法

朱砂根通常采用播种法和扦插法繁殖，有时也采用压条法繁殖。

（1）播种法　待果实充分成熟后采摘，去皮洗净晾干后即可播种，也可于低温层积沙藏，翌年春季进行播种。用 45℃左右的温热水浸泡种子 12～24 h，直到种子吸水并膨胀。播种后覆盖基质，覆盖厚度为种粒大小的 2～3 倍。播后可用喷雾器、细孔花洒把播种基质淋湿，以后当盆土略干时再淋水，要注意浇水的力度不能太大，以免把种子冲起来。

（2）扦插繁殖　常于春末秋初用当年生的枝条进行嫩枝扦插，或于早春用去年生的枝条进行老枝扦插。剪取半木质化的嫩枝作插穗，插于备好的沙床，保持湿润和温暖，置于半阴处，30～40 天发根，长出 3 片以上真叶后即可移植上盆。扦插后的管理：朱砂根插穗生根的最适温度为 20～30℃，低于 20℃，插穗生根困难、缓慢；高于 30℃，插穗的上、下两个剪口容易受到病菌侵染而腐烂，并且温度越高，腐烂的比例越大。扦插后遇到低温时，保温的措施主要是用薄膜把用来扦插的花盆或容器包起来；扦插后温度太高时，降温的措施主要是给插穗遮阴，要遮去 50%～80% 的阳光，同时，给插穗进行喷雾，每天 3～5 次，晴天温度较高时喷的次数较多，阴雨天温度较低时喷的次数则少或不喷。扦插后必须保持空气的相对湿度在 75%～85%。

（3）压条繁殖　选取健壮的枝条，从顶梢以下 15～30 cm 处把树皮剥掉一圈，剥后的伤口宽度在 1 cm 左右，深度以刚刚把表皮剥掉为限。剪取一块长 10～20 cm、宽 5～8 cm 的薄膜，上面放些淋湿的园土，像裹伤口一样把环剥的部位包扎起来，薄膜的上、下两端扎紧，中间鼓起，4～6 周即可生根。生根后，把枝条与根系一起剪下，即成为一棵新的植株。

4. 栽培养护

（1）温度管理　由于朱砂根原产于亚热带地区，因此对冬季的温度的要求很严，当环境温度在 8℃以下时停止生长。

（2）光照管理　对光线适应能力较强。放在室内养护时，应尽量放在有明亮光线的地方，如采光良好的客厅、卧室、书房等场所。在室内养护一段时间后（1 个月左右），就要将其搬到室外有遮阴（冬季有保温条件）的地方养护一段时间（1 个月左右），如此交替调换。

（3）水分管理　夏、秋季生长快，要求水分充足，通风良好；要勤浇水，保持盆土湿润状态，并向叶面和地面喷水，以增加空气湿度；冬季果实转为红色，浇水量宜减少。

（4）施肥管理　4—10 月每隔 20 天施 1 次氮、磷、钾复合肥，开花期要停止施氮肥，果实变红后不必再施肥。

（5）整形修剪　新梢长至 8 cm 以上时去顶摘心，促进分枝。

（6）病虫害防治　朱砂根很少发生病虫害，偶发生根腐病，可用甲基托布津 800~1 000 倍液灌根，如发生褐斑病，可用多菌灵 800 倍液喷洒防治。

5. 园林应用

朱砂根常作盆栽室内装饰，也可作盆景观赏，在园圃中也有栽培，可供观赏。

七、冬珊瑚盆栽与养护（见图 3—3—9）

科属：茄科茄属。

拉丁学名：*Solanum pseudo-capsicum*。

主要种类：短生冬珊瑚、尖果冬珊瑚、橙果冬珊瑚。

果色：由翠绿色逐渐变为鲜红色。

图 3—3—9　不同形态和应用形式的冬珊瑚

1. 主要形态特征

冬珊瑚为常绿小灌木，多分枝成丛生状，作一二年生栽培。株高 30~80 cm，茎枝具细刺毛。单叶互生，具柄，披针形或狭矩圆形。夏、秋开花，花小，白色，腋生。浆果球形，10 月上旬以前翠绿色，后变浅，11 月上旬变为鲜红色，经冬不落。

2. 生态习性

冬珊瑚喜温暖、向阳的环境，生长适温为 18～25℃；不耐旱，忌积水；要求肥沃、疏松的土壤。

3. 繁殖方法

冬珊瑚常用播种或扦插繁殖。播种繁殖于春季 3—4 月进行，扦插繁殖于春、秋季均可进行。

4. 栽培养护

（1）温度管理　冬季最低温度应保持 2℃以上室温。霜降前需移入室内，以免受冻落果。

（2）光照管理　喜阳光，不需遮阴，每天至少 4 h 直射光，应放在室内明亮的东南窗前。

（3）水分管理　生长期适当浇水，以不受干旱为度；盛夏期每天浇水 2 次，谨防阵雨淋浇，否则植株易发生炭疽病而死亡；开花结果期少浇水，以免造成水大落花现象；入冬后减少浇水，可使挂果期延长。

（4）施肥管理　适量施肥，不可过多，以免徒长。开花结果期控制施肥，当浆果长到绿豆大小时，可每周施 1 次稀薄液肥。另外可喷施 1% 硼砂或 0.2% 磷酸二氢钾溶液，以减少生理性落果的发生。冬季停止施肥，不要浇太多的水，保持盆土略干为佳。

（5）整形修剪　当年不修剪、不摘心，任其生长，第二年开始摘心、修剪，使其逐步形成丰满的树冠。果实成熟后，将果枝的上端剪去，让鲜艳的果实点缀枝头，以增加观赏性。冬季移入 0℃以上的室内，经常用与室温接近的水喷洒，以保持叶片和果实的清洁。春节过后，浆果脱落，可进行修剪，将所有的老枝短截，并剪去病虫枝、交叉枝、重叠枝、细弱枝或其他影响树形的枝条，以促进新叶的生长。

（6）病虫害防治　盆栽冬珊瑚夏季高温时易患炭疽病，主要危害叶片及茎部。此病多发生于叶缘和叶尖，严重时叶子枯黑死亡。病原为真菌病害，病菌以菌丝体在寄生残体或土壤中越冬，老叶从 4 月下旬至 5 月初开始发病，6—7 月间发病较快，雨季发病较重，新叶从 8 月开始发病。盆花放置过密、叶片相互交叉容易传病，但品种间抗病性有差异。防治方法为：选用抗病优良品种；发病初期剪除病叶并及时烧毁，防止病菌扩展蔓延，避免放置过密及当头淋浇，并经常保持通风透光；发病初期喷洒 50% 多菌灵可湿性粉剂 700～800 倍液或 75% 百菌清 500 倍液。冬珊瑚虫害以蚜虫为主，体积小，绿色或黑色，常群集在多种花卉嫩枝叶上刺吸营养。防治方法为：用 40% 的氧化乐果乳液油 2 000 倍液或 50% 敌敌畏乳油 1 500～2 000 倍液喷雾。

5. 园林应用

冬珊瑚一般作中小型盆栽，除盆栽观果外还可种植于花坛中作点缀，其果熟期正值元旦、春节期间，陈设于厅堂几架、窗台上，可增加喜庆气氛。

思考与练习

1. 观果花卉的类型有哪些？
2. 观果植物在栽培养护方面有何特点？
3. 什么叫花芽分化？有哪些类型？
4. 环境条件对花芽分化有哪些影响？
5. 简述金橘、乳茄、朱砂根的繁殖栽培技术。
6. 简述佛手、观赏南瓜和冬珊瑚的栽培养护技术。

任务四
温室多肉多浆花卉盆栽与养护

任务目标

◇了解多肉多浆花卉的定义及类型

◇熟悉多肉多浆花卉的栽培条件和繁殖方法

◇掌握常见多肉多浆花卉栽培养护要点

◇掌握常见多肉多浆花卉的盆栽与养护管理技术

任务提出

多肉多浆花卉大部分来自美洲的热带、亚热带干燥地区，也有少数种类分布在亚热带森林地区，由于其特殊的生长环境，使其不能以一般花卉的栽培养护方法来进行。现要求采取正确的方法，栽培和养护好多肉多浆花卉。

任务分析

多肉多浆盆栽花卉大部分种类生长缓慢，且有部分种类根系非常敏感，故不需要多次换盆。由于多肉多浆花卉种类繁多，应选择合适的种类和花盆，配好需要的盆土，上好基肥，然后上盆定植，再进行正常的养护管理。该类花卉对栽培土、光照、温度、水分等环境因子有一些共同的要求，在栽培养护过程中通过掌握其共性可实现对该类花卉的高效管理。

相关知识

一、多肉多浆花卉概述

多肉多浆花卉也称多浆植物，指茎、叶特别粗大或肥厚多汁，含水量高，并在干旱环境中有长期生存力的一类植物。

大部分生长在干旱或一年中有一段时间干旱的地区，这类植物多具有发达的薄壁组织以贮藏水分。其表皮角质或被蜡层、毛或刺，表皮气孔少而且经常关闭，以降低蒸腾强度，减少水分蒸发。依形态特点可将多肉多浆花卉分为四类：

1. 仙人掌型

以仙人掌科植物为代表，茎粗大或肥厚，块状、球状、柱状或叶片状，肉质多浆，代替叶进行光合作用，茎上常有棘刺或毛丝。

2. 肉质茎型

除有明显的肉质地上茎外，还具有正常的叶片进行光合作用，如佛肚树、玉树等。

3. 观叶型

主要由肉质叶组成，叶片既是主要的贮水与光合器官，也是观赏的主要部分，如生石花、芦荟等。

4. 尾状植物型

具有直立地面的大型块茎，内贮丰富的水分与养分，由块茎上抽出一至多条常绿或落叶的细长藤蔓，攀缘或匍匐生长，如吊金钱、四棱白粉藤等。

二、多肉多浆花卉繁殖

多肉多浆花卉多用扦插繁殖、嫁接繁殖方法。

1. 扦插繁殖

扦插繁殖是多肉多浆花卉最简便的繁殖方法，一年四季均可进行，以春、夏季进行最为适合。大部分种类可用培养土，一些特别柔软易腐烂的种类可用纯沙或纯沙稍加一些腐叶土。母株上选成熟的 1～2 茎节或茎节的一部分作插穗，切下后在切口上涂少量的硫黄粉或木炭粉。

待插穗晾干后，将插穗的 1/4 插入湿润的沙床内，不宜插得太深，待发根后再移种到盆内。一般球形的种类也可将直径 2 cm 以上的子球取下进行扦插。扦插成活的关键是插

穗必须晾干，同时注意插后不能过于潮湿，浇水不宜过多，否则容易腐烂。

2. 嫁接繁殖

嫁接繁殖主要用于嫁接小球，促使其加速生长，同时也用于某些根系发育不良或生长较慢的种类，或用来抢救一些受病虫害侵袭或其他原因而使基部腐烂的种类。

砧木要组织充实，不要过于幼嫩或过老。要选择生长旺盛、根系发达、适应性强、与接穗的亲和力强、针刺较少、便于操作的枝条作砧木。

仙人掌类植物的茎肥厚多汁，嫁接的方法也不同于一般植物。使用的嫁接方法依砧木与接穗的形态而选用，只要便于操作固定，不管哪一种方法均易成活。常用嫁接方法有以下几种：

（1）平接法　平接法是应用最广泛的方法，对球形、柱形的种类普遍适用，操作简单，易于成活。嫁接时用锋利的钢刀将砧木上端横向截断，接着将柱棱切成斜面，因为切断后组织会收缩，而棱的表皮较硬，需将切面上的硬角切去，然后将接穗基部平切一刀后对准砧木髓部接上去。接穗与砧木的切面务必平滑以便于愈合。要注意使接穗与砧木维管束相接，如砧、穗维管束粗度一致对齐即可，如粗度不同，应偏斜，使两者相接，不能放置成同心圆。嫁接后应绑扎固定，嫁接成活与砧木接穗是否紧密接触关系很大，故应绑紧。

（2）劈接法　劈接法适用于蟹爪兰、仙人掌等接穗为扁平叶状的种类（见图 3—4—1）。嫁接时先用锋利的钢刀将砧木上端横切，再在顶端或侧面不同的部位从上向下直切 1～2 cm 的切口。将接穗下端两面斜削成楔形，露出维管束，长度与砧木切口相等。然后将接穗插入砧木切口，使两者维管束对齐，最后用仙人掌长刺或竹针插入，使接穗固定。

图 3—4—1　用劈接法嫁接的蟹爪兰

（3）斜接法　斜接法适用于茎细而长的柱状仙人掌类。方法与平接法相似，不同处是将砧木与接穗的切口均削成 30°～40° 的斜面，既可增大砧木与接穗的愈合面，又易于固定。

（4）插接法　插接法是与劈接法相似的一种接法，但砧木不切开，而用窄的小刀从砧木的侧面或顶部插入，形成嫁接口，再将削好的接穗插入接口中，用仙人掌长刺固定。

三、多肉多浆花卉栽培技术要点

1. 培养土的配制

多肉多浆花卉栽培要求土质疏松的沙土，常用石英砂辅以腐叶土栽培。培养土应具备肥力适中，不含未腐熟的有机质；呈中性或微酸性（只有少数种类喜微酸性土壤）；富含有机钙质等条件。合适的培养土配制是栽培多肉多浆类花卉的重要环节，如以下几种配比：

（1）壤土 1 份，腐殖土 2 份，粗沙 3 份，草木灰与腐熟后的骨粉各 1 份，适合陆生类仙人掌类及茎多肉花卉。

（2）腐殖土 4 份，泥炭 2 份，谷壳炭 2 份，再加适量骨粉，适合附生仙人掌类花卉。

（3）壤土 3 份，腐殖土 2 份，粗沙和谷壳炭各 1 份，再加适量骨粉，适合叶多肉花卉。

（4）腐殖土 2 份，壤土、粗沙、谷壳炭、碎砖渣各 1 份，适合茎叶型多肉花卉。

这几种培养土的配合比例是一般常见的配土方法，在实际应用中还应根据仙人掌类植物的具体种类、气候条件、实际取材等而变动。总的要求是以排水好、透气性佳、含石灰质、不积水与不过分肥沃，并不含过多的可溶性盐为原则。此外，培养土应为颗粒状，颗粒状培养土通气透水，不至于造成根部缺氧，还能及时排除根系呼吸时产生的二氧化碳和施肥后残存的有害盐类。培养土在使用前要用蒸汽或药物消毒，冷却后再用，以杀死土壤中的孢子、菌体和各种害虫，避免在栽培过程中发生严重的病虫害。

2. 花盆选择

选择合适的花盆对多肉多浆花卉的栽培相当重要。从这类花卉根系吸收水分的特点来看，并不是刚浇水时吸收率最快，而是在盆土表面略干、盆土内部仍然湿润的状态下吸收最好。因此，使用紫砂盆是最理想的选择，栽培效果大大好于使用泥盆、塑料盆的效果。虽然泥盆透气排水性好，又比较经济，但盆土干燥过快，贴近盆壁的根系在夏天常因缺水和温度过高而损坏。用塑料盆长期栽培时，需谨防因塑料老化而导致盆体开裂，造成植株缺水。

盆的大小、栽植深浅应视花卉株型和根系情况而定。盆不宜过大，以免造成过湿，盆太小则使花卉根部发育受到限制。一般球形花卉种植好后，盆边应留深 1～3 cm 的空余，能用浅盆的尽量不用深盆，苗株放进盆后，以根颈处略低于盆口为宜。

3. 栽植时间

栽植时间应在春季生长季节开始，于温度在 15℃以上时进行。

4. 上盆与换盆

上盆前，不论是新盆或旧盆，都要洗擦干净，使其充分吸收水分后才可采用。为了便于排水，上盆时应在盆底部填入瓦片、碎砖、贝壳等，排水物需达盆的 1/4，然后再放一层培养土。若栽植多刺的花卉，应先戴上厚手套，以免被刺扎伤，然后将植株放在中央，沿盆边填入培养土，将土压实。栽植时如发现根部已受伤，应切除损伤部分，切口涂抹木炭粉或硫黄粉，稍晾干后再栽植。在有条件的地方，可以在温室的栽植床内栽种仙人掌，生长比盆栽更好，但必须注意土壤排水需良好。

仙人掌类植物长期栽植后，盆土会变坚实和酸化，易引起根部腐烂死亡。在条件许可的情况下，每年需换盆移植1次（部分不耐移栽的种类可尽量不换盆），温室内可在3—4月或9—10月移植。移植前，需停止浇水2~3天，待盆内培养土干燥后，小心地将植株拔出，注意勿使根部损伤，除去旧土，将枯根、烂根剪除。检查根部时如发现根的内心有赤褐色，这是开始腐烂的象征，应将其剪除。若植株生长良好，则不需剪除整理，即可移植。经过剪除整理的植株，应放置1~2天，待其稍阴干后再种植，如植株的大根剪除整理，要经1星期左右的阴干，方可重新移植。移植后需将盆土稍干燥2~3天再浇水，并将盆放在阴凉处，不宜日晒，移植后半个月内施肥。若没有条件一年移植1次，可2~3年移植1次，但平时应勤加松土以利透气。

四、多肉多浆花卉养护技术要点

1. 调控温度

由于原产地日夜温差较大，因此大部分多肉多浆植物对温度的适应能力很强。在夏天阳光普照及酷热的条件下，需配合良好的通风才能使植株生长良好。大多数多肉多浆植物夏季的生长适温为25~35℃；在冬季休眠情况下，白天应维持在8~15℃，夜间维持在5℃以上，方能安全过冬，盆土越干燥植株越耐寒。

冬季稳定的低温对多肉多浆植物危害不大，但昼夜温差大则容易使其发生冻害。一旦植株受了冻害，应使其逐渐暖和，切不可立即放在阳光下曝晒。一般多肉多浆植物在春季气温15℃以上时就已开始生长，春、秋季要求昼夜温差大，使植株充分发育。

2. 调控光照

大部分多肉多浆植物喜阳光，尤其在冬季更需充分光照，其中更有一些品种能够适应强烈的直射阳光及盛夏的高温。但有些较纤弱的品种，如原产于热带雨林的附生型仙人掌，因原生环境的关系，只需要半遮阴的环境即可，强烈的阳光反而会造成灼伤。夏天外界气温达35℃以上时，应进行遮阴并喷水降温。一般高大柱形及扁平状的仙人掌类植物较耐强烈的光线，夏季可放在室外而不需遮阴。但较小的球形种类和一般仙人掌类植物的实生幼苗、嫁接苗，都应以半阴为宜，避免夏天阳光直射。

充足的阳光与仙人掌类植物开花的数量有直接的关系，阳光越充足，其花朵越多，但必须配合良好的通风环境，才能使仙人掌类植物不被烈日灼伤。阳光不足则会使植株的颜色变淡，甚至徒长，使原来粗壮强健的植株长势变弱。

3. 浇水

多肉多浆植物较耐干旱，但并非在任何时候都是要求干燥的环境，忽视合理的浇水与喷水，会引起植株的皱缩衰老。在植株的休眠期应节制浇水，保持土壤不过分干燥即可，温度越低越应保持盆土干燥。通常冬季每 1～2 周浇水 1 次，于晴天午前进行。随着气温升高，植株休眠逐渐解除，可逐步增加浇水次数。在 4—10 月的生长季节内应充分浇水，气温越高，浇水量越大，在盆土排水良好的情况下，可每天浇水 1 次。浇水应掌握“不干不浇，干透浇透”的原则。

4. 施肥

适当施肥能使多肉多浆植物生长速度加快。一般用的基肥有腐熟的禽肥及骨粉，可放在盆的底部或研细后混入土内。追肥可用腐熟的饼肥水和腐熟的鱼肥水交替使用。一般的种类在生长期内，每 2 周浇水 1 次；而嫁接种由于砧木的根系发达，多施一些肥料可促使其生长迅速，可每周施肥 1 次，但氮肥过多会使植株变形。对于昙花、令箭荷花等，在花蕾期可多使用液肥。多数仙人掌类植物在根部损伤尚未恢复或在休眠期间，切忌施肥，以免腐烂。

任务实施

现以常见有代表性的温室多肉多浆花卉为材料，进行繁殖和栽培养护练习。

一、金琥盆栽与养护（见图 3—4—2）

科属：仙人掌科金琥属。

拉丁学名：*Echinocactus grusonii*。

主要品种：白刺金琥、狂刺金琥和金琥锦。

花期：6—10 月。

图 3—4—2　不同形态和应用形式的金琥

1. 主要形态特征

金琥茎圆球形，多单生，具多条棱，沟宽而深，峰较狭，球顶密被金黄色绵毛。刺座

大，被 7～9 枚放射状金黄色硬刺，后变淡或成白色。

2. 生态习性

金琥性强健，喜温暖，不耐寒；喜冬季阳光充足，夏季半阴环境。喜含石灰质及石砾的砂质壤土。生长适温 20～25℃，冬季适宜温度为 8～10℃。

3. 繁殖方法

金琥常用嫁接或扦插繁殖。金琥嫁接繁殖较容易，但不易产生子球。可在生长季节切除球顶部生长点，促其生子球。待子球长到 0.8～1 cm 大小时，切下进行扦插或嫁接繁殖。嫁接砧木可用量天尺，用平接法进行嫁接。嫁接后将苗放在半封闭的高湿条件下培养。嫁接的小苗 1 年可长到直径 4～5 cm，2～3 年直径可达 10 cm 以上。当金琥生长很大而砧木不能支持时，可将其切下扦插。切球体时，宜连带一小段砧木（3～5 cm），这样扦插不伤球体，也更容易生根。

4. 栽培养护

金琥喜疏松、肥力适中、酸碱度中性或微酸性、富含有机质的培养土。需在盆底孔盖瓦片或碎盆片，填入 1/4～1/3 碎瓦片、砖石、枯枝等利水物，再填入 1/4～1/3 培养土。金琥虽耐旱，但春、秋季生长期应给予充足的水分，冬、夏季休眠期节制浇水。生长初期 4～5 天或 1 周浇 1 次水。春季应勤施薄肥，每周 1 次。11 月中下旬气温降低，又渐入休眠期。栽培金琥喜光，春、夏、秋季均需放于阳光充足处，生长中要经常转盆，使球体各处受光均匀。在盛夏烈日直射时，要适当遮阴。

5. 园林应用

金琥球体碧绿，被金黄色硬刺，顶部有金黄色绵毛，非常美丽壮观。宜盆栽，可培养成大型标本球。

二、仙人掌盆栽与养护（见图 3—4—3）

科属：仙人掌科仙人掌属。

拉丁学名：*Opuntia dillenii*。

主要种类：团扇仙人掌类、段型仙人掌类、叶型森林性仙人掌类和球形仙人掌等。

花期：6—7 月。

1. 主要形态特征

仙人掌植株丛生成大灌木状，茎节扁平，倒卵形至长椭圆形，肥厚多肉。刺座疏散，幼时被褐色或白色短绵毛，不久脱落。针刺短，密集，黄褐色。花单生茎节上部，短漏斗形，鲜黄色。

图 3—4—3 不同形态和应用形式的仙人掌

2. 生态习性

仙人掌性强健，耐旱，喜阳光充足。冬季要求冷凉干燥。不择土壤，在沙土或沙壤土中皆可生长，忌涝。

3. 繁殖方法

仙人掌常采用扦插繁殖，在夏季进行。插条宜选生长充实的茎节，切下后晾干 3～5 天，待切口干燥后扦插入沙床内，不可插得太深，插后不可浇大水，保持沙土潮湿即可，3～5 周即可生根。

4. 栽培养护

仙人掌宜生长在排水、透气性良好的石灰质沙土或砂质壤土中，花盆底部排水孔垫上一层纱网以防虫害，在纱网上覆盖瓦片等物以利排水。仙人掌有明显的生长期和休眠期，生长期要浇水，休眠期少浇水甚至不浇水，以保持盆土稍呈湿润、不过分干燥为宜。冬季室温在 15℃以上时，可正常浇水。当室温在 5～10℃时每半个月浇水 1 次，低于 5℃可以完全停水。生长季节增加施肥，可促成植株生长并能尽早开花。盆土较干燥时，可在盆土表面洒水再施肥，第二天早晨浇 1 次透水，效果更佳。仙人掌生长适温为 20～30℃，并要保持较大的昼夜温差。仙人掌喜阳光充足，特别是冬季更要有充分的阳光照射。

5. 园林应用

仙人掌宜盆栽观赏，在热带地区可庭植。

三、令箭荷花盆栽与养护（见图 3—4—4）

科属：仙人掌科令箭荷花属。

拉丁学名：*Nopalxochia ackermannii*。

花期：4—7 月。

图 3—4—4　不同形态和应用形式的令箭荷花

1. 主要形态特征

令箭荷花为附生仙人掌类。茎多分枝，全株鲜绿色，叶状茎扁平，令箭状，中脉明显凸起，边缘钝齿形，齿凹处有刺座。花单生于叶状茎上部两侧，花筒细长，喇叭形大花，花色丰富。

2. 生态习性

令箭荷花喜温暖、湿润的环境，耐旱怕涝，怕寒，忌阳光直射，宜半阴半阳。冬季喜阳光充足和较干燥的土壤，温度宜保持在 10℃左右。夏季要求通风和轻度的光照，温度在 25℃以下。喜肥沃、疏松、排水良好的微酸性土壤。

3. 繁殖方法

令箭荷花常采用扦插繁殖。普通扦插法为用植株整形修剪下来的枝条，剪成 6～8 cm 长的插穗，断口干燥后插入潮湿的沙质土中，扦插深度为 2～3 cm。扦插后放置半阴处，2～3 天后喷水，10 天后在插穗上盖一张白纸，将其移至阳光处，再过 20 天可生根。生根 2 周后可移植在肥沃、疏松、排水性良好的沙质腐叶土中栽培。

用普通扦插法繁殖令箭荷花，由于其叶状茎比较厚，切口对土壤湿度非常敏感，过湿插穗易烂，过干枝条又干瘪瘦弱，采用倒插法可克服诸多不利因素，具体方法是将 10 cm 左右连尖的茎节上端埋入土中，深约 7 cm，下端切口露出土面，20 天即可生根，40 天左右新枝可破土而出。新根至切口一段在 1 年内自然萎缩干枯。

4. 栽培养护

令箭荷花耐旱，生长季节需保持盆土湿润，一般春、秋两季可每隔 5～6 天浇 1 次透水。夏季要少浇水，保持盆土半干即可，要避免盆内积水，防止植株烂根。可于早晨向茎片和植株周围喷水，以增加空气的湿度。令箭荷花怕涝，浇完水后要及时松土，加快水分的蒸发。令箭荷花喜肥，但不耐生肥和浓肥，施肥时最好结合浇水进行，实行薄肥勤施。令箭荷花喜温暖环境，不耐低温，冬季温室内温度要保持在 10℃以上，温度过低易遭受冻害，过高又易引起茎片徒长。

5. 园林应用

令箭荷花枝茎清秀、花朵素丽，适宜盆栽，是装饰会场、厅堂及居室的良好盆栽植物。

四、蟹爪兰盆栽与养护（见图 3—4—5）

科属：仙人掌科蟹爪兰属。

拉丁学名：*Zygocactus truncactus*。

主要品种：‘圣诞白’、‘多塞’、‘金媚’、‘安特’、‘弗里多’、‘马加多’和‘伊娃’等。

花期：11 月至翌年 1 月。

图 3—4—5　不同形态和应用形式的蟹爪兰

1. 主要形态特征

蟹爪兰为附生仙人掌类，茎多分枝，铺散下垂，茎节扁平，连续生长的节似蟹钳状。花生于茎节顶端，花冠漏斗形，淡紫红色，花瓣数轮，上部反卷。

2. 生态习性

蟹爪兰性喜温暖湿润和半阴环境，忌强光曝晒和雨淋，耐旱怕涝，不耐寒，冬季要求温暖和光照充足，是典型的短日照花卉。

3. 繁殖方法

蟹爪兰常采用嫁接繁殖和扦插繁殖。嫁接一般在 3—4 月或 10—11 月的晴天进行，气温在 15℃左右为宜。砧木可用三棱箭或仙人掌，以蟹爪兰粗壮、节数和分枝较多的茎片作为接穗，为提高成活率，最好随割随接。扦插繁殖选择健壮、肥厚的茎节，切 1～2 节，放阴凉处 2～3 天，待切口稍干燥后即可扦插。

4. 栽培养护

蟹爪兰喜疏松、透气、富含腐殖质的酸性土壤，喜湿润环境，平时可 2～3 天浇 1 次水，要做到干透浇透，保持盆内微湿，但不能窝水，过分潮湿易导致烂根。入秋后若天气炎热，应每天浇水 1 次；冬季浇水不宜过多，一般每 4～5 天浇水 1 次，经常保持土壤湿润即可。花芽分化期应保持盆土干燥，以利花芽分化。生长期每隔 10～15 天施稀薄氮肥 1 次，注重施花前肥，但忌施浓肥。修剪原则为壮枝轻剪，弱枝重剪，疏剪过密枝，回缩长枝，摘去重叠枝、瘦弱技，保持通风透光以使株型美观。

5. 园林应用

蟹爪兰植株鲜绿，花形优美，色彩艳丽，作为悬挂花卉，清雅别致；宜盆栽，供室内摆设，是极美的冬季观花盆栽花卉。

五、绯牡丹盆栽与养护（见图 3—4—6）

科属：仙人掌科裸萼球属。

拉丁学名：*Gymnocalycium mihanorichii var. friedrichii*。

主要品种：红色绯牡丹、胭脂牡丹、翡翠牡丹和绯牡丹锦等。

花期：春、夏季。

图 3—4—6　不同形态和应用形式的绯牡丹

1. 主要形态特征

绯牡丹无叶绿素，自身无法单独生长，需嫁接在仙人柱或三棱箭上生长。绯牡丹球形，径 3～5 cm。球体深红色、橙红色、粉红色或紫红色，易滋生子球。具 8 棱，有凸出的横脊。刺座小，无中刺，辐射刺短或脱落。花粉红色，着生于近顶部的刺座上。

2. 生态习性

绯牡丹喜光，喜温暖，除盛夏外均应有充足的阳光。耐干旱，水分不可过多，以空气潮湿为宜。喜含腐殖质多的肥沃、排水良好的壤土。

3. 繁殖方法

绯牡丹主要采用嫁接繁殖，在春季或初夏进行最好，愈合快，成活率高。一般采用平接法，从母株上选取直径 1 cm 左右的健壮子球为接穗，以仙人柱或三棱箭为砧木，接穗削平后将子球紧贴于砧木接切口，球心对准砧木中心柱，用细线扎牢。在室温 25～30℃条件下养护，7～10 天松绑，再养护 2 周，接口完好则成活，2 个月后即可观赏。

4. 栽培养护

绯牡丹喜光，应置于充足阳光下，盛夏时注意稍遮阴。生长期每 1～2 天对球体喷水 1 次，使其更加清新鲜艳。秋末、冬季、春初气温较低时，植株处于半休眠状态，应严格控制浇水，使盆土干而不燥，盆土干透后略浇水即可。每年 5 月换盆 1 次，加入新鲜肥沃的腐叶土、沙与泥炭。

5. 园林应用

绯牡丹宜作盆栽观赏，或配置于多肉植物专类园及作盆景材料。

六、长寿花盆栽与养护（见图 3—4—7）

科属：景天科伽蓝菜属。

拉丁学名：*Kalanchoe blossfeldiana*。

主要品种：‘卡罗琳’、‘西莫内’、‘米兰达’和‘内撒利’等。

花期：12 月至翌年 5 月。

图 3—4—7　不同形态和应用形式的长寿花

1. 主要形态特征

长寿花为多年生肉质草本，茎直立，全株光滑无毛，基部分枝。叶肉质，略向内弯曲，肥厚多汁，色泽亮绿。圆锥形伞形花序，每花序着生小花数十朵。花高脚碟状，花瓣 4 枚，花色丰富。

2. 生态习性

长寿花性喜温暖、通风、稍湿润和阳光充足的环境。不耐寒，也不耐酷暑炎热。喜光，忌烈日曝晒。耐干旱，忌水湿。喜疏松肥沃、排水良好的沙壤土。

3. 繁殖方法

长寿花主要采用扦插繁殖。

（1）老枝扦插　长寿花发根力强，选取稍成熟的肉质茎，剪取 5～6 cm 长插于苗床中，浇水后用薄膜覆盖，保持温度在 15～20℃，15～18 天生根，1 个月后可移栽。

（2）嫩枝扦插　在夏季6—7月，选取当年生长的嫩枝，剪取枝条顶端一段，置于阴凉通风干燥处，待其切口略为干缩后按5 cm×5 cm的株行距进行扦插，插好后用细孔洒壶喷水，但不要把水喷透。5~7天后伤口基本愈合，可以喷透水。生根后要加强光照，促进幼苗生长，当植株上部开始萌动时，可用培养土上盆栽培。一般到次年春季就能长成丰满的盆花。

（3）叶片扦插　长寿花叶片肥厚，扦插后生根也很快，15~20天就能长出白色嫩根。

4. 栽培养护

上盆前，可于花盆底部放上2~3片马蹄片作为基肥，用一般上盆方法操作。待稳苗后可适量浇水，再遮阴1~2天即可正常接受阳光照射。每年春季，可翻盆1次。当连续栽种3年后，最好重新扦插育苗进行更新，否则长寿花发苗会变得较弱，观赏价值也会随之下降。

长寿花为典型的短日照植物，对光周期反应敏感，短日照处理20~30天即可形成花蕾。较耐干旱，但生长季节不能缺水。夏季要少浇水，并需增加通风。

5. 园林应用

长寿花小巧玲珑，植株紧凑，叶片翠绿，花开繁茂，色彩丰富，易于管理，是不可多得的室内盆栽花卉。花期正逢圣诞节、元旦和春节，布置于窗台、书桌、案头，讨人喜欢。由于名称为长寿，故节日赠送亲朋好友，喻义大吉大利、长命百岁，十分相宜。

七、虎刺梅盆栽与养护（见图3—4—8）

科属：大戟科大戟属。

拉丁学名：*Euphorbia milii var. splendes*。

主要品种：虎刺梅、白花虎刺梅、凯西虎刺梅和塔城虎刺梅等。

花期：12月至翌年5月。

图3—4—8　不同形态和应用形式的虎刺梅

1. 主要形态特征

虎刺梅为常绿灌木，茎直立具纵棱，其上生硬刺，体内具白色乳汁。叶仅生于嫩枝上，倒卵形，叶面光滑，绿色。聚伞花序生于枝顶，花小，总苞片鲜红色，扁肾形，长期不落，花为主要观赏部位。

2. 生态习性

虎刺梅性喜高温和阳光照射，不耐寒，低于2℃不能安全越冬。需常年在温室栽培或于夏季移至露天培养。在阳光充足时，苞片鲜红；光照不足时，苞片色泽暗淡；长期荫蔽，则只长叶不开花。干旱时，叶子脱落，但茎枝不萎。土壤湿度不能过大，否则生长不良，甚至腐烂死亡。分泌的汁液有毒，接触后，可使皮肤红肿、奇痒。

3. 繁殖方法

虎刺梅以扦插繁殖为主，在整个生长期都可扦插，但一般常在春季扦插。虎刺梅再生能力强，不论采用完全木质化的枝条还是利用嫩枝作插穗，插后都能很快生根成活。由于虎刺梅的茎上长满了长刺，而且茎内含有可能引起皮肤发痒的白色乳汁，因此在操作时必须戴上厚手套，以保护手部。

4. 栽培养护

虎刺梅喜微潮偏干的土壤环境，浇水量要控制，但在夏、秋生长旺盛阶段应经常给植株浇水。冬季休眠期以保持盆土微湿为宜，切忌给予大量水分。肥料不必多施，除了换盆时施基肥外，每年春季施薄肥2～3次，秋季可减少施肥量。肥料为富含磷、钾的稀薄液肥，也可使用仙人掌及多肉植物专用肥料。冬天必须停止施肥。虎刺梅喜温暖的生长环境，在春、夏两季，应提供一个温暖甚至高温的场所，以配合其生长需要。在10～30℃环境下均能生长良好，冬季温度低于10℃时，最好移入室内栽培。室温要维持在15℃以上才能开花，如果温度较低，则叶片脱落，进入休眠状态。

5. 园林应用

虎刺梅花形美丽，颜色鲜艳，茎枝奇特，适宜盆栽，应陈设在高处。

思考与练习

1. 列举常见栽培的10种温室多肉多浆花卉。
2. 简述多肉多浆花卉的生态习性特点。
3. 简述多肉多浆花卉的栽培技术要点。
4. 多肉多浆花卉嫁接繁殖的类型和技术要点有哪些？结合实例说明其操作步骤。
5. 简述金琥、仙人掌、蟹爪兰、长寿花的栽培养护要点。

任务五
兰科花卉盆栽与养护

任务目标

◇了解兰科花卉的生态习性

◇掌握兰科花卉的栽培技术要点

◇掌握常见兰科花卉的繁殖方法

◇掌握常见兰科花卉的栽培养护技术

任务提出

兰科花卉是一个庞大的家族，种类多、观赏价值高，是广受欢迎的年宵花和各时节高档雅致的室内装饰花卉。兰科花卉需要独特的繁殖方法、特殊的栽培条件和严格的操作技术要领。某花卉生产企业收到生产数批国兰（见图 3—5—1）和洋兰（见图 3—5—2）的订单，现需根据需要做好兰科花卉大量繁殖、栽培与养护任务。

图 3—5—1　国兰栽培

图 3—5—2　洋兰栽培

任务分析

由于兰科花卉有着特殊的器官—假鳞茎，另外其种子具有特殊性，除了常规的繁殖栽培方法外，还有其独特的繁殖栽培方法。

兰科花卉的养护管理工作包括温度、湿度调节及施肥灌水、修剪等环节。在养护管理过程中，应结合当地的环境条件选择适宜的场址，并采取合理的技术措施，以满足兰科花卉生长的需要。

相关知识

一、兰科花卉概念与分类

广义的兰花是兰科花卉的总称，包括中国兰和洋兰。狭义的兰花则只指中国兰（即国兰），我国民间通常所说的兰花多指国兰。

中国兰又称国兰、地生兰，是指兰科兰属的少数地生兰，如春兰、蕙兰、建兰、墨兰、寒兰等。国兰是中国的传统名花，原产于亚洲的亚热带地区，尤其多分布在中国亚热带雨林区。

洋兰是民众对国兰以外兰花的称谓，又称热带兰、附生兰，如大花蕙兰、蝴蝶兰、石斛兰、卡特兰等，多指热带兰，中国也有少量热带兰的分布。

1. 依生态习性分类

（1）地生兰类　根生于土中，常有块茎或根茎，部分有假鳞茎，如兰属的许多种、兜兰属等。

（2）附生兰类　附着于树干、枝、枯木或岩石表面生长，常见假鳞茎，用于贮藏养分和水分，适应短期干旱，以特殊的吸收根从湿润空气中吸收水分，如石斛兰属、万带兰属等。

（3）腐生兰类　不含叶绿素，营腐生生活，常有块茎或短粗根茎，叶退化为鳞片状。

2. 依花的特性和分布地等分类

（1）国兰　花、花序较小，花色清雅，一般具浓香或清香。

（2）洋兰　花、花序较大，花色艳丽，一般无香或微香。

3. 依对温度要求分类

（1）喜凉兰类　不耐热，需一定低温。冬季 $T_{日}$=10℃，$T_{夜}$=4.5℃；夏季 $T_{日}$=18℃，$T_{夜}$=14℃。如兜兰属的一些种及文心兰等。

（2）喜温兰类　多数种类属于此类。冬季 $T_{日}$=13℃，$T_{夜}$=13℃；夏季 $T_{日}$=22℃，

$T_{夜}$=16℃。如兰属、石斛兰属以及多数卡特兰、兜兰属的某些种。

（3）喜热兰类　不耐低温，冬季 $T_{日}$=16～18℃，$T_{夜}$=14℃；夏季 $T_{日}$=27℃，$T_{夜}$=22℃。开花美丽的许多杂交种属于此类，如蝶兰属、万带兰属等。

二、兰科花卉繁殖方法及技术要点

1. 播种繁殖

蒴果由绿色转为黄色再变褐色，在开裂并散落种子前采收。兰花的果实与种子如图3—5—3所示。种子寿命短，室温下很快丧失生活力，应随采随播。如需贮藏，在干燥密封且温度保持5℃下可保持生活力几周至几个月。

用常规方法播种不能使种子萌发，需要用兰菌或人工培养基来供应养分才能萌发。播种最好选用尚未开裂的果实，表面用75%的酒精灭菌后取出种子，用10%次氯酸钠浸泡5～10 min，取出后再用无菌水冲洗3次，即可播于盛有培养基的培养瓶内，然后置于暗培养室中，温度保持在25℃左右，萌动后再移至光下即能形成原球茎。从播种到移植，需要半年到一年时间。

目前兰花播种繁殖均在玻璃器皿内的无菌条件下进行，播种基质用合适的培养基，除了外植体用种子胚，其他同一般的组织培养。

图 3—5—3　兰花的果实与种子

2. 扦插繁殖

原产热带或亚热带的兰花种类扦插时间一般选择气温较高的4—10月进行；原产温带的种类可提早在3月进行。多用透气性较强、排水良好的苔藓、河沙、珍珠岩、椰糠和泥炭土等作基质，单独或混合使用均可。插穗的生根与母株的营养条件有很大的关系，要选择充分成熟而不太老化的茎段作插穗，较易发芽长叶生根。每个茎段一般有2～3个节较好。切口涂上硫黄粉或木炭粉，以防霉烂。

兰科花卉的扦插繁殖方法因种类不同而作法各异（见图3—5—4）。

图 3—5—4　兰科花卉扦插繁殖方法

（1）枝（茎）插　适于具长地上茎的单轴分枝类，如万带兰属、火焰兰属、蜘蛛兰属等。它们的茎直立，可剪下无根的上部切成 2～3 节为一小段，直插于苗床，待其抽芽、生根即成为新的植株。如茎株上带有几片叶子，或有一些气生根，可切下直接种植成为新株。

（2）分蘖扦插　适于兰花的许多属，主要是单轴分枝不具假鳞茎的属，如万代兰属、火焰兰属、蜘蛛兰属等。当生长成熟后，尤其在将顶枝剪作插条或已出生的幼株被分割后，母株基部的休眠侧芽易萌发或形成分蘖，逐渐生根成为幼株。当生长至一定大小，一般具有 2～3 条气生根时，从基部带根割下作为插条繁殖。一株上的几个分蘖要一次全部割下，才能使母株再产生分蘖。

（3）假鳞茎扦插　适于具假鳞茎的种类，如卡特兰属、兰属、石斛兰属等，选取未开花而生长充实的直立外露假鳞茎，从根际剪下，每 2～3 节切成一段，直立扦插于用泥炭和苔藓做成的苗床内，一半露出在外面，放在半阴、潮湿和温度较高的环境中，待苔藓表面变干后，喷少许水以保持苔藓湿润。1～2 个月后待新芽生出，且有 2～3 条小根时栽植在新盆中，成为新植株。

（4）花茎扦插　蝴蝶兰属、鹤顶兰属的长花梗有节和鳞片，每个节上都有潜伏芽。选择无花的下部花梗剪切成单节或双节为一段，斜插入苗床内，精心养护约 2 个月，如有小苗发生在节眼上，小苗抽叶生根成为新的植株。

3. 分株繁殖

分株繁殖适用于合轴分枝的种类，在具假鳞茎的种类上普遍适用（见图 3—5—5），如卡特兰属、石斛兰属、兜兰属、兰属等。

分株时间应选择花后至新芽萌发前进行。不同的兰花种类应以不同的方法对待。如春兰、墨兰、蕙兰、寒兰应选在花后或生长相对缓慢时分株，而建兰则应在早春萌芽前分株。

在分株前数日，应控制给兰盆浇水，将整丛兰株从盆中脱出，抖去所有盆土，用清水冲洗植株和根部的泥土，稍晾干后对断根、腐根及枯叶、败花进行修剪，然后找到假鳞茎丛之间空隙比较大的地方，将植株丛用手掰开或用利剪剪开，分成数小丛，经消毒后分别上盆栽植。每丛新株至少要有 2～3 个假鳞茎，视栽培目的而定。若单纯为了增殖，需迅速增加兰株的数量，每丛有 2～3 个假鳞茎即可，若既为了繁殖又要兼顾来年观花，则每丛应有 4～5 个假鳞茎以上。切忌分得过少或单苗独株，否则极易因栽培管理的疏忽而造成植株死亡。

分株时操作应尽量细心，避免碰伤新芽。对一些无叶或仅剩少量叶片的老假鳞茎，只要其仍饱满充实，就不要弃去。可将其上部的残叶剪去，种在水苔内，盆口用塑料薄膜缚扎，保持湿润，这些假鳞茎的潜伏芽仍有希望发出新的植株。

图 3—5—5 兰花的分株繁殖

三、兰科花卉栽培技术

1. 兰盆的选择

常用的兰盆有塑料盆、紫砂盆、瓷盆、素烧盆、瓦盆等。盆的大小与苗大小相称，严格按照“小苗小盆、大苗大盆”的原则。

2. 植料的选择

根据兰花的特性，栽培的植料要求疏松，排水、通气良好；无污染、无病菌虫卵、无病毒潜伏；含有一定的大量元素和微量元素。

国兰常用块状火烧土、腐殖土、泥炭土、树皮、锯末等作植料。地生兰类常用山泥、泥炭土、腐殖土、煤渣作植料。附生兰类常用泥炭藓（苔藓、水苔）、树皮椰子壳、树蕨根、木炭、陶粒等作植料，此外还有碎砖块、瓦片等辅助植料。

3. 上盆

现代养兰多采用多种颗粒植料混合使用，这些颗粒植料都需要浸泡后使用。烧制的兰盆要在水中浸泡 1 天以上，再用杀菌剂稀释液浸泡 2 h 以上，出水后用清水冲洗干净。

新购的兰株经整理根系、修剪断根后，切口要立即敷上药粉，一般以甲基托布津、多菌灵、百菌清等药剂敷伤口较好，放在阴处晾 1～2 天，使根系柔软（如挖出前土壤已扣水或购回前一两天已挖出，可不必晾根）。用一只手将兰株持于盆中（假鳞茎处于与盆面将近平等的位置），另一只手加入已配好的植料。植料加到约一半时，用手轻拍盆边，使植料与根系紧贴，植料加至假鳞茎位置时即可。盖上水苔，既可保持植料湿度，又可避免浇水时水直接冲在植料上，还可美化盆面，整个过程需小心勿伤根、叶。上盆完成后，浇上定根水，不宜浇水过多，置于阴处 1 周即可。

四、兰科花卉养护技术

兰花和其他植物一样，种类繁多，生长环境各异，很难有一种通用的养护方法，但都离不开对温度、湿度、光照、水分、养分等的调节。

1. 温度调节

夏季喷水和通风。夏季宜对空中、地表、花台及兰叶进行喷雾或喷洒清水，可起到降温防暑作用。温室则需在玻璃上挂帘挡光防热。炎热季节，更要注意通风和加强空气对流散热，可局部掀起棚上遮掩物；兰室则打开门窗，避免热气郁积。

除气温外，还应注意土温的调节。兰花的根在土中生长，盆土温度对其生理机能有直接影响。一般土温与气温成正相关，气温高则盆土温度也随之升高，但变化比较缓慢。土壤温度调节时首先要防止烈日直射花盆，将土壤及盆晒烫，灼伤贴在盆壁近处的兰根，其次注意浇水时水温需与土温相近。

2. 湿度调节

北方地区城市家庭阳台养兰不易成功，其主要原因是空气干燥。空气湿度低导致兰叶粗糙、黯淡无光泽；空气湿度适宜，则叶面润绿。通常兰花生长期所需空气湿度不能低于 70%，冬季休眠期所需空气湿度约为 50%。在我国南方有时阴雨连绵，特别是梅雨时节湿度过大，应打开门窗和遮蔽物进行通风。兰花喜温润，在高湿且通风良好条件下生长健壮，应避免低温高湿。

3. 光照调节

兰花养护时需做好遮阴工作。庭院养兰，一般在有阳光的天气，于早上 9 点（冬季可迟些，夏季早些）盖一层遮阳网，阴天不用遮阳，盛夏则用两层遮阳网。阳台养兰，可通过启闭遮阳网、竹帘或其他方式调整光照情况。不同种类的兰花对光照的需求不同，如建兰较喜光，只需要遮光率 60%～70%；墨兰较喜阴，遮光率为 85%；春兰、春剑、莲瓣兰、蕙兰则介于两者之间。

光照是否合适，可通过观察兰株的生长情况予以判断：若叶片色泽淡绿，甚至变成黄白色或焦黄、枯萎，说明光照太强，要加强遮阴；若叶片色泽浓绿或暗绿，且无光泽，则说明光照太弱，要提高光照水平。

4. 浇水（见图 3—5—6）

春季气温逐渐回升，为新芽萌发季节，浇水应及时，每天或隔天浇水 1 次，保持盆土湿润；夏季气温高，水分蒸发量大，每日清晨浇 1 次水，傍晚如盆土干燥，可补些水分浸润盆土；秋季气温渐降，兰花生长缓慢，每天观察盆土的干湿，干则浇水；冬季兰花进入休眠期，盆土宜稍干，应少浇或不浇水。水温应与盆土温度和气温接近。

图 3—5—6　兰花浇水

兰花长势强、根部好时可多浇水，反之酌情减少；发芽时水分可多些，发芽后可逐渐减少，新芽逐渐成熟时水分更少；花芽出现时水分可稍多，开花期间水分不宜过多，花凋谢之后应停止浇水，使盆土略干燥，兰花稍休眠后再浇水。附生性兰花和有气生根的兰花可以少浇水，如虎头兰有气生根，能从空气中吸收水分，浇水不必过多。瓦盆、大盆多浇，瓷盆、釉盆则少浇。盆栽植株多或地栽兰株密时多浇水。

浇水常用方法有浇水、喷水、浸水三种方法。浇水必须浇透；如果是有土栽培，刚上盆的兰株不宜常浇水，应待盆面土微干白后的次日或第三天浇水为宜。但对于使用颗粒土栽培或无土栽培的，只要不是冰冻天，可常浇水，有利于植株生长，如果待到盆表面植料干白后再浇水反而不利于生长。

5. 施肥

施肥应根据兰花种类、生长期和气候条件进行。若要兰花生长健壮，则氮肥可稍多施；若是花叶品种，则氮肥少施或不施。阴雨天不施肥，因空气湿度大，水分不易蒸发，根部不易吸收肥料。气温高于 30℃时不施肥，因水分蒸发过快，残留的肥料浓度增加，有害生长；气温低于 15℃时也不能施肥，因兰花处于半休眠状态，不能吸收肥料。只有光照及温度条件适宜，光合作用旺盛时才是施肥的最佳时期。

施肥还应根据兰花不同的生长发育阶段进行。新芽在假鳞茎长至半成熟之前的营养生长时期，应施稍多的氮肥，磷、钾肥应较少；营养生长之后是生殖生长时期，光合作用所制造的养分储藏在假鳞茎及叶片中，以备开花或新芽生长之用，这时应多施磷肥和钾肥，以促使假鳞茎饱满成熟，生芽开花。

一般春兰、建兰和蕙兰在 5 月上旬开始施肥，盛夏季节及 12 月至翌年 2 月初不施肥，在 9 月上旬春兰施氮肥 1 次，9 月下旬建兰施浓肥 1 次，一般在开花前后不宜施肥。施有机肥时，除作基肥混入土壤外，一般都用洒壶将水肥浇入根际（兰盆中），切勿施到叶面上。施肥“宜勤而淡，忌骤而厚”，次数可以多些，施用时要将水肥稀释 20～30 倍或更多倍数。施化肥时，浓度宜为 0.1%～0.3%，用洒壶直接浇在兰花的根部或用喷雾器喷在叶面上作为根外追肥。根外追肥一般用磷酸二氢钾或尿素，根外追肥肥效迅速、经济实惠、用量少，不会引起盆内水分过多，且不易损伤根部。

6. 修剪

兰花老叶枯黄时应及时去除，以利通风；有些叶子叶尖干枯，也应剪除，尤其在展览期间，应及时剪除以免影响观赏；带病虫的叶片，需及时剪除，以免传染（见图 3—5—7）。

图 3—5—7　剪除病叶

如果花芽出土太多，应留壮芽，除去瘦小花芽，每株兰苗留 1 个花芽即可。花芽过多，容易互相影响，导致开花不好，还会消耗母本养分，影响下一年开花。

凋谢的花莛无观赏价值，又会消耗株体养分，另外，凋萎后的残花会产生乙烯，使正在盛开和尚未凋萎的花朵提早衰败，因此，凡开过花又不作观赏素材用或花已将近凋萎的花莛，必须及时剪除。春兰约开花半个月，开败后应及时将花莛剪除；蕙兰的花序上最后一朵花开放 1 周时，应将花序剪除；一般兰花在开花后都不让其授粉结实，否则影响第二年开花。

对生长差的兰花，每丛叶子不多或根部不好的，应进行摘花。对较好的品种，春兰可适当地摘 1～2 个花苞，夏兰待花苞生长时留 1～2 个花苞，名贵春兰花开 3～5 天应摘掉，使叶芽生长茁壮；夏兰的花开到顶上一朵时也可离盆面 3 cm 处剪下。

任务实施

现以常见有代表性的兰科花卉为材料，进行繁殖和栽培养护练习。

一、春兰盆栽与养护（见图 3—5—8）

科属：兰科兰属。

拉丁学名：*Cymbidium goeringii*。

主要品种：梅瓣、荷瓣、水仙瓣、奇种（蝶瓣）、素心、色花和艺兰（花叶）等。

花期：1—3 月。

1. 主要形态特征

春兰为多年生草本植物。植株比较矮小，假鳞茎很小。花莛短，常在叶面之下，多数一莛开一朵花。萼片呈狭矩圆形，萼端急尖或钝尖，以黄绿色或白绿色为主。花冠有多数

图 3—5—8　不同形态和应用形式的春兰

披挂，点缀有异色点、条、块斑，仅有个别种类为无异色斑彩的素心种。花味清香持久。

2. 生态习性

春兰原产于我国浙江、江苏、湖北、安徽、云南等地，常野生于悬崖旁的溪沟边和疏林下的草丛中。性喜温暖湿润的环境，喜肥沃、疏松、透气和排水良好的酸性土壤，忌碱性和黏性土壤，最忌积水，也忌烈日曝晒。

3. 繁殖方法

春兰可采用分株繁殖和播种繁殖。分株繁殖（见图 3—5—9）常在 3 月中旬至 4 月底和 10—11 月上旬进行，分株苗一般以 2 ~ 3 苗为宜。春兰种子极细，发芽率低，盆播很难发芽，可采用培养基繁殖。

图 3—5—9　春兰分株繁殖

4. 栽培养护

春兰较耐干旱，但夏季温度高、光照强，要保证有充足的水分供应。春兰忌散光，畏强光，半阴条件最为适宜。新植兰花第一年不宜施肥，经 1 ~ 2 年培养，待新根生长旺盛时才可以施肥。春季和夏、秋季正值兰花生长旺盛期，可以多施肥；盛夏酷暑，应停止施肥；秋、冬季春兰生长缓慢，应少施肥。现蕾后对生长差的兰花，每丛叶子不多或根部不好的，应进行摘花。春兰可适当地摘去 1 ~ 2 个花苞，选留 1 个发育最好、观赏价值最佳的花蕾。春兰开花 10 ~ 14 天可将花朵连同花莛一起剪去，以减少养分消耗，有利来年开花。

5. 园林应用

春兰多进行盆栽，作为室内观赏用，开花时有特别幽雅的香气，全年均有花，故为室内布置的佳品。可作温室花卉栽培，是我国兰科植物中分布最广、品种最丰富的一类兰花。

二、建兰盆栽与养护（见图 3—5—10）

科属：兰科兰属。

拉丁学名：*Cymbidium ensifolium*。

主要种类：骏河系、玉真系、雄兰系、雌兰系、玉枕系和素心系等。

花期：7—12 月。

图 3—5—10　不同形态和应用形式的建兰

1. 主要形态特征

建兰为地生根兰花，植株中矮、雄健，叶片宽厚，直立如剑，基细、中宽、端钝。叶片数少，壮苗 5 叶以下。花多，花瓣较萼片稍少，色淡，形似竹叶。

2. 生态习性

建兰分布于亚热带地区，常生长于林缘等光照较充足的地带。因此喜夏秋季无酷热、冬季无酷寒的生长环境。不耐水渍、严寒。怕强光直射、忌闷热。要求用透水、透气性强的植料。

3. 繁殖方法

建兰常采用分株繁殖，在春、秋季均可进行，将密集的假鳞茎丛株，用刀切开分栽，每丛至少 3 苗。将根部适当修整后上盆，置于阴凉处缓苗 10 ~ 15 天即可进行正常的水肥管理，如图 3—5—11 所示。一般 2 ~ 3 年分株 1 次。

4. 栽培养护

需保持植料湿润，但不能多浇水，切不可使根部积水，夏季要向叶片多喷水。有土栽培的 2 ~ 4 天浇 1 次水，坚持“宁干勿湿”的原则。因光照过强而引起的高温，应采取增加遮阴的层次和密度促使降温。夏、秋季节光照强，空气闷热，气温高，应开启门窗，让周围空气对流，促使降温。

施肥种类有干肥和液肥，干肥采用牛骨粉（氮 4%、磷 22.06%）、草木灰（磷 6.04%、钾 6.41%）、饼肥（氮 7%、磷 6.32%、钾 2.12%）及火烧土混合肥配制与复合肥交替使用，每年盆内施肥不少于 4 次。液肥以腐熟的有机质肥过滤冲淡液、尿素、磷酸二氢钾或专用花肥交替作追肥或根外施肥，一般每隔 15 天 1 次，在根外施肥时前后 2 天用清水喷洒叶面 1 次，冲洗尘土和药液残渣。

图 3—5—11 建兰上盆过程

5. 园林应用

建兰适宜用五筒以上或较大的高腰签筒盆栽植，每盆苗数稍多，布置于林间、庭园或厅堂；也是阳台、客厅、花架和小庭院台阶陈设佳品，显得清新高雅。

三、墨兰盆栽与养护（见图 3—5—12）

科属：兰科兰属。

拉丁学名：*Cymbidium sinense*。

主要品种：'金嘴墨'、'银边墨'、'白墨素'和'企剑黑墨'等。

花期：9 月至翌年 3 月。

图 3—5—12　不同形态和应用形式的墨兰

1. 主要形态特征

墨兰为多年生草本，根粗长。假鳞茎较大。叶形独特，狭长剑形，深绿色。出架花，花朵较多，花色多变，香气浓郁。萼片披针形，淡褐色，有 5 条紫褐色的脉，花瓣短宽。唇瓣三裂不明显，先端下垂反卷。

2. 生态习性

墨兰多生长于向阳密林间，是典型的阴性植物。喜阴，忌强光。喜温暖，忌严寒，墨兰生长适温为 25～28℃，不耐 3℃以下的低温。喜湿，忌干燥，植料表面偏干时要及时浇水，勿偏干过久。喜肥，尤其是氮、钾肥。

3. 繁殖方法

墨兰具有较粗壮的假鳞茎，常采用分株繁殖，也可采用组织培养繁殖。一般来说，只要不是墨兰的旺盛生长季节均可进行分株繁殖，其中以休眠期为最佳。选择已经清理好的较大丛植株（见图 3—5—13），把植株从盆中扣出，露出根系（见图 3—5—14），找出两假鳞茎相距较宽、用手摇动时又容易松动的地方，用利剪剪开，在伤口处涂抹炭末和硫黄粉，防止伤口腐烂。剪开的两部分假鳞茎上都应有新芽，各自能单独发展成新的植株。分开的兰株要进行整理，剪去烂根、枯叶。

4. 栽培养护

墨兰虽喜湿润环境，但叶面积小，肉质根，浇水不宜过多，以经常保持植料干而不燥、润而不湿为原则；夏、秋两季于日落前后浇水，入夜前叶面以干燥为宜。墨兰株粗叶阔，对氮的需求较大，施肥"宜淡忌浓"，施肥一般从春末开始，秋末停止，必须在晴天傍晚进行，阴天施肥有烂根的危险。最好选择缓释性和控制性肥料，勤浇灌稀薄的矾肥

图 3—5—13 待分株的墨兰

图 3—5—14 取出植株并露出根系

水，对植株的生长效果较好。

5. 园林应用

墨兰可作盆栽装点室内环境和作为馈赠亲朋的主要礼仪盆花，花枝也可用于插花观赏。

四、寒兰盆栽与养护（见图 3—5—15）

科属：兰科兰属。

拉丁学名：*Cymbidiu kanran*。

主要品种：红花类、绿花类、紫花类、白花类、桃红花类、黄花类和群色类等。

花期：10—12 月。

图 3—5—15 不同形态和应用形式的寒兰

1. 主要形态特征

寒兰假鳞茎明显，叶片 3～7 枚丛生，直立性强，多为狭带形，叶基部特别狭小，多数叶端披拂下垂，薄革质，深绿色。芽色灰白，新苗叶中脉白亮且占叶宽的 1/3，其双侧的绿色部分有明显的龙骨状隐性绿色斑纹。花瓣比萼片略宽而短，唇瓣不明显三裂，中裂，常反卷。

2. 生态习性

寒兰多原生于背西北、朝东南的山腰林野，其下常有溪流、山洞迂回。寒兰喜土干、气湿的生长环境。喜凉爽、无严寒的气候。宜成簇深植，不宜过多散植。

3. 繁殖方法

寒兰以分株繁殖为主，也可采用组织培养繁殖。分株、换盆的最好时机是春、秋分前后 1 周。将密集的假鳞茎丛株，用刀切开分栽，每丛至少 3 苗。将根部适当修整后盆栽，一般 2～3 年分株 1 次。组织培养的繁殖材料是以寒兰种子萌发后形成的根状茎为外植体。

4. 栽培养护

在寒兰栽培中，兰盆应该与其“根垂直下生，少横向生长”这一特性相宜。选气温 20～25℃的春季或秋季种植较为适宜。分株会给寒兰造成一定的伤害，特别是对老苗伤害更大，所以分株换盆后要在避开强光线的环境下进行管理。

寒兰根系长且发达，耐旱力较强，水多易引起烂根，应严格控制浇水。平时尽量做到盆土潮润而不湿，微干而不燥。浇水以盆土“见干见湿，浇即浇透，平时稍干”为原则。栽培寒兰换盆时最好能添加少量基肥，植料中拌入 1% 左右腐熟的猪粪以利于寒兰生长开花。弱苗切不可急于施肥，否则易遭肥害。寒兰开放多在秋末冬初，天气渐冷，常觉得香淡而气不足，为了使寒兰幽香飘逸，在其开花时期应当多给予阳光。

5. 园林应用

寒兰花香形美，花色艳丽，莛高出架，叶挺拔弓垂，疏密有致，秀逸飘举，柔中带刚，叶花共雅，因独具魅力而广受重视，常作盆栽。

五、大花蕙兰盆栽与养护（见图 3—5—16）

科属：兰科兰属。

拉丁学名：*Cymbidium hybridum*。

主要品种：红色系列的‘红霞’、‘亚历山大’；粉丝系列的‘贵妃’、‘梦幻’；绿色系列的‘碧玉’、‘玉蝉’；黄色系列的‘夕阳’、‘明月’；白色系列的‘冰川’、‘黎明’等。

花期：12 月至翌年 4 月。

1. 主要形态特征

大花蕙兰为常绿多年生附生草本，假鳞茎粗壮。叶片丛生，带形，革质有光泽，有明显叶脉。花莛粗壮高大，花顶生，花朵硕大，雄蕊 5 枚均瓣化为色彩丰富艳丽的花瓣。

图 3—5—16　不同形态和应用形式的大花蕙兰

2. 生态习性

大花蕙兰常野生于溪沟边和林下的半阴环境，喜冬季温暖和夏季凉爽气候以及高湿强光的环境条件。因此，凉爽的温度、充足的光照是养好大花蕙兰的关键因素。

3. 繁殖方法

大花蕙兰常采用播种繁殖、分株繁殖和组织培养繁殖。播种繁殖主要用于原生种的大量繁殖和杂交育种。大花蕙兰种子细小，在无菌条件下，极易发芽，发芽率在 90% 以上（见图 3—5—17）。分株繁殖在大花蕙兰栽培中应用较多，只要不在兰花旺盛生长期均可进行分株，较适宜的进行时间是兰花的休眠期。

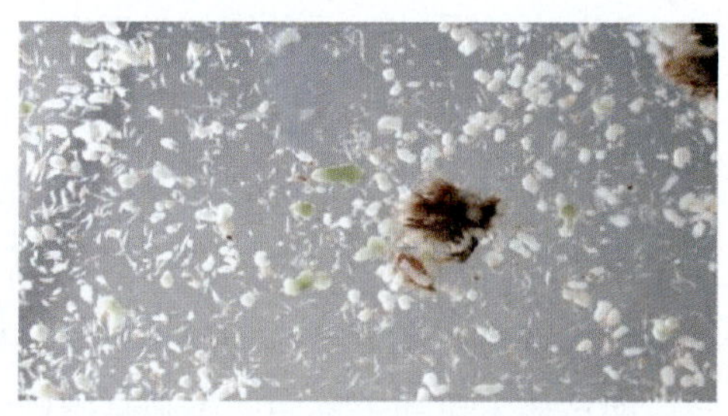

图 3—5—17　兰花种子无菌播种

4. 栽培养护

大花蕙兰的盆栽植料可用苔藓、蕨根、树皮块、木炭、棕树皮、椰壳、碎砖、瓦片、沙砾等，不能用土或少用土栽种。

大花蕙兰耐低温，但如果温度过低或过高，会影响植株及花芽生长。其花芽形成、花茎抽出和开花，都要求有较大的昼夜温差。较耐干旱，茎部有储水组织，即使 1 周不浇水也不会枯死；在夏季浇水一定要充足，并要用水洒叶，以降温和提高湿度，在正常情况下，春、夏季旺盛生长，不可干燥，每天要浇水和洒叶 2 次；对水质要求比较高，喜微酸性水，对水中的钙、镁离子比较敏感。其根部常暴露于空气中，因此需要较高的空气湿度。大花蕙兰稍喜光照，光照充足有利于叶片生长及开花，忌阳光下直晒。大花蕙兰喜肥，春、夏季应每周施肥 1 次，秋季每 2 周施肥 1 次，冬季可停止施肥。花谢以后，把花莛从基部剪掉，以免消耗养分，影响植株恢复。

5. 园林应用

大花蕙兰花大色艳，花多、花期较长且耐摆，主要用于切花生产和盆栽观赏。盆栽株大棵壮，花莛直立或下垂，花姿优美，适用于室内花架、阳台、窗台摆放，更显典雅豪华，散发较高的品位和韵味。如 10～20 株大型盆栽，适合布置宾馆、商厦、车站和空港厅堂，气派非凡，惹人注目。

六、蝴蝶兰盆栽与养护（见图 3—5—18）

科属：兰科蝴蝶兰属。

拉丁学名：*Phalaenopsis amabilis*。

主要品种：‘粉色的曙光’、‘米瓦·查梅’、‘快乐的少女’和‘红唇’等。

花期：10 月至翌年 1 月。

图 3—5—18　不同形态和应用形式的蝴蝶兰

1. 主要形态特征

蝴蝶兰茎很短，常被叶鞘所包。叶片稍肉质，常 3～4 枚或更多，上面绿色，背面紫色，椭圆形、长圆形或镰刀状长圆形，长 10～20 cm，宽 3～6 cm，先端锐尖或钝，基部楔形或有时歪斜，有短而宽的鞘。花序侧生于茎的基部，长达 50 cm，不分枝或有时分枝。花序柄绿色，粗 4～5 mm，被数枚鳞片状鞘。花序轴紫绿色，多回折状，常具数朵由基部向顶端逐朵开放的花。花苞片卵状三角形，长 3～5 mm。花梗连同子房绿色，纤细，2.5～4.5 cm。花白色、红色、黄色等，花朵美丽，花期长，花期 4—6 月。

2. 生态习性

蝴蝶兰生长在热带雨林的原生环境中，着生在树枝、树洞、长满青苔的贫瘠介质上。其生境终年高温，并有近乎饱和的相对湿度。喜欢高气温、高湿度、通风透气的环境，不耐涝。耐半阴环境，忌烈日直射。不耐寒，对低温十分敏感，长期处于 15℃时则停止生长。

3. 繁殖方法

蝴蝶兰的繁殖方法常用分株和组培繁殖。一般情况下，蝴蝶兰分株繁殖在春季新芽萌发以前或开花后进行，分株一般结合换盆进行。

高芽繁殖（见图 3—5—19）：在适当的环境下蝴蝶兰可在茎节上长出带根的新芽，称为“高芽”，如管理得好，以后这些高芽会长出根系。当高芽有 2 条以上气根、长度 2～3 cm 以上时，将其剪切下来，另植盆中即可培养成大植株。

图 3—5—19　蝴蝶兰高芽繁殖

组培繁殖：只能用成苗的茎尖作外植体，也可用叶片培养。小苗经 2～4 年栽培即可开花（见图 3—5—20、图 3—5—21）。

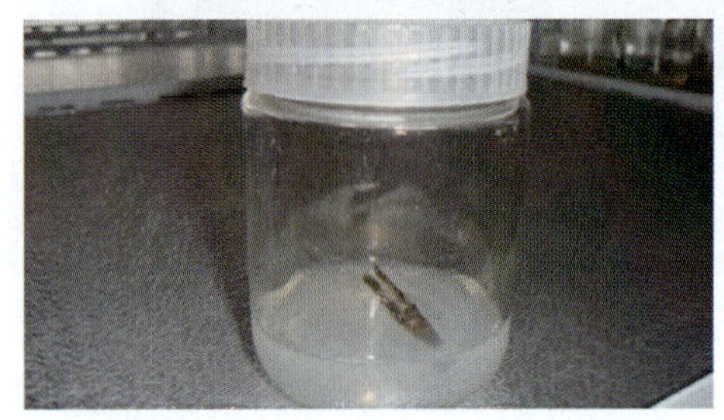

图 3—5—20　蝴蝶兰茎段作外植体

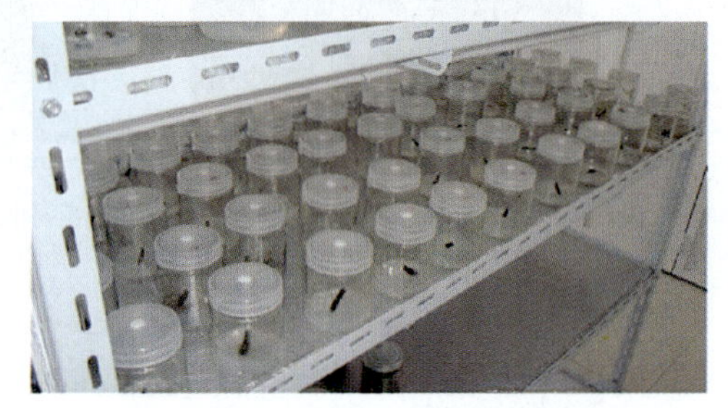

图 3—5—21　蝴蝶兰组织培养

4. 栽培养护

蝴蝶兰属典型的热带附生兰，其根系发达，栽培植料需具备疏松、通风、透气性好、耐腐烂的特点。对叶掉落的、生长衰退的或是植材已老旧的兰株均需换盆。通常 2 年换盆 1 次。换盆的最佳时期是春末夏初。

蝴蝶兰喜空气高湿且通风的环境，要求空气湿度为 60%～80%，并且保持空气流通，最好有微风吹拂，忌干热风吹拂。蝴蝶兰喜湿，但忌积水。新根生长旺盛期要多浇水，休眠期少浇水。浇水原则是“见干见湿”，水温应与室温接近。当室内空气干燥时，可用喷雾器直接向叶面喷雾，见叶面潮湿即可，每周或每半个月施用 1 次即可。开花期、休眠期不施肥，但在花前期和花后期应注意适当补充肥料。忌直射光，应适当给予良好的遮阴，开花期适当增加日照有助于花大色艳。

5. 园林应用

蝴蝶兰花形丰满、优美，生长势强，花期长达数月，品种多，主要用于切花生产和盆

栽观赏。盆栽特别适合家庭、办公室和宾馆摆放，显得典雅豪华。

七、石斛兰盆栽与养护（见图 3—5—22）

科属：兰科石斛兰属。

拉丁学名：*Dendrobium nobile*。

主要种类：金钗石斛、密花石斛和鼓槌石斛等。依照开花季节可分为春石斛和秋石斛。

花期：因品种而异，春季至秋季均有开花。

图 3—5—22　不同形态和应用形式的石斛兰

1. 主要形态特征

石斛兰为复茎附生兰。假鳞茎丛生，直立，节明显。叶近革质，长圆形，互生或对生。总状花序，花大、半垂，唇瓣倒卵状矩圆形，先端圆形，唇瓣上面具紫斑；花朵白色、黄色、浅玫红色或粉红色等，许多种类气味芳香。落叶期开花。

2. 生态习性

石斛兰常附生于海拔 480 ~ 1 700 m 的林中树干上或岩石上。喜温暖、湿润和半阴环境，喜光，不耐寒，忌干燥、怕积水。过于潮湿时，如遇低温，很容易引起腐烂。较喜光，夏、秋季以遮光 50% 为宜，冬、春季以遮光 30% 为宜。喜排水好、透气性强的植料，以碎蕨根和水苔为主。

3. 繁殖方法

石斛兰主要采用分株繁殖，还可采用高芽繁殖（见图 3—5—23）、假鳞茎扦插繁殖（见图 3—5—24）和播种繁殖。每年 3 月是分株、换盆的最佳时期。

高芽繁殖最佳的时期是 4—9 月，当高芽的叶长出 3 ~ 4 枚，根长约 4 ~ 5 cm 时最为适宜。切离的方法有两种，一种是只将高芽自节上切离，另一种是将高芽连同假鳞茎的 1 ~ 2 个节一并切离，经 2 ~ 3 年可成为开花株。

假鳞茎扦插繁殖是将去年长出而不带花芽的或花芽发育不佳的假鳞茎去除叶片后，剪

图 3—5—23　石斛兰高芽繁殖

图 3—5—24　石斛兰假鳞茎扦插繁殖

成茎段作为插穗，或直接平铺于蛇木屑加水苔的介质中繁殖新株。

4. 栽培养护

夏、秋季是春石斛类的生长期，保持温度在 20℃以上，冬、春季是其休眠期和开花期，一般温度保持在 5℃左右较好；秋石斛类对温度要求较高，25～35℃是其生长的适温，冬季低于 10℃会出现寒害。冬季防寒保温是栽好秋石斛的关键。

石斛兰生长期应充分浇水，使假鳞茎生长加快，浇水时间以接近中午比较适当，每次浇水量以水能从盆底流出为准。开花前不施肥，开花后开始施固体肥料或液体肥料；生长期每 10 天左右施肥 1 次，开花后到 7 月底施用含氮高的肥料，也可叶面喷施或浇灌液体化肥，浓度在 2 000 倍左右，叶面喷施最好每周 1 次。施肥时应尽量施用化肥，减少有机肥的用量和次数，以免引起苔藓腐烂。假鳞茎成熟期和冬季休眠期，需完全停止施肥。石斛兰性喜日光，最好放在阳光能照射到的窗户边，要特别注意通风管理。

5. 园林应用

石斛兰花姿优美，色彩新艳，可盆栽摆放在阳台、窗台或吊盆悬挂于客室、书房；在欧美常用石斛兰花朵制作胸花，目前广泛用于大型宴会、开幕式剪彩典礼等场合。在许多国家把石斛作为父亲节之花。

八、卡特兰盆栽与养护（见图 3—5—25）

科属：兰科卡特兰属。

拉丁学名：*Cattleya labiata*。

主要品种：‘香山’、‘落日’、‘优美’、‘火球’和‘长河’等。

花期：秋、冬季。

图 3—5—25　不同形态和应用形式的卡特兰

1. 主要形态特征

卡特兰多年生草本植物，附生兰。先端尖的萼片 3 枚，竖直延伸为此花的最大特征。花大，单朵花直径可达 18 cm，左右对称，唇瓣上有黄斑。花色艳丽，有紫红色、粉红色、白色和各种变色，富有光泽，有些品种具有特殊的芳香。

2. 生态习性

卡特兰多附生于大树的枝干上，头顶有大树遮阴，不受阳光直射，周围云环雾绕，既湿润又通风，其根、枝、叶几乎完全裸露在空气中。喜光照，夏季需遮阴。喜温暖湿润、通风良好的环境，不耐寒，需保持较大的昼夜温差。

3. 繁殖方法

卡特兰以分株繁殖为主，也可采用无菌播种的方式。在南方宜在春、秋两季分株，不宜在雨天或寒冷的季节进行。通常用利刀使新株带有 3 个以上的假鳞茎，将假鳞茎连接处切断，待伤口稍干后即可上盆栽植。无菌播种是采用性状优良的卡特兰为亲本，开花时选取生长健壮的母株进行自交授粉及杂交，授粉后果实 120～150 天基本成熟时作为外植体用于播种。

4. 栽培养护

在开花期减少浇水，可促进花芽分化，新芽形成或花苞形成后要多浇水，但夜间要避免浇水，特别是寒潮侵袭时必须完全停止浇水，空气湿度控制在 60%～65%。卡特兰需肥较少，忌施入粪尿，也不能用未经充分腐熟的有机肥，每 2～3 年需翻盆 1 次。在无肥状

态下栽培，三年内都不会枯死且仍旧开花。卡特兰的吸收力强，施肥后茎叶变得粗大，花数增多，花轮大。在卡特兰旺盛生长的春、夏、秋三季，应注意在盆面不同部位放上一些发酵过的固体肥料，每 1～2 个月放 1 次或每 1～2 周施 1 次液体肥料。用淡薄的复合肥液作叶面肥效果更明显。

5. 园林应用

卡特兰花形、花色千姿百态，绚丽夺目，常出现在喜庆场合或宴会上用于插花观赏。花期长，一朵花可开放 1 个月左右；切花水养可欣赏 10～14 天。

思考与练习

1. 兰科花卉的分类有哪些？分别列举出其代表花卉。
2. 简述兰科花卉的栽培条件和生态习性特点。
3. 兰科花卉常用的繁殖技术有哪些？
4. 简述春兰、墨兰、大花蕙兰、蝴蝶兰的栽培养护要点。

模块四

园林花卉现代栽培新技术

任务一

工厂化穴盘育苗技术

任务目标

◇了解穴盘育苗的优点

◇掌握穴盘播种方法

◇熟悉穴盘育苗技术规程及播后管理

任务提出

某地大型节日花坛、花境布置需要大量蓝花鼠尾草、矮牵牛、三色堇、金鱼草、彩叶草等花卉材料，现需采用工厂化穴盘育苗技术提前繁育大量规格整齐的花卉种苗，以实现此需求。

任务分析

工厂化无土育苗主要采用了穴盘育苗方式，以泥炭土、蛭石和珍珠岩等为育苗基质，采用工厂化精量播种、一次成苗的现代化育苗体系。主要操作流程如图 4—1—1 所示。

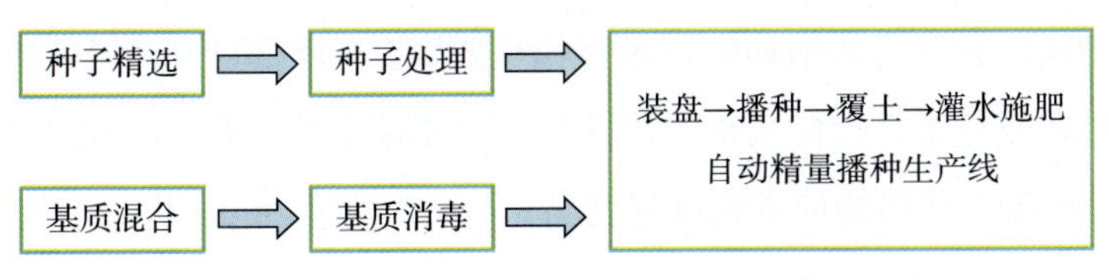

图 4—1—1　工厂化穴盘育苗技术操作流程图

相关知识

一、种子类型及良种标准

1. 种子类型

（1）按粒径大小分类（以长轴为准）

大粒种子：粒径在 5.0 mm 以上，如虞美人、牵牛等。

中粒种子：粒径在 2.0～5.0 mm，如金鸡菊、矢车菊等。

小粒种子：粒径在 1.0～2.0 mm，如三色堇、长春花等。

微粒种子：粒径在 0.9 mm 以下，如矮牵牛、金鱼草、柳穿鱼等。

（2）按种子的形状分类　有球形（如紫茉莉）、肾形（如鸡冠花）、线形（如万寿菊）、三棱形（如牵牛）、船形（如金盏菊）、卵形（如金鱼草）等。

（3）按种子的结构分类　分为没有附属物的种子，如美女樱、三色堇、一串红等；带有附属物的种子，如万寿菊带尾刺、千日红带锦毛等。为了更加适应机械播种，可对种子进行加工，如去尾种子、球形种子和包衣种子等。

2. 良种标准

良种是指用常规种原种繁殖的种子，在一定的环境下能够显现种或品种优越性的种子，其纯度、净度、发芽率、水分四项指标均达到良种质量标准的种子。常见的一二年生花卉良种标准可以参考国家标准《主要花卉产品等级　第 4 部分：花卉种子》（GB/T 18247.4–2000），一般具备以下条件：

（1）发育充实　发育充实、饱满，种粒大而重，所含营养物质较多，胚发育健全，具有较高的发芽率和发芽势。

（2）富有生活力　种子的生活力因种类及成熟度和储藏条件而异，一般新采收的种子发芽率及发芽势较高，随着储藏时间的延长会逐渐降低。

（3）品种正确，纯洁度高　只有种子品种正确，纯洁度高，才能较准确地计算出播种量，并获得所要求的品种植株和园林布置预期效果。种子纯洁度（%）= 纯种子重量 / 样品总产量 ×100%。

（4）无病虫害　种子是传播病害及虫害的重要媒介，种子上附有多种病菌及虫卵，常会随播种而传播造成危害，因此采种的母株和地区不能有病虫危害，更不能在发生病虫害的植株上采种，要建立严格的种子检疫制度。

二、穴盘育苗优点

1. 穴盘育苗在填料、播种、催芽等过程中均可利用机械完成，操作简单、快捷，适于

规模化生产。

2. 种子分播均匀，出芽率高、成苗率高、活力强，可以大大节约种子。

3. 增加育苗速度，便于集约化管理，提高温室利用率，降低生产成本。

4. 穴盘中每穴内种苗相对独立，既减少了相互间的病虫害传播，又减少小苗间营养的争夺，根系也能够得到充分发展。

5. 穴盘苗起苗方便，移栽便捷，不损伤根系，移栽后缓苗期短，定植成活率高。

6. 统一播种和管理，使小苗生长发育一致，提高种苗品质，有利于规模化生产。

7. 轻基质、轻容器，便于存放和运输，实现种苗的市场化。

任务实施

一、基质准备与配制

穴盘播种一般需要配制基质，基质主要有泥炭土、蛭石和珍珠岩等。一般是将泥炭土和珍珠岩按 2∶1 混合后过筛使用（见图 4—1—2）。也可将腐熟的有机肥、炉灰、园土等按比例混合过筛，作为基质使用，但绝不能掺入无机肥。播种基质既要有利于种子萌发、根系伸展和附着，又要为根系发育创造良好的水、肥、气条件，要求播种基质有机质含量较高、疏松透气、无病虫、无杂草，有保水保肥能力，所有播种基质都应消毒。

图 4—1—2　混合配制基质

二、穴盘播种方法

穴盘播种可人工点播，有的大型花卉生产企业也采用播种机或简易的播种机具进行播种（见图 4—1—3、图 4—1—4）。一般每克种子在万粒以上的，可以不覆土或覆薄土，万粒以下的根据种子大小确定覆土厚度，通常为种子直径的 1.5～2 倍。

三、穴盘规格与准备

需苗量不太大时，可以进行营养钵育苗或箱盘育苗，即把种子播到营养钵或箱盘中（见图 4—1—5）。穴盘育苗是目前花卉生产上应用最广泛的育苗方法（见图 4—1—6），繁殖量大、规格整齐。

塑料穴盘通常由聚苯乙烯或聚氨酯泡沫塑料和黑色聚氯乙烯塑料两种形式，穴孔数有

图 4—1—3　手持式简易播种机播种

图 4—1—4　机械播种机播种

图 4—1—5　箱盘育苗

图 4—1—6　穴盘育苗

50 孔、70 孔、128 孔、200 孔、288 孔等。黑色穴盘壁光滑，利于定植时顺利脱盘，也便于运输。对于使用过的穴盘如再次使用，必须要进行清洗、消毒、干燥后才能继续使用。

四、播后管理

1. 水分管理

苗床或穴盘基质要保持湿润，不要忽干忽湿，或过干过湿。出芽前浇水要勤，出芽后不能过湿。为了浇水时不把种子冲走，可用喷雾器浇水，大型园艺公司可用自走式浇水机等设备浇水（见图 4—1—7）。

图 4—1—7　自走式浇水机

2. 催芽

苗床播种根据需要可以覆盖薄膜进行保温，种子发芽出土后除去覆盖物，逐步见光，当种子适应后，才能完全暴露在阳光下。穴盘播种后，穴盘要移入温室进行催芽。温室要适当遮阴，并使室内保持高温高湿状态，一般温度在 25～30℃，湿度在 95% 以上。不同的品种，出芽时间略有不同。

3. 间苗

对保护地播种和露地播种而言，为保证足够的出苗率，播种量都大大超过留苗量，造成幼苗拥挤，为保证幼苗有足够的生长空间和营养面积，应及时疏苗，使苗间空气流通、日照充足。露地播种的花卉一般间苗 2 次。

4. 炼苗

穴盘播种幼芽露头时即可移出温室，炼苗 7～10 天。

5. 移栽或上盆

待苗高 5 cm 时，即可移入营养钵或塑料花盆内进行常规栽培。也可以分几次移栽上盆（见图 4—1—8、图 4—1—9）。

6. 施肥

一二年生草花的吸肥能力生长前期较强，因此追肥要早。随着植株逐渐发育成熟，生长速度相对减缓，对肥料的吸收能力也相对降低。在幼苗定植成活后，每隔 7～10 天施肥 1 次，直到开花时为止。追肥以稀薄的速效性液肥为好。

7. 修剪

对于草本花卉，修剪包括疏剪和摘心两种方式。生长期结合整形进行疏剪，即去掉过密枝、细弱枝、病虫枝，以改善通风透光条件，促使枝条分布均匀，使养分集中于花枝。

摘心是指摘去枝梢顶芽。摘心可有效控制植株高度，促使植株矮化；促进侧枝萌发，增加花枝数目；延迟开花期，确保开花整齐一致等。草本花卉一般摘心 1～3 次。摘心自定植后开始到花蕾形成前 1 个月停止。适合摘心的花卉种类有百日草、一串红、千日红、金鱼草、万寿菊、旱金莲和四季秋海棠等。花穗长而大或自然分枝力强的种类不宜摘心，如翠菊、石竹、鸡冠花、虞美人、紫罗兰等。

8. 病虫害防治

花卉播种后，苗期病害主要有猝倒病和立枯病等。苗床和育苗盘内土壤湿度大、浇水

图 4—1—8 鸡冠花苗从 288 孔的穴盘移栽到 32 孔的穴盘操作过程

图 4—1—9 向日葵穴盘苗上盆操作过程

不当、播种过密、温度不适、幼苗生长瘦弱等均会导致猝倒病和立枯病的发生。当猝倒病或立枯病发生后，应立即拔除病苗，予以深埋或烧毁，以尽量减少侵染源。若猝倒病与立枯病混合发生时，可用 72.2% 霜霉威水剂 800 倍液加 50% 福美双可湿性粉剂 800 倍液喷淋，喷药后可再撒一些草木灰，既可作肥料，又可降低土壤湿度，提高抗病性，有利于控制病害的发展和危害。

思考与练习

1. 工厂化穴盘育苗有哪些优点？
2. 通常使用的穴盘有哪些规格？
3. 简述穴盘育苗的流程及其播种方式。
4. 穴盘育苗播种后如何栽培管理，有哪些环节？

任务二
园林花卉无土栽培技术

任务目标

◇了解无土栽培的定义及类型

◇熟知各种无土栽培基质及其特点

◇掌握营养液的配制技术

◇掌握常见花卉无土栽培与养护管理技术

任务提出

某花卉园艺公司签订了一份生产订单任务，要求通过无土栽培技术生产一批人参榕和红掌产品。

任务分析

花卉无土栽培技术（见图 4—2—1）包括无土栽培花卉种类的选择、无土栽培基质的选择和处理、无土栽培营养液的配制和使用以及无土栽培管理等环节。通过人参榕和红掌无土栽培实例，掌握其他花卉无土栽培技术要领。

图 4—2—1　各种应用形式的花卉无土栽培

相关知识

不同的花卉在栽培过程中，对基质会有不同的要求，尤其是随着现代园艺技术水平的提高，基质的种类从最原始的土壤，扩展为充满营养液的河沙、蛭石、珍珠岩、炉渣、岩

棉等无机基质和泥炭、苔藓、稻壳、椰糠等有机基质，直至现代园林中广泛应用的无土栽培容器苗生产。

一、花卉无土栽培的定义与优缺点

1. 定义

无土栽培指的是不用天然土壤而利用营养液或固体基质加营养液来提供植物生长所需的养分、水分、氧气等根际环境条件，使植物能够正常生长并完成整个生命周期的植物种植方法。凡是利用其他物质代替土壤为根系提供生长环境来栽培花卉的方法，都属于无土栽培。

无土栽培真正的发展始于 1970 年丹麦 Grodan 公司开发的岩棉栽培技术和 1973 年英国温室作物研究所的营养液膜技术（NFT）。近 30 年来，无土栽培技术发展极其迅速，目前在美国、英国、俄罗斯、法国、加拿大、荷兰等发达国家已广泛应用。我国无土栽培的应用起步较晚，在花卉栽培领域里的应用正处于方兴未艾的时期。

2. 无土栽培优点

（1）无土栽培不仅可以使花卉得到足够的养分、水分和空气，更便于人工调控，有利于实现农业生产的现代化、规模化。

（2）扩大了花卉的种植范围，在沙漠、盐碱地、海岛、荒山、砾石地或荒漠等受限地区都可进行，规模可大可小。

（3）促进花卉生长，缩短植物的生长周期，全面提高花卉产品产量和质量。

（4）省水、省肥、省力、省工。土壤栽培消耗的水分要比无土栽培大 7 倍，无土栽培的营养和肥料是根据植物生长的需要直接供给根部，完全避免了土壤的吸收、固定和地下渗透，大大节省了肥料的使用量。

（5）病虫害少，无连作障碍。

3. 无土栽培缺点

（1）投资较大，运行成本高。无土栽培需要许多设备，如水培槽、培养液池、循环系统等，一次性投资较大。

（2）对技术要求严格，标准高。

（3）管理不当易造成某些病害大范围传播。

二、无土栽培类型

无土栽培的类型较多，1990 年联合国粮农组织将用于园艺作物生产的无土栽培方法分为基质栽培和无基质栽培两大类。目前 90% 的无土栽培是基质栽培。因为基质栽培的

设施简单，成本较低，栽培技术与传统的土壤栽培技术相似，易于掌握，我国大多采用此法。不同的基质适于不同的花卉，例如大岩桐、仙客来等适于腐叶土栽培，万年青、龟背竹等有气生根的观叶植物适于陶粒栽培，西洋杜鹃、凤梨类等适于椰糠栽培，洋兰适于苔藓栽培。

1. 基质栽培

基质是指无土栽培中用以固定植物的固体物质，它同时具有吸附营养液、改善根际透气性等功能。这些基质具有良好的物理性质，总孔隙度60%～80%，其中大孔隙度20%～30%。具有稳定的化学性质，如pH值、电导率、缓冲能力、盐质交换量等，且不含有毒物质，取材方便。

（1）基质栽培系统　有基质—营养液和基质—固态肥两个系统。基质—营养液系统是在一定容器中，以基质固定花卉的根系，根据花卉需要定期浇灌营养液，花卉从中获得营养、水分和氧气的栽培方法。基质—固态肥系统又叫有机生态型无土栽培技术，不用营养液而用固态肥，用清水直接灌溉。所用的固态肥是经高温消毒或发酵的有机肥（如消毒鸡粪和发酵油渣）与无机肥按一定比例混合制成的颗粒肥，其施肥方法与土壤施肥相似，定期施肥，平常只浇灌清水。

（2）基质栽培形式

1）按照栽培空间状况可分为平面栽培和立体栽培两类。平面栽培主要是利用平面空间进行的栽培，一般的花卉都可以进行，尤其适于植株高大的花卉，如橡皮树等；立体栽培的特点是能够充分利用设施空间。

2）根据基质种类分为有机基质培和无机基质培两类。有机基质有腐叶土、泥炭、树皮块、砻糠灰、锯末、木屑、椰糠等；无机基质有沙、蛭石、岩棉、珍珠岩、泡沫塑料颗粒、陶粒等。

3）根据放置的情况不同又可分为槽式基质栽培、袋式基质栽培和柱式栽培等。

①槽式基质栽培。指将盛装基质的容器做成一个种植槽，然后将种植所需的基质以一定的深度堆填在种植槽中进行种植的方法，如沙培、砾培等。槽式基质栽培适宜种植大株型和小株型的各种植物。

②袋式基质栽培。指将种植植物的生长基质在未种植植物之前用塑料薄膜袋把基质包装成种植袋，种植时把这些袋装的基质放置在大棚或温室中，然后根据株行距的大小在种植袋上切开一个个孔，以便在孔中种植植物的方法。考虑袋式基质栽培的搬运问题，一般采用容重较小的轻质基质，如岩棉、锯木屑、泥炭等。袋式基质栽培适用于种植大株型的植物，如观赏瓜类等。因袋式基质栽培的株行距较大，不适宜种植小株型的植物。

③柱式栽培。采用石棉、水泥管或硬质塑料管，在管四周按螺旋位置开孔，花苗种植

在孔中的基质中，也可采用专门的无土栽培柱，栽培柱由若干个短的模型管构成，每一个模型管有几个突出的杯状物，用于栽植花苗。

2. 无基质栽培

无基质栽培是指将植物根连续或间断地浸在营养液中生长，不需要固体基质的栽培方法，又称水培法，可分为水培和气雾培两种方式。

（1）水培　指植物根系直接与营养液接触的栽培方法。最早的水培是将植物根系浸入营养液中生长，这种方式会出现缺氧现象，影响根系呼吸，严重时会造成料根死亡。为了解决供氧问题，英国的 Cooper 在 1973 年提出了营养液膜法的水培方式，简称“NFT”（Nutrient Film Technique），其原理是使用一层很薄的营养液层（0.5～1 cm），不断循环流经植物根系，既保证不断供给植物水分和养分，又不断供给根系新鲜的氧气。NFT 法栽培作物，大大简化了灌溉技术，不必每天计算作物需水量，营养元素供给均衡，且根系与土壤隔离，可避免各种土传病害，也无须进行土壤消毒。

（2）气雾培　是将营养液压缩成气雾状而直接喷到植物的根系上，根系悬挂于容器的空间内部。通常是用聚丙烯泡沫塑料板，其上按一定距离钻孔，于孔中栽培植物。两块泡沫板斜搭成三角形，形成空间，供液管道在三角形空间内通过，向悬垂下来的根系上进行喷雾。一般每间隔 2～3 min 喷雾几秒钟，营养液循环利用，同时保证植物根系有充足的氧气。但此方法设备费用较高，需要消耗大量电能，且不能停电，因此大量应用时仅限于蔬菜栽培，在花卉栽培上应用较少。

三、无土栽培基质材料（见表 4—2—1）

表 4—2—1　　无土栽培基质材料

类型	所用材料	材料性质
固体基质类型	沙	能保持足够湿度，满足植物生长需要，也能充分排水，保证根际通气。但有时会因沙粒粒径过小、保湿量过大而又不循环流动，导致溶氧供应量减少、通气不良的情况。因此，如何把握沙粒不过干、不过湿是管理技术的关键
	砾	以直径小于 3 mm 的砾、玄武岩、熔岩、塑料等物质作为基质，再加入营养液栽培花卉的方法。该栽培方式透水透气
	蛭石	由黑云母和金云母分化而形成的次生矿物，吸热能力和保温能力都很强
	珍珠岩	是一种酸性火山玻璃熔岩。性脆，经破碎、筛分、预热焙烧后成为多孔粒状物料——膨胀珍珠岩，可改善土壤的透气性能
	泥炭	富含有机质和植物生长所需要的营养元素，酸度也适中，可直接作肥料和制取腐殖酸类肥料

续表

类型	所用材料	材料性质
固体基质类型	陶粒	保温、吸水率低，抗冻性能和耐久性能好
	锯木屑	具有轻巧透气、吸湿保水性强、缓冲能力好等特点，是花卉无土栽培的重要基质
	松鳞	易分解，无污染，能较好地保持水土、改善环境、促进植物生长
无固体基质	气雾	植株的根系是以悬空而不是浸泡的方式处于营养液雾中，根系定期地接受配有各种矿质元素营养液的喷洒，实现喷雾—回收—再喷雾的动力液压循环，从而减少了水与养分的散发与消耗
	水	采用现代生物工程技术，运用物理、化学、生物工程手段，对普通的植物、花卉进行驯化

四、营养液配制与管理

1. 常用的无机化合物

（1）硝酸钙［$Ca(NO_3)_2 \cdot 4H_2O$］ 白色结晶，易溶于水，吸湿性强，一般含氮13%～15%，含钙25%～27%，生理碱性肥。硝酸钙是配制营养液良好的氮源和钙源肥料。

（2）硝酸钾（KNO_3） 又称火硝，白色结晶，易溶于水但不易吸湿，一般含硝态氮13%，含氧化钾46%，中性肥，为优良的氮、钾肥，但在高温遇火情况下易引起爆炸。

（3）硝酸铵（NH_4NO_3） 白色结晶，含氮34%～35%，中性肥，吸湿性强，易潮解，溶解度大，应注意密闭保存，具助燃性与爆炸性。含铵态氮比重大，故不作配制营养液的主要氮源。

（4）硫酸铵［$(NH_4)_2SO_4$］ 标准氮素化肥，含氮20%～21%，酸性肥，白色结晶，吸湿性小。硫酸铵为铵态氮肥，用量不宜大，可作补充氮肥施用。

（5）磷酸二氢铵（$NH_4H_2PO_4$） 白色结晶，可由无水氨和磷酸作用而成，酸性肥，在空气中稳定，易溶解于水。

（6）尿素［$CO(NH_2)_2$］ 酰胺态有机化肥，白色结晶，含氮46%，中性肥，吸湿性不大，易溶于水。尿素是一种高效氮肥，作补充氮源有良好的效果，也是根外追肥的优质肥源。

（7）过磷酸钙［$Ca(H_2PO_4)_2 \cdot H_2O+CaSO_4 \cdot 2H_2O$］ 是使用较广的水溶性磷肥，一般含磷7%～10.5%，含钙19%～22%，含硫10%～12%，灰白色粉末，具吸湿性，吸湿后有效磷成分降低。

（8）磷酸二氢钾（KH_2PO_4） 白色结晶、粉状，含磷22.8%，钾28.6%，吸湿性小，易溶于水，显微酸性。有效成分植物吸收利用率高，为无土栽培的优质磷、钾肥。

（9）硫酸钾（K_2SO_4） 白色粉末状，含钾50%～52%，易溶于水，吸湿性小，生理酸性肥，是无土栽培的良好钾源。

（10）氯化钾（KCl） 白色粉末状，含有效钾50%～60%，含氯47%，易溶于水，生理酸性肥，是无土栽培的钾源之一。

（11）硫酸镁（$MgSO_4 \cdot 7H_2O$） 白色针状结晶，易溶于水，含镁9.86%，硫13.01%，酸性肥，为无土栽培的良好镁源。

（12）硫酸亚铁（$FeSO_4 \cdot 7H_2O$） 又称黑矾，一般含铁19%～20%，含硫11.53%，酸性肥，为蓝绿色结晶，性质不稳，易变色，为无土栽培的良好铁源。

（13）硫酸锰（$MnSO_4 \cdot 3H_2O$） 粉红色结晶，粉状，一般含锰23.5%，为无土栽培的锰源。

（14）硫酸锌（$ZnSO_4 \cdot 7H_2O$） 无色或白色结晶，粉末状，含锌23%，为无土栽培重要锌源。

（15）硼酸（H_3BO_3） 白色结晶，含硼17.5%，易溶于水，是无土栽培重要硼源，在酸性条件下可提高硼的有效性，营养液有效成分如果低于0.5 mg/L，易发生缺硼症。

（16）磷酸（H_3PO_4） 在无土栽培中可作为磷的来源，也可以调节营养液pH值。

（17）硫酸铜（$CuSO_4 \cdot 5H_2O$） 蓝色结晶，含铜24.45%，硫12.48%，易溶于水，是无土栽培的良好铜肥，在营养液中含量低，为0.005～0.012 mg/L。

（18）钼酸铵［$(NH_4)_6Mo_7O_{24} \cdot 4H_2O$］ 白色或淡黄色结晶，含钼54.23%，易溶于水，是无土栽培中的钼源，需要量极微。

2. 营养液的配制要点

（1）配制原则 营养液应含有花卉所需要的大量元素，即氮、磷、钾、镁、硫、钙等和微量元素铁、锰、硼、锌、铜、钼、氯等。肥料在水中有良好溶解性，并易为花卉吸收利用。各种营养元素的比例应符合植物正常生长的要求。营养液的总盐分浓度控制在0.4%以下。水源需清洁，不含杂质。

（2）营养液对水的要求 自来水、井水、河水和雨水是配制营养液的主要来源，但配制营养液母液常用蒸馏水。自来水和井水使用前需对水质做化验，一般要求水质和饮用水相当。收集雨水要考虑当地空气污染程度，若污染严重则不可使用。一般降水量达到100 mm以上，方可作为水源。河水作水源需经处理，达到符合卫生标准的饮用水才可使用。水质有软水和硬水之分，按照水中钙、镁的总离子浓度标准划分，该标准统一以每升水中氧化钙的含量表示，1度=10 mg/L。水硬度划分如下：0～4度为极软水，4～8度为软水，8～16度为中硬水，16～30度为硬水，30度以上为极硬水。用作营养液的水，硬度不能太高，一般以不超过10度为宜，pH值为5.5～8.5，氯化钠含量小于2 mmol/L，溶氧在使用前应接近饱和。

（3）营养液的配制技术　营养液配制的总原则是避免难溶性沉淀物质的产生。在制备营养液的许多盐类中，以硝酸钙最易和其他化合物起化合反应，如硝酸钙和硫酸盐混合时易产生硫酸钙沉淀，硝酸钙与磷酸盐混合易产生磷酸钙沉淀。任何一种营养液配方都必然存在产生难溶性沉淀物质的可能性，配制时应注意避免。生产上配制营养液一般分为浓缩储备液（母液）和工作营养液（直接应用的栽培营养液）。

1）配制浓缩营养液（母液）。浓缩母液由 A、B、C 液组成（见表 4—2—2）。

浓缩 A 液：大量元素中以钙盐为中心，凡不与钙盐产生沉淀的化合物可放置在一起溶解。

浓缩 B 液：大量元素中以磷酸盐为中心，凡不与磷酸盐产生沉淀的化合物可放置在一起溶解。

浓缩 C 液：将微量元素以及起稳定微量元素有效性（特别是铁）的络合物放在一起溶解。

大量元素 A 液、B 液一般可配制成浓缩 100 倍、200 倍、250 倍或 500 倍液；微量元素 C 液由于其用量少，可配制成 500 倍液或 1 000 倍液。

表 4—2—2　Hoagland Arnon 营养液配方

溶液编号	成分	化学式	用量（mg/L）
A 液	四水硝酸钙	$Ca(NO_3)_2 \cdot 4H_2O$	945
	硝酸钾	KNO_3	607
B 液	磷酸二氢钾	$NH_4H_2PO_4$	115
	七水硫酸镁	$MgSO_4 \cdot 7H_2O$	493
C 液	EDTA 络合铁	$Na_2Fe\text{-}EDTA$	20～40
	硼酸	H_3BO_3	2.86
	四水硫酸锰	$MnSO_4 \cdot 4H_2O$	2.13
	七水硫酸锌	$ZnSO_4 \cdot 7H_2O$	0.22
	五水硫酸铜	$CuSO_4 \cdot 5H_2O$	0.08
	四水钼酸铵	$(NH_4)6Mo_7O_{24} \cdot 4H_2O$	0.02

2）稀释工作液（栽培液）的制备。由母液根据倍数情况稀释为工作液，注意不能将未稀释的 A、B、C 母液直接混合，应该分别量取放到一定量水中，搅拌混匀，最后定容。如需稀释配制 100 L 的工作液，应分别量取浓缩 100 倍的 A、B 母液各 1 L，浓缩 1 000

倍的 C 母液 0.1 L 加入到 90 L 水中，最后定容至 100 L 溶液。

3）调节营养液 pH 值。根据栽培花卉的要求调节营养液 pH 值，一般 pH 值为 5.6~6.0。如溶液 pH 值偏高，加酸（如硫酸、盐酸）进行调节，pH 值偏低，加碱（如氢氧化钠、氢氧化钾）进行调节，操作时应徐徐加入，并及时检查，以使溶液的 pH 值达到要求。

常见花卉无土栽培营养液的 pH 值见表 4—2—3。

表 4—2—3　　常见花卉营养液 pH 值

花卉种类	pH 值	花卉种类	pH 值
百合	5.5	唐菖蒲	6.5
鸢尾	6.0	郁金香	6.5
金盏菊	6.0	天竺葵	6.5
紫罗兰	6.0	蒲包花	6.5
水仙	6.0	紫菀	6.5
秋海棠	6.0	虞美人	6.5
月季	6.5	樱花	6.5
菊花	6.8	大丽花	6.5
倒挂金钟	6.0	香豌豆	6.8
仙客来	6.5	香石竹	6.8
耧斗菜	6.5	风信子	7.0

3. 几种主要花卉营养液的配方

由于肥源条件、花卉种类、栽培要求以及气候条件不同，花卉无土栽培的营养液配方也不一样。下面为几种主要花卉营养液的配方，见表 4—2—4 至表 4—2—6，配方仅指大量元素，微量元素按常量添加。

表 4—2—4　　月季、山茶、君子兰等观花花卉营养液配方

成分	化学式	用量（mg/L）	成分	化学式	用量（mg/L）
硝酸钾	KNO_3	600	硫酸亚铁	$FeSO_4$	15
硝酸钙	$Ca(NO_3)_2$	100	硼酸	H_3BO_3	6
硫酸镁	$MgSO_4$	600	硫酸铜	$CuSO_4$	0.2
硫酸钾	K_2SO_4	200	硫酸锰	$MnSO_4$	4
磷酸二氢铵	$NH_4H_2PO_4$	400	硫酸锌	$ZnSO_4$	1
磷酸二氢钾	KH_2PO_4	200	钼酸铵	$(NH_4)_6Mo_7O_{24}$	5
EDTA 二钠盐	Na_2EDTA	100			

表 4—2—5　观叶植物营养液配方

成分	化学式	用量（mg/L）	成分	化学式	用量（mg/L）
硝酸钾	KNO_3	505	硼酸	H_3BO_3	1.24
硝酸铵	NH_4NO_3	80	硫酸锰	$MnSO_4$	2.23
磷酸二氢钾	KH_2PO_4	136	硫酸锌	$ZnSO_4$	0.864
硫酸镁	$MgSO_4$	246	硫酸铜	$CuSO_4$	0.125
氯化钙	$CaCl_2$	333	钼酸	H_2MoO_4	0.117
EDTA 二钠铁	$Na_2FeEDTA$	24			

表 4—2—6　金橘等观果类花卉营养液配方

成分	化学式	用量（mg/L）	成分	化学式	用量（mg/L）
硝酸钾	KNO_3	700	硫酸铜	$CuSO_4$	0.6
硝酸钙	$Ca(NO_3)_2$	700	硼酸	H_3BO_3	0.6
过磷酸钙	$CaSO_4 \cdot 2H_2O+$ $Ca(H_2PO_4) \cdot H_2O$	800	硫酸锰	$MnSO_4$	0.6
硫酸镁	$MgSO_4$	280	硫酸锌	$ZnSO_4$	0.6
硫酸亚铁	$FeSO_4$	120	钼酸铵	$(NH_4)_6Mo_7O_{24}$	0.6
硫酸铵	$(NH_4)_2SO_4$	220			

以上配方可供无土栽培花卉经测试后选用，有些需要另加微量元素，用量为每千克混合肥料中加 1 g 微量元素，少量时可以不加。

五、水培与水培植物选择

1. 定义

水培是指不用天然土壤栽培，而将植物种植在装有营养液的栽培装置中或种植床上，营养液可以代替天然土壤向植物提供水分、养分和氧气，使植物能够正常生长并完成其整个生命周期。

2. 适合水培的花卉

一般室内观叶的热带植物均可作为水培植物，但以有气生根的为最好。刚开始要常换水，摆放位置不能太阴。常见水培花卉包括以下几种：

（1）天南星科植物　龟背竹、绿帝王、广东万年青系列、丛生春羽、绿宝石、红宝石、绿萝、黛粉叶、金皇后、银皇后、星点万年青、迷你龟背竹、琴叶喜林芋、银包芋、合果芋、海芋、火鹤、马蹄莲等均适合水培。

（2）鸭趾草科植物　这类花卉适应性极强，具有天生水培的本能。几乎所有的鸭趾草科花卉都能够适应水培条件，如紫叶鸭趾草、紫背万年青、吊竹梅等。

（3）百合科植物　绝大多数百合科花卉都能够适应水培的条件，如芦荟、吊兰类、朱蕉类、龙血树、千年木、虎尾兰、龙舌兰、金边富贵竹、银边万年青、吉祥草等。但百合科的酒瓶兰对水培的技术要求较高。

（4）景天科植物　这类植物中比较适应水培的有莲花掌、芙蓉掌、银波锦、宝石花、落地生根等。

（5）其他科植物　如桃叶珊瑚、旱伞草、彩叶草、紫鹅绒、竹节秋海棠、牛耳海棠、君子兰、兜兰、变叶木、银叶菊、仙人指、蟹爪兰、凤梨、彩云阁、六月雪、爬山虎、常春藤、肾蕨、鸟巢蕨、棕竹、袖珍椰子、蜘蛛抱蛋等均适合水培。

任务实施

一、人参榕无土固体基质栽培（见图 4—2—2）

别名：细叶榕、小叶榕。

科属：桑科榕属。

拉丁学名：*Ficus microcarpa*。

1. 主要形态特征

人参榕为常绿灌木或小乔木，其根如人参，小榕树类。树干形状酷似正在守望的人形，因此得名“人参榕”，也称为榕树瓜、地瓜榕。人参榕根部形似人参，形态自然，根盘显露，树冠秀茂，风韵独特，观姿赏形均妙趣横生。叶椭圆形至倒卵形，先端钝尖，基部楔形，全缘或浅波状，羽状脉，侧脉 5～6 对，革质，无毛。隐花果腋生，近扁球形。

图 4—2—2　无土固体基质栽培的人参榕

2. 生态习性

人参榕原产于我国华南地区，印度、越南、缅甸、马来西亚、菲律宾等国也有分布。人参榕性喜温暖湿润和阳光充足的环境，喜酸性土壤，不耐寒，耐半阴，生长适温为 20～30℃，冬季室温应维持不低于 5℃。生长快，寿命长。

3. 繁殖方法

人参榕采用播种繁殖或扦插繁殖均容易，大枝扦插也易成活。北方可于早春在高温温室扦插，南方多在雨季于露地苗床扦插。取一年生健壮枝条作插穗，按每 5～6 节为 1 段剪下，保留 3 枚叶片，插入河沙中，深 5 cm，遮阴保湿养护，在 25～30℃气温下，1 个多月即可发根。为了加快生根，可以在 20 mg/L 的萘乙酸水溶液中浸泡 2～5 h。因萘乙酸不溶于水，可以先用少量 95% 乙醇溶解后再加水。扦插基质可以按粗沙：腐叶土：煤渣 =5：3：2 的比例混合而成。

插穗应保持大于 60% 的空气相对湿度。为了促使榕树上也长出气生根，可以在需要长根的位置用刀刻伤，蘸少许萘乙酸，用塑料布包起，形成一个湿度较大的小环境，应注意通气，即能很快长出不定根。

4. 栽培养护

（1）材料准备　材料包括土栽人参榕、剪刀、消毒液、花盆、水管、基质。

（2）栽培过程

1）植株选择。植株健康，无病虫害，株型符合本次订单要求（见图 4—2—3）。

2）洗根消毒。将土栽人参榕移植到无土栽培的环境，应先对植株进行洗根、修剪和消毒处理，可使植株更快地适应无土的环境（见图 4—2—4 至图 4—2—6）。

图 4—2—3　人参榕母本

图 4—2—4　洗根

图 4—2—5　修剪烂根

图 4—2—6　消毒

3）配培养基。根据人参榕需要疏松肥沃、排水良好、富含有机质、呈酸性基质的生长特点，在生产中可选择泥炭、蛭石和珍珠岩（见图 4—2—7 至图 4—2—9）按一定比例

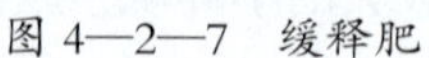

图 4—2—7 缓释肥

图 4—2—8 蛭石

图 4—2—9 珍珠岩

进行混合，同时加入适合观叶植物生长的缓释肥料。

无土栽培的基质可以选用质地较轻的陶粒、蛭石或珍珠岩，因榕树不耐旱，选用陶粒、蛭石的混合基质更能保水。如果有脲醛，也可以充当很好的基质。考虑到盆景长途运输又要保证根系不受破坏，最合适的基质是岩棉，做成岩棉块，使榕树的根系都扎在岩棉里，运输期间可以盆和景分开，用塑料袋包装运输。栽培过程中可以选用泥炭：蛭石：珍珠岩 =3：1：1，也可采用泥炭：松鳞 =2：1 的比例进行混合。

（3）水分管理　盆栽浇水要“见干见湿”，盆土宜经常保持湿润，夏季要置于阴凉处，应经常给叶面喷水。施肥依植物长势而定，一般生长旺季可每隔 1 个月施 1 次有机肥，复合肥与氮肥交替使用。在其抽枝发叶期间，要适当控制浇水，或多喷水少浇水，可促成其节短叶厚，同时给予充足的光照，使其叶质厚实且叶色光亮。冬季要防止植物受冻，夏季要防止阳光曝晒，一年四季都要注意病虫害防治。栽培土壤要求为疏松肥沃、排水良好、富含有机质、呈酸性的沙质土壤，碱性土壤易导致人参榕叶片黄化、生长不良。

（4）施肥管理　施肥要及时，一般半个月左右要追肥 1 次，可穴施（固体肥料施放于盆土内）、撒施（固体肥料撒于盆面）、浇灌（将肥料用水溶解后浇施），也可采用叶面喷施。追肥宜薄肥勤施，不可将浓肥直接施于根面。

（5）造型技巧　培育人参榕要根据实际需要，适时提根造型。盆栽宜在上盆种植 8~10 个月后，提根造型。嫁接换冠的植株生长至鸡爪枝形成时，要把所有叶片摘除，每一小枝仅留 2~3 节，让所有小枝重新长出新芽。新芽长出后以每一小枝为单位，及时剪除小叶。对高密度、不规则的芽点，在长出 1~2 叶时，宜把长在枝节约 1 cm 以下的芽点清除干净；长在枝节 1 cm 处的小叶生长至第 3 叶时，便可把第 3 小叶剪掉；待蓄留的 2 片小叶再长出第 3 小叶时，再剪除第 3 片小叶，如此反复进行 3~4 次。种植盆要与植株整体协调，可选用素色的长方形盆或圆形盆，陶盆或土盆等，以紫砂盆为最佳。

（6）病虫害防治　人参榕较少有病虫害，但其叶片往往易感染叶斑病，可用 70% 甲基托布津可湿性粉剂 800 倍液喷洒，少量病叶也可及早摘除销毁，以防蔓延。人参榕偶有介壳虫危害，应用毛刷及时清除。

（7）注意事项

1）根部出现细根须时，会影响植物的美观，要根据植物的造型对植株的根部进行适当的修剪。

2）培育过程中要进行不定期的整形修剪，及时清除交叉、重叠等有碍树冠美观的叶片。出现小枝变形、叶片偏大等问题，可采取细扎小枝、牵引、及时剪除小枝或更新小枝的办法。

3）上盆时，因为人参榕的根部相当美观，所以种植时，要尽量将根部露出土面，以免影响观赏效果。

4）栽培过程中会因光照不足而出现叶片发黑、掉叶的现象。因人参榕是热带植物，所以需要较强的光照，如果长时间光照不足，要将植株移到光照充足处。

5. 园林应用

人参榕是非常好的盆景树种，四季常青，叶片浑厚浓绿，枝干苍劲，根系发达，悬根露爪，盘结盆面，气势苍劲。可用于装饰美化室内、置于几案台桌等，也是祝寿的最佳礼品。

二、红掌水培生产（见图 4—2—10）

别名：红鹤芋、哥伦比亚花烛、大叶花烛、哥伦比亚安祖花。

科属：天南星科安祖花属。

拉丁学名：*Anthurium andreanum*。

图 4—2—10　无土栽培的红掌

1. 主要形态特征

红掌为多年生常绿宿根草本花卉，具肉质根，无茎或具短茎。叶大，卵形，叶基常为心形。叶从根茎抽出，具长柄，单生，心形，鲜绿色，叶脉凹陷。花腋生，佛焰苞蜡质，正圆形至卵圆形，有红色、粉色、白色、绿色、咖啡色等单色及复色等，适合作切花和盆

栽观赏。同属种有火鹤和安祖花（*A.scherzerianum*），叶较小，肉穗花序常弯曲，适合作盆栽观赏。

2. 生态习性

红掌原产美国、哥伦比亚，各地均有引种栽培，在我国北方属温室花卉。

红掌喜温热多湿而又排水良好的环境，怕干旱和强光曝晒。红掌适宜生长日温为26～32℃，夜温为21～32℃，高于35℃植株便受害，低于15℃生长迟缓，低于12.8℃出现寒害，叶片坏死。适宜的空气相对湿度为70%～80%，湿度过低易产生叶畸形、佛焰苞不平整等问题。喜散射光，光线以15 000～20 000 lx为宜，低于5 000 lx花的品质与产量下降，超过20 000 lx则可能灼伤叶面。但对光线的需求依据不同的品种会有所不同，也会根据不同的生长阶段而有所不同。生产上一般在夏季用双层遮阴网遮阴，遮去光强的1/2～1/3，冬季遮去1/3左右。红掌栽培建议缓释肥和水溶性肥料结合使用。

每年每茎长3～4片新叶。植株长到一定大小才能开花，实生苗需48个月以上开花，分株或组织培养苗2～3年开花。花与叶轮流长出，即一片叶一枝花，每年每株可开4枝左右。花芽发育与日照长度无关。

3. 繁殖方法

红掌主要采用分株繁殖和组织培养方法育苗。分株法将母株旁生长的侧芽基部用水藓或泥炭包住并保暖，生根后待长出3～4片叶时剪离母株。组织培养法具有繁殖系数大、苗的质量高、无病毒、移栽后生长快等优点，商品化生产普遍采用组织培养方法，培养基为MS，培养条件为温度19～22℃，相对湿度65%左右，光照1 500～2 000 lx。

4. 栽培管理

（1）红掌无土固体基质培

1）定植。四季均可定植。小苗可先进行密植（株行距30 cm×30 cm），定植床宽120 cm，高30～50 cm，长根据场地增减。床底设排水层，可用砾石、陶粒等作基质，多余的液体可以迅速排出。如采用盆栽，每盆1～2株。

2）基质。常用以下几种基质：泥炭、树皮块加泥炭、珍珠岩加泥炭、玉米芯块加树皮块加石砾、蛭石加陶粒、陶粒等。荷兰一般采用岩棉作基质，目前有的采用直径为3 cm左右的插花泥碎块作基质，效果良好。

3）营养液。营养液因品种不同和生长阶段不同而有变化，见表4—2—7。

表4—2—7　　常用营养液配方

化合物	用量（mg/L）
硝酸钙［$Ca(NO_3)_2 \cdot 4H_2O$］	236

续表

化合物	用量（mg/L）
硝酸钾（KNO_3）	354
磷酸二氢钾（KH_2PO_4）	136
硫酸镁（$MgSO_4 \cdot 7H_2O$）	247
硫酸钙（$CaSO_4 \cdot 2H_2O$）	86
硝酸铵（NH_4NO_3）	80

注：此配方与荷兰所用安祖花标准营养液的元素量一致。

4）施肥。常用盆底给液法施肥，适合盆栽的大量生产。盆置于营养槽中，营养定期循环流动，定期检测和调节营养液。还有以下几种方法：

①滴灌法。用滴灌管插于盆中或植株附近（床植），定期定量滴营养液。床植者也可采用滴灌带进行滴灌。通常采用开放系统，即多余营养液排出后不再循环利用。

②微喷灌法。此法适用于盆栽或床植。喷灌管架设在两排植株之间的叶面下，营养液在一定压力下定期由喷头施给植株。这种方法更容易控制叶、花病害。

③浇灌法。此法适于家庭少量栽培，用于盆栽或床植，即将配好的营养液用喷壶等直接浇灌，多余营养液自动排出，设备投资最小。

5）病虫害防治。盆栽红掌有时会出现花早衰、畸形、粘连、裂隙及玻璃化和蓝斑等现象，这多为施肥、盆土和空气湿度管理不当或品种原因引起的生理性病害。防治方法是改善栽培管理，合理施肥，适当通风。

盆栽红掌主要的病害有炭疽病、细菌性枯萎病、细菌性叶斑病、根腐病，主要的虫害有叶枯线虫、红蜘蛛、蚜虫、鳞翅目害虫、白粉虱、介壳虫、蜗牛等。具体防治方法如下：

①炭疽病。是红掌常见的病害之一，病原是盘长孢属或刺盘孢属真菌。前者症状是沿叶脉形成圆形棕色病斑，之后病斑连在一起，形成具有棕黄色边缘的大病斑，病部最后干枯。后者与前者相似，在分生孢子盘上长有黑色坏毛，且会引起花腐，在肉穗花序上形成黑色坏死斑点。高湿是发生该病的主要原因。防治方法为药剂防治和加强栽培管理，要经常通风透光，避免浇水或空调冷凝水溅在叶片上，及时摘除病叶。

②细菌性枯萎病。表现症状为在发病初期叶部形成水渍状、半透明的不规则小斑，之后变为黑色，外有一鲜黄色边缘，病斑周围失绿。表现为老叶变黄，叶柄折断，维管束变黄。防治方法是加强栽培管理，应尽量减少人为伤口，减少铵态氮肥的使用，辅以药剂防治，一般是在发病初期喷施农用链霉素或新植霉素，及时清除病株残体并烧毁。

③细菌性叶斑病。细菌性叶斑病表现的症状一种是在叶和花上，在叶花的背面初期可

见水渍状斑点，后期叶缘出现棕褐色斑点，还伴有黄色晕环；另一种是细菌侵染开始在茎上，通过维管束侵染细胞迅速扩大到整个植株。在初期可以发现新叶叶色暗淡，是由于维管束被细菌填堵，阻碍了体内水分的流动与营养的运输，使叶色暗淡、叶片发黄，在较短的时间内就会侵染全株导致花梗和叶片脱落，生长点迅速腐烂并有菌脓流出。对于细菌性病害没有特效药，主要是以预防为主。

④红蜘蛛病害症状。红蜘蛛病害症状主要使叶片和花出现褪色，影响叶片和花的商品性。危害初期可喷药防治，防治药剂有三氯杀螨醇、遍地克、氧化乐果和氟氯菊酯等。

⑤叶枯线虫病。叶枯线虫病由滑刃线虫属线虫侵染所致，主要侵染根部和叶部。病状为沿叶脉形成坏死斑点或棕色斑点，根部膨大，最后整片叶干枯。防治方法主要是加强种苗检疫，选用健壮种苗，做好栽培基质的消毒。

（2）红掌水培

1）水培营养液配方（见表4—2—8）。

表4—2—8　　水培花卉营养液配方（mg/L）

化合物	观叶类	观花类	观果类	火鹤类	兰花类	蕨类
硝酸钙	4	550	480	310	240	220
硝酸钾	2	320	450	230	375	250
硝酸铵	6	—	—	85	100	75
磷酸二氢钾	1	265	170	235	230	150
硫酸镁	2	265	170	235	230	150
硫酸钙	—	—	—	95	—	50
磷酸二氢铵	—	—	—	—	50	35
EDTA钠盐	2	21	39	25	22	34
硫酸亚铁	2	15	28	18	16	25
硼酸	6	5	2.5	3.5	2.0	2
硫酸锰	4	5.5	1.5	9.5	2	2
硫酸锌	8	7.5	1.8	8.5	2.5	10
硫酸铜	5	1	0.5	1.5	0.8	12
钼酸铵	—	4	3	2	3.5	1.5

2）材料准备。材料包括红掌、剪刀、定植杯、消毒液（高锰酸钾）、生根剂、玻璃瓶、营养液、陶粒。

3）药品称量。本操作过程涉及三种药品的称量与配比，第一种是消毒液（高锰酸钾）

的配比，浓度为 1 000 倍，速蘸。第二种是生根剂的配比，实践操作中采用的是吲哚乙酸与萘乙酸的混合生根剂，也是 1 000 倍液，速蘸。第三种是营养液的称量，根据水培花卉营养液的配方要求，进行营养液的配比。

4）操作过程（见图 4—2—11）

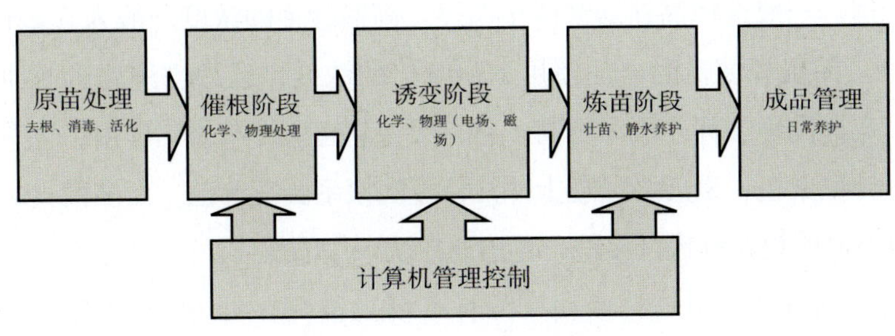

图 4—2—11　水培操作过程

①母株的选择（见图 4—2—12）。对进行水培生产的红掌母本制定产品的选择标准如下：

a. 较好的株型。

b. 植株生长健壮，无病虫害。

c. 已开花的植株。

d. 与定植杯的大小吻合，不致显得头重脚轻。

②去土洗根。将母本从种植的容器中连根带土取出，用自来水冲洗干净，露出红掌的整个根系，将老根切除（见图 4—2—13），生长在泥土里的根呈黄色。

③剪根（见图 4—2—14）。为保证红掌在水中有白色、健康的根系，确保新生根适应静水、严重缺氧的环境，需将现有的根系全部切除，让植株重新发根。

图 4—2—12　健壮母株

图 4—2—13　去土洗根

图 4—2—14　剪根

剪根时应注意切口部位一定要平整、干净，以免细菌感染，产生病虫害。同时切口要保留一定量的根原基，一般保留根原基 1 cm 左右，留得过长会对促发新根不利，太短则对根原基造成损伤，一定程度上也会影响新根的萌发。一般老根比较坚硬，无法进行造

型，所以应将老根连基部剪除以促使新叶冒出。既能保证新根的造型，也可减少扦插生根过程水分的蒸发，加快新根的长出。

④药剂处理。经过以上的洗、剪过程，植株将进入催根阶段。在催根前还要进行药剂处理，此阶段包括消毒处理和生根剂处理，以促进其快速生根。

a. 消毒处理。一般选择高锰酸钾或多菌灵。高锰酸钾的浓度一般为 5 g/L，浸洗，并迅速冲洗干净。使用多菌灵时一般使用 1 000 倍的浓度，也是浸洗后迅速冲洗干净。在实际操作中，选择高锰酸钾的概率更高一些，因为高锰酸钾有氧化作用，也有生根剂的作用。但高锰酸钾呈紫色，浸后必须马上冲洗，否则根系会有紫色。而多菌灵的杀菌效果更好些，所以也有同时用两种进行浸洗，再迅速冲洗干净的操作。

b. 生根剂处理（见图 4—2—15）。目前市场上能用的生根剂种类很多，有 NAA、IAA、IBA 等，本次红掌栽培采用自行配制的 IBA，1 000～2 000 PPM 进行生根剂处理操作。因生产中不能以长时间浸泡来达到促进生根的目的，故目前一般采用高浓度、短时间进行速蘸处理。

⑤装杯定植。生根剂处理后，可将红掌进行装杯定植。装杯定植的目的一是让植株在定植杯内进行生根抽叶，二是保证植株不歪斜。

定植杯中陶粒大小的选择以中等为宜（见图 4—2—16）。定植杯大小的选择应与植株相配套，定植杯最大口径为 14 cm，所以植株在选择时要尽量与定植杯相吻合（见图 4—2—17）。

图 4—2—15　生根剂处理

图 4—2—16　陶粒

图 4—2—17　定植

⑥催根。将种植在定植杯中的红掌放置在珍珠岩中进行催根，此过程应注意掌握好温度和湿度。红掌的最适生长温度为 20～30℃，因此扦插生根的最佳时间应选择在夏季进行。土壤最适湿度控制在 25%，而空气湿度一般要求控制在 80%～90%，此过程中要根据空气温度适时进行湿度的调节，如在 35℃以上的高温天气，要求每隔 5 min 叶面微喷 5 s 水雾，由计算机进行控制，同时可以全光照下进行喷雾。而在气温 30℃左右时，可以人为控制，一般要求每半天喷 1 次水雾，前提是在遮阴的条件下。催根的过程大约需要 1 个月

的时间，当根长到 4～5 cm 时，即可取出进入下一步骤。

⑦诱变炼苗。这是红掌生产中最关键的一步，目的是使新发出的根逐步适应静水的环境。诱变炼苗用自来水进行循环，通过循环达到水中增氧的目的。使用增氧泵分三个阶段进行水中增氧，初始状态对增氧泵工作要求较高，一般要求氧溶解率在 80% 左右，侧生根开始逐步萌发，1 周后即可进入第二阶段，调节氧溶解率在 60% 左右，当红掌的根部基本能适应水中的环境，侧生根及红掌根系的瘤状组织形成时，进入第三阶段的增氧，此时可适当调节氧溶解率至 40%，当红掌完全适应水中的环境，水循环可以逐步减少。

诱变炼苗过程中要注意植株的营养增加。有两种方法可以解决红掌的施肥问题，一种是在陶粒中加缓释肥；另一种是叶面施肥，前期统一用 1 000 倍的尿素，后期可以用 1/1 000 的磷酸二氢钾和 1/1 000 的尿素混合进行叶面施肥，以促进植株的生长。

⑧成品装瓶。待红掌的植株完全适应静水环境后，即可将红掌从循环水床中取出，装入合适的玻璃瓶中。

5）养护要点及注意事项

①光照。既可在全光照下栽培，也可在全阴环境下栽培，但要求通风良好。

②温度。生长适温为 20～30℃，冬季最低温度不能低于 5℃。

③湿度。观叶类水培花卉大多喜温暖而湿润的环境，应常喷叶面水以增加空气的相对湿度。

④通风。花卉只有在空气流通的环境中才能正常生长，室内养花应适时通风。

⑤用水与换水。一般要求用软水，也可用纯净水或自来水（自来水应经晾水处理，以使水中氯气释放，水温接近室温）。

⑥换水流程。晾水—洗瓶—装水—定位—修剪整形—洗根—定植—喷叶面水。

⑦换水次数。平时 15～30 天换 1 次水，水浊、水脏应立即更换，烂根处理后勤换水，稳定水位，以根系长的 2/3 cm 入水为宜。

⑧适当修根。过长根、衰老根、死根、烂根截短去除，促成新根，保证根系活力。

⑨去除绿藻。温水洗瓶—清水洗根—换水—根部罩黑—避光莳养。

⑩复壮。修剪弱枝病叶—根部罩黑—置向阳处栽养—定植杯内适度施肥。

⑪科学施肥。常喷叶面肥，叶面、叶背都要喷到。

⑫定期施用缓释肥。按缓释肥肥效期说明定期施用，注意要施用到有水分的位置。

思考与练习

1. 简述无土栽培的定义、优缺点及应用范围。
2. 无土栽培有哪些类型？

3. 无土栽培固体基质有哪些种类及性质？

4. 水培的定义与水培植物如何选择？

5. 简述人参榕的固体基质栽培过程及栽培养护要点。

6. 简述红掌的水培过程及栽培养护要点。

任务三
园林花卉花期调控技术

任务目标

◇了解花卉花期调控的意义、依据及原理

◇熟悉花卉花期调控的途径与方法

◇掌握环境因子、园艺手段和植物生长调节剂调控法

◇掌握牡丹及几种重要花卉的花期调控技术

任务提出

为了满足人们对花卉欣赏的更高要求，实现花卉的周年供应及满足节日装饰的需要，需人为地调控其花期定时开放。现要求通过花期调控技术完成某花卉公司计划生产 5 万盆催花牡丹、3 万盆一品红和蟹爪兰等花卉以供应春节花卉市场的任务（见图 4—3—1）。

图 4—3—1 促成栽培的牡丹和抑制栽培的一品红、蟹爪兰

任务分析

不同的花卉，其自然花期不同，需花期也不尽相同，但通过调控花期、反季栽培等技术可实现周年供应和节日供花，令花卉按期盛开。花期调控的方法有很多，应根据花卉的

生态习性，采取合适的花期调控方法和措施来实现花卉的按需定期开放。

一、花期调控概念、意义与依据

1. 概念

花期调控，又称催延花期，包括促成栽培和抑制栽培，是人为地利用各种栽培技术，改变栽培环境条件或药剂处理，使花卉在自然花期以外，按照人们的需求定时开放的技术。使花期提前的称为促成栽培，使花期推后的称为抑制栽培或延迟栽培。

2. 意义

花期调控可以实现反季栽培，周年供应，也可满足节日供花的需要，实现“催百花盛开于一时”的目的；可以根据市场或应用需求按时提供产品，以丰富节日或日常的需要；人工调节花期，可缩短生产周期，加速土地利用周转率，准时供花，提高经济效益。

3. 花期调控的依据

（1）花期调控要根据所需花期，选择合适的花卉品种。

（2）充分了解该花卉的生长发育特性，如营养生长、成花诱导、花芽分化、发芽发育的进程和所需的环境条件、休眠与解除休眠的特性与条件等。

（3）考虑环境因子（光照、温度、水分）的影响，以及各因子间的相互作用、有效范围和最适范围等。

（4）准备并检查栽培设施、控制环境。实现开花调节需要加光、遮光、加温、降温及冷藏等特殊设施，在实施栽培前需先了解或测试设施、设备的性能是否与栽培对象的要求相符合，否则可能达不到目的。

（5）利用自然的环境条件和综合利用多种调控方法。

（6）配合常规栽培管理，不管是促成栽培或是抑制栽培，都需与土、肥、水、气及病虫害防治等常规管理相配合。

（7）制定严格的花期调控计划和处理可能出现问题的应急预案。

二、花期调控原理

花卉植物的开花生理过程是极为复杂的生命现象，与植物体内生理状态密切相关，同时受到外界环境的影响。许多花卉生长到一定阶段，在自然条件下需要特定外界条件的诱导，才能启动开花所必需的生理变化，促进开花结实，这些外界条件中最主要的就是低温和光周期。也有研究者认为，植物开花需要一种成花素，但其化学性质和机理尚未清楚。

1. 春化作用原理

一些花卉植物在个体发育过程中必须经过一个低温周期，才能继续下一阶段的发育，诱导成花，否则不能正常开花，这种低温促进植物开花的作用称为春化作用。

根据植物感受春化的状态通常分为种子春化、器官春化和植物体春化，大多数花卉种类以植物体春化方式通过春化阶段，接受低温影响的部位是茎尖生长点，以种子春化的如香豌豆，以器官春化的如郁金香。

当植株的春化过程还没有完全结束前，就将其放到常温下，会导致春化效应减弱或完全消失，这种现象称为脱春化。

2. 光周期原理

植物生长发育对光照长短变化的反应称为光周期作用，其控制成花、分枝习性及地下器官的形成、休眠等。了解花卉的光周期性非常重要，依其特性可采用控制光照时间的方法来达到催延花期的目的，如通过遮光处理可使短日照花卉在国庆节时开放，如菊花、一品红等，采用延长灯光时间就可延迟开花。做花期调控前必须了解调控对象的临界日长，即诱导短日植物开花所需的最长时数或诱导长日植物开花所需的最短日照时数，然后根据催延花期的时间来确定遮光或补光。

3. 激素调控原理

研究表明，植株的花芽分化与其内源激素的水平关系密切。在花芽分化前，植株体内的生长素含量较低，而当植株开始花芽分化后，其体内的生长素水平明显提高。当对菊花、香石竹的花器官喷施赤霉素后，能使花蕾明显膨大、迅速开放；而脱落酸却能明显地抑制某些观赏植物的花芽形成。

三、花期调控技术途径

1. 环境因子调控：光照、温度因子调节花卉开花。

2. 园艺手段：调节花卉种植起始时间，利用整形修剪、肥水管理措施来调节开花。

3. 生长调节剂的应用：利用 GA_3、B_9、6-BA、CCC（矮壮素）、PP_{333}（多效唑）等生长调节剂来调节开花。

四、花期调控方法

1. 环境因子调控法

（1）温度处理法　通过温度处理可以调节花卉的休眠期、成花诱导与花芽形成期、花茎伸长等主要进程。

1）升高温度法。主要用于促进开花，特别是冬春寒冷季节，大部分花卉在温度 5℃下

休眠，部分热带花卉受冻害，升高温度是提早开花的主要措施。如瓜叶菊、牡丹、杜鹃、绣球花、金边瑞香等可使用此方法。

2）降低温度法

①提前完成花芽发育，促使开花提前。如许多球根花卉，如果提前低温处理，并逐步降温 3～4℃/天，连续 4～7 天，然后逐步升温恢复，可以提前花期和提高开花质量。

②提早完成低温春化，提前开花，如二年生草本花卉、一些球根花卉等可采用此方法。将成熟阶段的植株提前低温处理，放在冷库中，每天给予几小时光照即可。

③利用热带高海拔山区，进行调控。如南方高温花卉，可利用高海拔（800～1 200 m）降温来调节开花。这种方法成本低，较易实现。

④延迟花期。温度在 2～4℃下，大多数花卉可以延迟开花。

3）其他通过温度处理调控花期的实例。大部分越冬休眠的多年生草本和木本花卉以及越冬期处于相对静止的球根花卉，都可采取温度处理调控花期。

①越冬休眠的球根花卉。越冬休眠的球根花卉一般于秋季叶枯时起球后进入休眠期，越冬解除休眠后于初夏开花。如唐菖蒲，在自然条件下，秋季叶枯时起球，已进入休眠期，越冬解除休眠后于 4 月种植，6—7 月开花。促成栽培时，在起球后置于温度为 5℃的条件下经 5 周可打破休眠，于 9～10℃的温室中栽培，可于次年 1—4 月开花。抑制栽培时，可于 4 月气温上升前，将球茎贮藏于 2～4℃条件中，可延迟到 5—8 月种植，于 9—12 月开花。注意栽培温度应在 10℃以上，光照不足地区应补光。

②越夏休眠的球根花卉。越夏休眠的球根花卉一般在夏季高温期休眠，进行花芽分化形成花芽，秋季凉温时萌芽，越冬低温期进入相对静止状态并完成花茎伸长的诱导，然后在温度回升的春季开花。如郁金香，促成栽培时，一旦花芽形成，可采用 5～9℃人工冷藏以完成发根和花茎伸长的诱导，当芽开始伸长后，温度从 13～20℃逐渐升温进行栽培，即可提前到 12 月至次年 1 月开花。抑制栽培时，可在完成花茎诱导后，降温冷藏于 2～4℃环境中，延迟升温栽培从而延迟开花。

③越冬休眠的宿根花卉。越冬休眠的宿根花卉，应利用越冬打破休眠和延长强迫休眠来调节开花。如铃兰以地下茎上的芽越冬休眠，春季萌发，初夏开花。促成栽培时，在 10 月初用 -2℃低温处理 4 周可打破休眠，在温室中升温栽培可于 12 月开花。抑制栽培时，延长 2～4℃低温冷藏期，任何时期均可栽种开花。

④越冬休眠的木本花卉。越冬休眠的木本花卉在越冬期间经解除休眠的芽于春季萌发生长和开花。促成栽培时可人工低温打破休眠，再升温栽培可提前开花。而抑制栽培时通过延长冷藏的时间即可延长强迫休眠时间。如八仙花，提前给予 4～10℃低温 6～8 周，然后升温至 15～20℃促成栽培。

（2）光周期处理法 光周期为日出前 20 min 至日落后 20 min。

1）长日照处理法。一般在冬季要使长日花卉提前开花或使短日花卉延迟开花时采用。处理方式为：延长明期或中断暗期；在日落前补光 5～6 h 或半夜照射 1～2 h。光源安置：100 W 白炽灯，间距 1.5～2 m，高度距植株 1 m。如短日花卉菊花在 9 月上旬至 11 月上中旬补光，可延迟至春节前开花。

2）短日照处理法。一般是在春季和初夏进行，使短日花卉提前开花和使长日花卉延长开花时采用。方法为在日出后至日落前用黑色遮光物对植物进行遮光处理。注意处理时期和遮光材料的透气性，处理植株需生长健壮，有一定生长高度（30 cm），处理前停施氮肥，增施磷、钾肥。如短日植物一品红，在下午 5 点至第二天早晨 8～9 点置于黑暗中，可延长至 40 天才能开花。

①昼夜颠倒法。如昙花总在晚上开放，用此法可使其白天开放。具体方法为：当花蕾长至 6～9 cm 时，于白天放暗室，晚上 7 点至第二天早晨 6 点用 100 W 强光补光，4～5 天即能改变其夜间开花的习性，并延长开花时间。

②降低光照强度延长开花时间法。部分花卉不能适应强烈的太阳光照，特别是即将开放时，用遮阳网适当遮光可延长开花时间 1～3 天，如杜鹃、牡丹、月季、香石竹等可采用此方法。

2. 园艺手段调控法

（1）调节种植起始时间

对于不需要特殊环境诱导，在适宜条件下只要生长到一定大小即可开花的种类，可通过改变播种、播球、扦插等时间进行调控。此法简单易行，但要求知道从播种到开花所需要的时间，如天竺葵，从播种到开花需 120～150 天，要使其春节开花（2 月中下旬），则需 9 月上中旬播种；金盏菊从播种到开花需 30～40 天，自 7—9 月陆续播种，于 12 月至翌年 5 月先后开花；一串红从播种到开花需 180 天左右，于春季晚霜后播种，可于 9—10 月开花，8 月播种，入冬后假植上盆，可于次年 4—5 月开花。

（2）修剪控花法

通过摘心、除芽等修剪手段来控制开花，主要适用于那些在合适条件下一年可多次开花的花卉，如月季、茉莉、香石竹、倒挂金钟、一串红、荷兰菊等；如月季从修剪到开花约需 40～45 天（夏季），50～55 天（冬季），即 9 月下旬修剪，11 月中旬开花；10 月中旬修剪，12 月开花；一串红从修剪到开花约需 25 天，如 4 月 5 日最后一次摘心，可于 5 月 1 日开花；9 月 5 日最后一次摘心，可于国庆节开花。

（3）肥水管理调控法

通常氮肥和水分充足可促进花卉营养生长而延迟开花，增施磷、钾肥有助于抑制营养生长而促进花芽分化。但对于能连续发生花蕾、总体花期长的花卉，在开花后期增施营养可延长总花期；干旱季节的花卉，充分灌水有利于生长发育，促进开花。如菊花，在营养生长后期追施磷、钾肥可提前花期 1 周；唐菖蒲在干旱条件下，于抽穗期充分灌水，可提前开花 1 周；仙客来在开花末期增施氮肥可延长花期约 1 个月。

3. 生长调节剂调控法

（1）种类、作用

1）赤霉素（GA_3）。促进细胞伸长；代替长日照或低温诱导成花；诱导雄花形成；代替低温打破休眠；延缓花朵脱落。

2）乙烯。诱导雌花形成；促进部分花卉开花；抑制细胞伸长；促进细胞长粗。

3）矮壮素（CCC）。控制营养生长；促进生殖生长；使植株节间缩短、矮壮。

4）多效唑（PP_{333}）。延缓细胞分裂和伸长；使节间缩短、茎秆粗壮、植株矮化；促进花芽形成。

5）细胞分裂素（6-BA）。促进细胞分裂；诱导花芽形成。只有在花芽开始分化后处理才能促进开花，增加花蕾数，现蕾后处理无效。

（2）处理方法

1）代替长日照，促进开花。GA_3 有促使长日花卉在短日下开花的作用，如紫罗兰、矮牵牛等可使用 GA_3 促进开花。

2）代替低温，打破休眠。如杜鹃，每周喷施 1 次 GA_3 100 mg/L，连续 5 周，直到花芽发育健全为止，可提前 5 周开花。

3）促进花芽分化。如蟹爪兰，在 7—8 月间叶面喷洒 6-BA，可促进花芽分化，增加花数。

4）延迟开花。一般花卉常使用 B_9、CCC、PP_{333} 来延迟开花。

（3）处理实例（见表 4—3—1）

表 4—3—1　　生长调节剂应用于花期调控简表

花期调节	花卉名称	药剂及用量（mg/L）	处理方法
促进开花	紫罗兰	GA_3 10～100	秋天短日下喷洒
	郁金香	GA_3 400+6-BA 10	株高 5～10 cm 时滴入叶筒中心
	仙客来	6-BA 100	9 月下旬喷花蕾
	蟹爪兰	6-BA 50～100	7—8 月喷洒
	秋海棠	CCC 800	21℃、20 h 短日下浇灌
	叶子花	CCC 2 g/ 盆	8 h 短日下浇灌

续表

花期调节	花卉名称	药剂及用量（mg/L）	处理方法
促进开花	杜鹃	B_9 2 500 或 CCC 2 000	花前，8 h 短日下，6—9 月修剪后发新枝时喷叶
延迟开花	杜鹃	B_9 1 000	花前 1～2 个月喷蕾
	一品红	GA_3 40	短日下 1 周喷 1 次，连续 2～3 次
	倒挂金钟	GA_3 10～100	长日下 2 天喷 1 次，连续 2～3 次

五、花卉促成栽培常见问题

在花卉促成栽培过程中，经常会遇到哑蕾、花朵露心、时间错位等现象，导致花卉不能正常开花。

1.“哑蕾”现象

“哑蕾”是指植株所长出的花蕾无法正常开放。造成哑蕾的原因很多，如土壤干旱、肥料不足、持续高温等因素均会导致“哑蕾”现象发生，但上述因素是否能导致植株“哑蕾”还与花卉的种类、品种等有很大关系。产生原因及处理措施如下：

（1）过度干旱　对于绝大多数花卉而言，在其花蕾生长从肉眼能够分辨至花朵开放前的一段时间里，环境缺水往往导致花朵无法正常开放。容易因缺水而导致“哑蕾”的花卉主要有倒挂金钟、令箭荷花、昙花、蟹爪兰等。

处理措施：加强日常水分管理，花卉定植前进行蹲苗处理，花卉缺水时，先进行喷水缓解再正常浇水，切忌在短期内浇水过多。

（2）缺肥　缺肥使花卉光合产物的积累受到抑制，导致花卉生长发育十分缓慢，严重时花蕾发育停止，出现“哑蕾”现象，如大丽花、荷花、睡莲等。

处理措施：在花卉的花芽迅速形成与发育阶段，加强肥料的供应，尤其是在大规模生产的情况下，要特别注意。

（3）温度过高　气温过高会抑制一部分花卉的花芽分化，从而导致花朵的品质下降，如郁金香、连翘、榆叶梅、小苍兰、迎春、中国水仙等。

处理措施：在现蕾期，设法降低环境温度，环境温度最好保持在 5～15℃。

2.“花朵露心”现象

“花朵露心”是指当花朵完全开放后，位于中部的雄蕊露出的现象。对于大多数开单瓣花的花卉而言，“花朵露心”是正常的，但对于大多数开重瓣花的花卉而言，“花朵露心”则是花朵品质下降的标志，会降低花卉的观赏价值。产生原因及处理措施如下：

（1）品种退化　品种退化是由多种因素造成的，主要有缺乏品种复壮（如长时间营养繁殖）、栽培管理措施不当等。

处理措施：分析原因（遗传、栽培管理），针对具体原因进行处理。

（2）营养缺乏　花是花卉的生殖器官，开花是大量消耗营养的过程，营养是开花和开好花的生理基础。在孕蕾期，营养缺乏往往会导致开花时重瓣花变为单瓣花，从而出现“花朵露心”现象。

处理措施：在花卉花芽分化的施肥临界期前为其提供充足的营养，可有效减轻“花朵露心”现象。

（3）光照不足　科学研究发现，在一定范围内，光照越强，光合作用越强，光合产物越多，花卉分化的花芽越多。光照不足会影响花卉分化的花芽数量，从而引起“花朵露心”现象。

处理措施：在花卉花芽分化阶段，进行合理光周期控制，尤其对于短日照花卉，如大丽花、菊花等，应做好光周期控制。

3.“时间错位”现象

对于花卉促成栽培而言，花期控制有很强的时效性，决定着花卉的价格和生产者的经济效益。如果出现花期提前或延后的时间错位，会产生十分严重的后果。产生原因及处理措施如下：

（1）花期提前　花期提前是指花卉开花时间比设定的开花时间早。花期决定着花卉的市场价格，尤其对于单花花期短的花卉而言，如月季、扶桑等。花期提前主要是由于生产过程中没有严格按照管理的程序生产造成的。

处理措施：严格按照既定的管理程序进行生产，此外，在预定开花前3周左右应根据花蕾的生长情况及时进行处理，可通过停止追肥、遮光、降温等措施来延缓花朵的开放时间。

（2）花期延迟　花期延迟是指花卉开花时间比设定的开花时间晚。同花期提前一样，花期延迟也会严重影响花卉的市场价格。花期延迟主要是由环境因子调控或栽培管理不当（如肥水管理等）造成的。

处理措施：严格按照制定好的管理程序进行生产，此外，可以通过叶面施肥、增加光照、增温等措施来催花。生产中，常采用喷施磷酸二氢钾的方法，每5~7天喷1次，再配合增光、增温措施，效果更佳。

六、花期调控主要设施和设备

相关内容参见模块一任务三。

任务实施

一、牡丹花期调控技术

1. 生物学特性

牡丹是芍药科芍药属的落叶灌木，肉质根粗壮。喜阳、喜凉爽、较耐寒，忌夏季高温，夏季高温时会出现暂时休眠现象，这种现象遇适宜温度后可解除，并恢复生长。喜肥沃、富含腐殖质、排水良好的沙质土壤，不耐涝，较耐旱。夏季高温季节进行花芽分化，秋季落叶，冬季休眠，春季萌芽生长，4—5 月开花。

影响牡丹开花的主要生态因子包括温度、降雨量、相对湿度、风霜和光照等，其中温度起主要作用，牡丹开花早晚与温度高低有直接关系。就露地栽培而言，当温度稳定在 3.6℃以上时，花芽开始萌动、膨大、顶端开裂；温度在 6.5℃以上时显蕾放叶；温度在 8.8℃以上时花蕾迅速增大；温度在 16℃以上时则开始开花。另外，温度对牡丹开花的影响还有一段量的积累过程，积累不足即使达到开花所需要的温度条件，也不会马上开花，但提高或降低温度，能加速或减缓积温的积累，使之提前或延迟开花。经观测，牡丹生物学起点温度一般为 3.6℃，开花所需生物学有效积温约为 380 ~ 650℃。

由于芽在枝条上的着生部位不同，分化早晚与分化程度也存在差异，同一枝条上最上面的芽先分化，顶端优势明显，入冬后根据芽体大小基本可以判断花芽是否形成，凡芽体纵径 × 横径大于 0.5 cm × 0.3 cm 的多已分化成花芽，凡小于该值者仍处于叶芽状态。在花芽分化过程中，由叶原基形成到苞片原基开始出现时，为花芽分化质变的临界点，这时如果环境和营养条件良好，成花素充足，则可发育而形成花芽；反之，便会停留在叶原基阶段，只形成叶而不开花。

2. 花期调控目标与实施

（1）春节开花（提前开花） 通过温度调控法来调控。牡丹的自然花期在 4—5 月，要想在春节开花，则需促成栽培，打破休眠期使之提前开花。可于 9 月上旬至 10 月上旬将牡丹上盆，放在室外，浇 1 次透水，使其接受自然低温，至 12 月上旬移至冷室，保持 0 ~ 5℃的低温，经充分休眠的盆栽牡丹于春节前 60 天移至玻璃温室，浇透 1 次肥水，先给予 10 ~ 15℃的室温，逐渐升温至 20 ~ 30℃，每日在植株上喷 2 ~ 4 次水，使枝条与混合芽保持湿润以利芽的萌动。花开后温度保持 10 ~ 15℃为宜。

春节催花牡丹生产主要包括牡丹春节催花植株的培育（多采用地栽）和温室催花（多采用盆栽）两个阶段。

1）催花植株的培育阶段，主要包括牡丹田间管理（如锄地松土、肥水管理等）、整形修剪、病虫害防治和封土越冬等。

2）温室催花阶段，主要包括春节催花牡丹的选择、选盆、配培养土、上盆、进温室催花等步骤。

①春节催花牡丹的选择（见图 4—3—2、图 4—3—3）。牡丹春节催花植株的选择标准有 4 个，即株型、株龄、枝条、花芽。株型以直立型（如‘洛阳红’、‘乌龙捧盛’等）、半开张型（如胡红等）植株为主，以紧凑、匀称为佳。株龄以 4～5 年生的植株为好。枝条应选择粗壮、当年生枝条实际生长量 10～15 cm 以上、枝条分布均匀、至少有 6 个以上腋花芽枝、2 个顶花芽枝、枝龄 2～3 年、无病虫害的植株。花芽应肥大、充实饱满，鳞片颜色鲜亮，无病虫害，形态指标以纵径 × 横径等于 0.5 cm × 0.3 cm 为标准。

图 4—3—2　牡丹‘洛阳红’催花

图 4—3—3　牡丹‘肉芙蓉’催花

②花盆选择。一般采用盆口直径 25～30 cm、高 30 cm 左右的泥瓦盆、陶盆或塑料盆。近年来，因塑料盆有质轻、价格低廉、便于运输等优点，生产中多采用。

③配制培养土。牡丹春节温室催花生产使用的基质配方为：园土 1 份 + 炉渣 1 份 + 腐叶土（草炭肥 / 锯末）1 份。配制好的培养土需经消毒后备用。

④上盆。一般而言，牡丹从萌芽到开花需要 50～60 天，再考虑预留一定的销售时间，若要牡丹在春节开花，上盆时间宜选在农历十月十五日至二十五日左右。上盆的方法：先对个别粗壮、过长的根进行短截，然后将牡丹放入花盆，保持根系直立，随即添加基质并用木棒捣实，使根系与基质紧密接触。根颈处留 2 cm 作为“水口”。

⑤进房与摆放。牡丹上盆后即可搬进温室，称为“进房”。一般按 4 盆一行摆放一畦，畦向南北，畦间留 60～80 cm 的人行道以便管理。

⑥牡丹温室催花技术。主要包括温度调控技术、光照调控技术、空气相对湿度调控技术、二氧化碳施肥技术、植物生长调节剂处理技术等。

（2）8 月至国庆节开花（延迟开花） 利用延长休眠期的办法，于 8 月下旬自露地将牡丹掘起上盆，浇 1 次透水，放至露地接受自然界低温，进入休眠状态，于 1 月下旬至

2月上旬，气温尚未转暖时，将盆栽移至 -1～1℃的冷库，使之继续休眠，于所需花期前40～50天出冷库，放在荫棚下，待盆土稍干时浇透1次肥水，每日在植株上喷3～4次水，待芽开始萌动时，每枝选留一个饱满芽作开花用，其他芽可抹去，并施1次饼肥，花吐色后可逐渐见阳光。

（3）二次开花　利用提前休眠方法，将5月地栽开过花的植株，于7月中下旬至8月上旬自露地掘起地栽上盆，放入0～2℃的冷库中使植株休眠，8月28日出冷库浇透一次肥水，放树荫下，保持平均温度20℃左右，花芽萌动后逐渐移至阳光下，9月25日左右充分见阳光，保持温度24℃左右，国庆节即可开花。

利用 GA_3，将5月地栽开过花的植株自8月23开始，先剥除2～4枚芽鳞片，每日以1 g/L 的 GA_3 溶液涂抹，半月后芽开始萌动时停止涂抹，可于10月上旬开花。

3. 需注意的问题

升温切忌过急，应逐渐升温，虽高温下花芽萌动速度快，但温度过高会影响叶的伸展。另外花开后宜逐渐降温，保持在10～15℃，在加温过程中应保持较高的空气湿度及空气流通，光照强度不能过强，需在花蕾吐色后逐渐见光。

二、一串红花期调控技术

1. 生物学特性

一串红是唇形科鼠尾草属多年生草本花卉，常作一年生栽培。性不耐寒，喜温暖湿润、阳光充足的环境，但也能耐半阴，忌霜害、干热气候；为短日照花卉，生长适温为20～25℃，15℃下叶黄脱落，30℃以上花叶变小。自然花期为7—10月，果熟期10月底，种子成熟后易脱落，应及时采收。一串红种子发芽适温为20～22℃，10～14天出苗，低于10℃不发芽。

2. 花期调控目标与实施

（1）“五一劳动节”供花（提前开花）（见图4—3—4）

1）通过调节播种种植起始时间来调控开花。一串红生育期为180天左右，最好选择早花品种，宜取小串红品种。于8月播种，入冬后假植上盆，可于次年4—5月开花。8月中下旬播种于露地，10月上中旬假植于冷室，11月中下旬至翌年1月陆续上盆温室培养，室内保持温度在15℃，逐渐升温至20℃，1月中旬至2月中旬换入大口径盆中，缓苗后每半个月施1次有机肥水，可供“五一劳动节”开花观赏之用。

2）通过摘心、除芽等修剪手段来控制开花。一串红从修剪至开花约需25天，如最后一次摘心在3月28日至4月5日进行，可于4月25日至5月1日开花。

3）短日照处理调控开花。一串红为相对短日照花卉，在完成营养生长阶段后，若每天给予 8 h 光照，57 天即可开花，而每天给予 14 h 光照，则需要 82 天才能开花。

（2）“十一国庆节”供花（延迟开花） 宜用大串红，3 月上旬在温室栽培或 4 月初阳畦播种，按正常栽培管理操作，生长中不断摘心，于 9 月 5 日左右进行最后一次摘心，可于国庆节开花。

三、一品红花期调控技术

1. 生物学特性

一品红是大戟科大戟属常绿灌木或亚灌木植物，原产墨西哥及美洲热带地区。性喜温暖、阳光充足，需透气性强、排水好的肥沃疏松土壤。自然条件下 12 月上旬前后开花。

2. 花期调控目标与实施

（1）延迟开花（见图 4—3—5） 生产中常进行春节延迟花期生产。一品红在自然气候条件下，约在 9 月下旬开始花芽分化，欲延迟开花，应在花芽分化前的 9 月中旬开始给予每天 14～16 h 的长日照处理。根据所需开花时间选择结束长日照处理的时间。

图 4—3—4 促成栽培的一串红

图 4—3—5 抑制栽培的一品红

一品红春节延迟花期生产过程主要包括一品红延迟花期植株的培育（一般多采用扦插苗或组培苗盆栽）和温室人工补光延迟花期（一般多采用盆栽）两个阶段。

◆ 一品红延迟花期植株的培育阶段

一品红春节延迟花期植株的培育阶段主要包括：一品红扦插、扦插苗上盆、扦插苗管理（如松土除草、肥水管理等）、整形修剪、病虫害防治等。该阶段的主要任务是为一品红春节延迟花期温室遮光生产阶段提供优质的植株。

1）一品红扦插。扦插时间一般在 4 月下旬至 7 月下旬进行，插穗通常选择长度在 12～15 cm 或带 4～5 片叶的枝条，保留上面 2～3 片叶，剪去插条下部的叶片。插穗剪好后，立即直立浸泡在清水中，一是防止凋萎，二是浸去剪口分泌出的乳汁，浸泡 1～2 h，

不宜太长。扦插深度约为插穗长度的1/2。扦插后保持温度在15~20℃，遮阴、喷水。插后1周开始生根，3~4周后可移栽。

2）扦插苗上盆。在上盆前要准备好基质，选择透气性、排水性良好、营养丰富的基质。栽培基质配方一般为：泥炭土∶粗纤维∶珍珠岩=7∶2∶1，pH值为5.5~6.5。上盆时间一般选择在下午或傍晚，特别是夏季要避开中午的高温时段。上盆后应立即浇透水，此外还应注意保持叶片湿润，防止失水，夏季中午应遮阳。定植后10~20天，根系逐渐生长健壮，当根系长满花盆后，应给植株换盆。

3）日常养护管理

①松盆土。一品红扦插苗上盆通过“缓苗期”后即可利用花铲、小铁耙等工具进行松盆土，以防止盆土板结，并清除杂草。

②水分管理。一品红对水分的要求较高，不宜多也不宜少。水分过多，茎叶生长迅速，会出现徒长现象。水分过少，会引起叶片下垂，不严重时，浇水后就会恢复，如果过分缺水会引起叶片变黄脱落，甚至死亡。一般表土1/3见干就应浇水。

③施肥。一品红喜肥，生长期需氮肥较多，每月可施腐熟粪液肥2~3次，最好是薄肥勤施。夏季雨天，以施粪干或腐熟酱渣为佳。摘心后1个月内，每周追施1次充分腐熟的清淡饼肥水。10月下旬植株进室之前，可增施1次氮肥。接近开花时，宜施1次过磷酸钙或硝酸钙水溶液，使苞叶色泽艳丽。

④光照管理。一品红花期的光照强度一般在20 000 lx。光照太弱，植株易出现枝条细长瘦弱、节间拉长、叶面较大、延迟开花及提早落花等现象。但也不能直接在太阳下栽培，否则叶片和苞片变小，叶缘焦枯，生长缓慢。

4）整形修剪。在一品红的生产过程中，株型控制是一项最为重要的工作。一品红的冠高比大于1.3，因此，当植株长到15 cm左右时可进行摘心。除摘心外，去掉幼叶也可促进下位侧芽的萌发，使植株紧密、矮生，分枝整齐。摘心时下面留3轮叶子，将生长点去掉，当侧芽长出后，可施用植物生长调节剂，常用的如多效唑、矮壮素等，在新叶展开时喷施在叶面效果最好，施用时间尽量选择早晨或下午，应避开高温时段，防止叶片边缘黄化。摘心期间要给予足够的光照，但日光强烈的中午要适当地遮阳。盆间距也要随一品红的生长状态及时调整，保证植株的生长空间。在栽培过程中要适当降低昼夜温差，如温差过大，会导致一品红茎的伸长和植株高度的增加。

5）病虫害防治。一品红的病害主要有根腐病、茎腐病、灰霉病和细菌性叶斑病等。根腐病、茎腐病一般在高温季节发生较严重，土壤含水量较高时也极易发生；灰霉病主要发生在冬季，正值开花季节；叶斑病在春、夏季发生较严重。防治方法：定期喷施杀菌剂（如70%甲基托布津可湿性粉剂1 000倍液喷洒）；保持室内通风；及时清理病株，减少感染源；及时对工具消毒，防止交叉感染。

一品红常见虫害主要是白粉虱，可喷施杀虫剂或灌根，也可利用其趋光性在温室中摆放涂有机油的黄色黏板诱杀。

◆ 温室人工补光延迟花期阶段

1）进房时间。一品红从花芽分化到发育完全均要求短日条件，即每天日照少于 12 h。在自然光照条件下，以临界日开始到长成可出售的成花，所需的时间称为短日感应时间。不同品种的短日感应时间有一定的差异，一般都在 8～10 周。根据短日感应时间可推算出出售日期，即临界点日期 + 短日感应时间 = 出售时间，可根据需要灵活掌握进房时间。

2）人工补光处理。欲使一品红延长至春节开花，需要通过夜晚人工补光延长日照的方式，使植物维持营养生长。一般只要植株周围有 100 lx 左右的光照就能阻止花芽分化、发育，通常采用日光灯或碘钨灯补光。开灯日期可以通过前面的公式逆推得出。如一品红‘自由亮红’（短日感应时间 8 周）品种要求 1 月 20 日出售，由公式可推出开灯时间（11 月 20 日）= 出售时间（1 月 20 日）– 感应时间（8 周）。

3）温室温度管理。一品红是温室花卉，开花对温度的要求较高。温室内，一般白天温度保持在 25℃左右，夜间温度保持在 15～18℃。若温室内温度过低会使苞片发育和转色变慢，严重时，无法正常开花。

人工补光技术要点：通常在植株上方 1 m、面积 2 m^2 的区域挂一盏 60 W 的日光灯，在晚上 10 点到次日凌晨 2 点进行人工补光，效果很好。

（2）提前开花 一品红为典型的短日植物，通常日照处理的界限时数与温度有关，一般在高温条件下日照处理的界限时数远比低温条件下短。当完成营养生长阶段后，每日给予 9～10 h 自然光照，遮光 14～15 h，20℃即可形成花芽，形成花芽后 30～40 天开花。一般单瓣品种经 45～50 天，重瓣品种经 55～60 天即可开花。

欲使一品红在国庆开花，需于 8 月 1 日开始进行短日照处理，每天下午 5 点至第二天早晨 8～9 点置于黑暗中，40 天即能开花。

（3）需注意的问题 短日照处理期间应注意：①遮光期间必须保证连续黑暗，不能有漏光，不能有光中断。②遮光室内或棚内温度不可高于 30℃，否则易引起叶片焦枯甚至脱落，影响一品红生长和开花质量。③短日处理开始时间要准确，不可过早或过迟，尽管一品红花期较长，但以初开 10 天内花色最为鲜艳，10 天后逐渐发暗，特别是单瓣品种；如发现处理过早欲推迟则会中断短日照处理，使已变红的苞片与叶片在长日下还原为绿色，导致前期处理无效。④短日处理期间仍需正常的浇水、施肥，并增施磷、钾肥；对于高型品种，仍需进行裱扎。

四、蟹爪兰花期调控技术

1. 生物学特性

蟹爪兰为仙人掌科蟹爪兰属多年生多浆植物。喜温暖湿润，不耐寒，生长适温为15～25℃，冬季宜保持15℃的室温，越冬温度不低于10℃，夏季30℃以上时进入半休眠状态，此时要避开烈日和雨淋，置于湿润阴凉处，停肥控水。喜阳光，但忌烈日直射，为典型的短日植物，营养生长期宜长日照，而花芽分化与发育期需要短日条件。喜富含腐殖质、排水良好的沙质壤土，忌积水。

一般来说，蟹爪兰春、夏季萌芽生长，秋季停止营养生长进行花芽分化，初冬开花，自然花期为11—12月。

2. 花期调控目标与实施

（1）“十一国庆节”开花（提前开花）　蟹爪兰在8月已基本进入营养生长后期，开始进入花芽分化阶段。8月末，在冷凉（7～13℃）的短日（13 h以上黑暗）条件下和控肥水措施下促进花芽形成。

蟹爪兰促成栽培可适当提前给予短日照处理，每日给予8～9 h光照，15～16 h暗处理，其他水肥等进行正常栽培管理，经50～60天即可提前开花。一般来说，越接近自然花期，短日照处理所需时间越短。从7月下旬开始进行短日照处理，则9月下旬即可开花，以供“十一国庆节”观赏之用。

（2）春节开花（延迟开花）（见图4—3—6）　推迟花期的长日照处理，应在花芽分化之前进行，每日给予14～16 h的光照处理，于所需开花之日前50～60天停止。如欲在春节开花，一般长日照处理至12月中旬结束，注意停止长日照处理后必须是自然短日季节，否则还要进行短日照处理以使植物开花。

五、叶子花花期调控技术

1. 生物学特性

叶子花为紫茉莉科叶子花属多年生常绿攀缘木本植物。喜温暖湿润，耐高温，忌严寒，越冬温度在15℃以上，温度过低易落叶，影响花芽分化和开花；喜阳光充足，不耐阴；对土壤要求不严，但以疏松、排水良好、富含腐殖质的肥沃土壤为佳。春季萌芽，夏季生长旺盛并进行花芽分化、开花，自然花期为夏季，寒冷冬季进入半休眠状态。

2. 花期调控目标与实施

（1）“五一劳动节”提前开花（见图4—3—7）　通过修剪调控可提早开花，方法为于3—4月换盆时进行重修剪，将一年生枝条留基部3～4个芽进行短截，疏去过密枝、交叉枝、水平枝、细弱枝等，使植株通风透光，加强水肥管理；当新稍长至 12～15 cm 时加施 0.2% 磷酸二氢钾，到 5 月上旬即可开花，花期直到 7 月中旬。

图 4—3—6　抑制栽培的蟹爪兰

图 4—3—7　促成栽培的叶子花

（2）"十一国庆节"延迟开花　通过短日照处理进行调控可延迟开花。于 6 月下旬，对当年生枝进行摘心，抑制先端营养生长，促使基部芽萌发，8 月初二次梢萌发后，进行短日照处理，每日下午 5 点至第二天早晨 8～9 点给予严密遮光，即每天进行 8～9 h 光照、15～16 h 暗处理，一般 45 天即可开花，开花繁盛，可供"十一国庆节"观赏；处理期间其他水肥管理均正常进行。

思考与练习

1. 如何理解花期调控的含义和调控依据？
2. 花期调控有哪些技术途径？
3. 在花期调控中，温度的主要作用是什么？请举例说明。
4. 如何应用园艺栽培手段进行花期调控？请举例说明。
5. 简述牡丹、一串红、一品红的花期调控方法及注意问题。
6. 按照花期调控的原理和方法，设计 1～2 种花卉的花期调控方案。

任务四
鲜切花周年生产技术

任务目标

◇了解切花的定义和分级标准

◇掌握切花月季的周年生产技术要点

◇掌握切花菊的周年生产技术要点

任务提出

随着人们生活水平的提高，鲜切花在日常生活中的应用越来越广泛。现需要利用相关技术完成某公司接到的生产任务：在现有条件下生产多批次月季、菊花、唐菖蒲、非洲菊等切花的生产任务（见图 4—4—1、图 4—4—2）。

图 4—4—1　切花月季

图 4—4—2　切花菊

任务分析

完成多批次花卉的生产应采取鲜切花周年生产技术。鲜切花周年生产技术主要包括切花花卉种类的选择，栽培设施与环境条件，切花花卉的繁殖，切花栽培技术，切花花期调控技术，切花病虫害防治，切花的采收、保鲜与贮运等环节，是一个综合栽培管理的过程。

相关知识

一、鲜切花的定义与分类

鲜切花又称切花，是指从活体植株上切取的，具有观赏价值，用于制作花篮、花束、花环、花圈、瓶插花、壁花以及胸饰花等花卉装饰的茎、叶、花、果等植物材料，如唐菖蒲（即剑兰）、月季、菊花、康乃馨、非洲菊、红掌等。鲜切花可分为以下三类：

1. 切花

各种剪切下来以观花为主的花朵、花序或花枝，是以花作为离体植物材料的主体。切花色彩鲜艳，花姿优美，有的还有诱人的香气，是插花和其他花卉装饰的主要花材，也是装饰中色彩的来源。主要的切花植物有月季、非洲菊、百合、唐菖蒲、鹤望兰等。

2. 切叶

各种剪切下来的绿色或彩色的叶片及枝条，是以叶作为离体植物材料的主体。用作切叶的植物材料，有的叶色多彩，有的叶形美丽、奇特。切叶多用作插花和花卉装饰的配材，起烘托主体的作用。主要的切叶植物有龟背竹、散尾葵、针葵、肾蕨、变叶木等。

3. 切枝

各种剪切下来的具有观赏价值的着花或具彩色的木本枝条，是以枝作为离体植物材料的主体。多数切枝带有花、果、叶。切枝常作为插花和花卉装饰的主体（东方式插花）或衬托。主要的切枝植物有银芽柳、连翘、海棠、牡丹、梨花、雪柳、绣线菊、红瑞木等。

收获后的切花因其质量参差不齐，必须按一定的标准进行分级。分级以花柄的长度、花朵质量和大小、开放程度、小花数目、叶片状态等为依据，一般来说，对切花而言，花朵整体感越好，花茎越粗、越长，则商品的品质越好。

2000 年 11 月 16 日国家技术监督局发布了花卉系列的 7 个标准，从 2001 年 4 月 1 日开始实施。其中《主要花卉产品等级 第 1 部分：鲜切花》（GB/T 18247.1–2000）中规定了月季、唐菖蒲、香石竹、菊花、非洲菊、满天星、亚洲型百合、东方型百合、麝香百合、马蹄莲、火鹤、鹤望兰、肾蕨、银芽柳共 14 种主要鲜切花产品的一级品、二级品和三级品的质量等级指标。

鲜切花质量等级划分标准见表 4—4—1。

表 4—4—1　　鲜切花质量等级划分公共标准

	一级品	二级品	三级品
整体效果	整体感、新鲜程度很好，成熟度高，具有该品种特征	整体感、新鲜程度好，成熟度较高，具有该品种特性	整体感、新鲜程度较好，成熟度一般，基本保持该品种特性
病虫害及缺损情况	无病虫害、折损、擦伤、压伤、冷害、水渍、药害、灼伤、斑点、褪色	无病虫害、折损、擦伤、压伤、冷害、水渍、药害、灼伤、斑点、褪色	有不明显的病害斑迹或微小的虫孔，有轻微折损、擦伤、压伤、冷害、水渍、药害、灼伤、斑点或褪色

二、鲜切花周年生产设施

1. 温室

温室依不同的屋架材料、采光材料、外形等可分为很多种类，主要有单屋面温室、双屋面温室、连栋温室、日光温室和智能温室等。具体内容可参看模块一任务三。

2. 温室环境因子调控

利用温室栽培鲜切花的最大优势就是可以通过环境因子的调控来调节花期。调节花期的方法除了日常采用的修剪、摘心等措施之外，还可以使用加温、降温、延长或缩短光照时间来调节鲜切花的开花时间，同时使相当多的花卉品种可以达到四季开花的目的。主要

有以下几种方法：

（1）**温度调控**　温度是影响花卉植物生长发育各阶段的重要因素之一。鲜切花由于有保护地栽培设施的作用，能在寒冷的冬季为其生长发育提供一个合适的生长温度，从而改变其自然花期，使其在寒冷的季节开花。通过保温或加温措施，可保证温室夜温在 10℃以上，日温在 20℃左右。如对处于休眠期的植株经 2～4℃的人为低温处理，可延长花卉植物的休眠期，延迟开花时间。对一些要求在春季开花的球根花卉来说，进行 6～9℃的低温处理，可促使其花茎伸长、提早开花。

（2）**光照调控**　用人工补充光照的方法可使长日照植物提早开花，如满天星、唐菖蒲，可用加光的方法使其在冬季早春开花。用白天遮光的方法可使短日照植物提早开花，如菊花，给予遮光处理可提前开花。人工调节光照时间可根据各植物需光周期诱导的特性而定，但无论长日照还是短日照处理，都要配合适宜的温度管理措施，并且植株需长到一定的大小，这样才能达到花期调控的目的。

切花植物在开花前常需较多的光照，为延长开花期和保持较好的花朵质量，在花开之后，一般要减弱光照强度，以延长花后寿命和保持花的光泽。

（3）**生长调节剂应用**　生长调节剂对花卉植物生长发育有一定的调节作用。其具体表现为诱导或打破休眠、促进或抑制生长、促进或抑制花芽分化。用适当的方法、适当的浓度，在花卉适当的生长发育期施用，便能起到调节花期的作用。

赤霉素在花期调控上效果最为显著，可代替低温，以诱导低温长日照植物提早开花。如满天星用 1 mg/L 赤霉素每月处理 1 次，可以促使其完成春化作用，实现在冬季开花；用 1 mg/L 赤霉素喷非洲菊可明显提高产量；用乙烯利涂抹球根花卉的生长点，可促使其发芽；细胞激动素对于休眠芽的生长也有促进作用。

三、鲜切花栽培技术要点

鲜切花栽培养护除了温度、湿度、光照、土壤、肥水管理等方面的常规栽培管理以外，主要还有以下方面：

1. 整形修剪

整形修剪是一个很重要的环节，通常包括摘心、捻枝、折枝和花后回缩修剪等。整形修剪的技术针对不同的花卉品种会有不同的要求，原则就是因地制宜、因花而异，最终的目标是提高产量，获得更好品质的花卉。如月季的折枝技术主要是为保证预留的切花品质，菊花的整形修剪主要是为控制花朵的数量，菊花栽培中需要多次摘心，最后一次摘心时间和开花时间密切相关，一般品种在摘心后 85 天左右开花。

2. 铺设防倒网

当植株长到一定高度时，开花枝易倒伏或弯曲，为使切花枝挺直，应在畦两边竖张网，网宽依畦面而定，一般张网为 18.5 cm × 18.5 cm，两端立杆，高 1.8 ~ 2.3 m，生产中常用 15 ~ 20 cm 见方的编织网，两侧用尼龙绳将网隔目相穿，两端拉紧使网张开，可上下移位。当花长到 25 ~ 30 cm 高时，将网固定在畦两端的铁丝上，使花枝条自然伸入网眼，以后，随着植株的生长，逐渐提高网的高度。

3. 抹芽剥蕾

以菊花的切花生产为例；标准型菊为使其花大且美，每枝顶端只留一枝花；在菊花现蕾后，主蕾直径达 3 ~ 5 mm 时剥去主蕾下的全部侧蕾，叶腋部的萌芽也需抹去。剥蕾及时，能提早 3 天左右开花。

4. 鲜切花的采收

（1）采前管理　采前管理决定切花的品质。在阳光充足、温度适宜且昼夜温差大的条件下，同化产物的储存较多。糖分的积累可促进花青素的转化和呼吸代谢的进行，使花大色艳、生长健壮。切花采前要做好控水控肥管理，少施氮肥，多施含钙、钾、硼元素的肥料，使枝梗坚硬、疏导组织发达，有利于抵抗病虫害侵袭。

（2）采收　采收时间要控制好，过早或过晚都会影响切花的观赏寿命。采收时间在能保证开花的前提下，应尽早安排。不同的花卉品种采收期不同，如月季采收过早则花茎易弯；非洲菊早采则茎中不空，影响采后水分的运输。人们经过实践摸索，已总结出一些花卉的适宜采收期：如六出花，在花序上有 4 ~ 5 朵花开放时采收；安祖花、佛焰苞，在充分发育时采收；非洲菊，在花朵完全打开时采收。

在满足采收后能开花的前提下，有些花在蕾期采收也能较好开花，花卉的观赏期也较长。但香石竹采收时花蕾不能太小，否则会影响开花。目前，香石竹、鹤望兰、满天星、郁金香、金鱼草等多于蕾期采收。

四、鲜切花采后分级与保鲜

1. 鲜切花的分级

（1）预处理　采收后，为保证鲜切花在运输过程中不受影响，要对花枝进行预处理。预处理的材料主要是水、预处液和糖，不同花卉有自身适宜的预处液。预处液主要成分是糖，其浓度常数倍于瓶插液，如唐菖蒲、非洲菊预处液浓度为 20%；香石竹、鹤望兰、满天星预处液浓度为 10%；月季、菊花预处液浓度为 2% ~ 5%。此外，还配以相应的杀菌剂。在预处理期间的温度、光照条件也很重要，一般光照为 1 000 lx，温度为 20 ~ 27℃，相对湿度为 35% ~ 80%。预处理对鲜切花的长途运输极为重要，可以减弱花对乙烯的敏感反应。

除了对预处液的要求外，对温度还提出了一定的要求，也就是预冷处理。其主要目的是除去田间热、降低鲜切花的呼吸强度、抑制微生物的活动、降低蒸腾作用、减少鲜切花皱缩和凋谢。预冷的方法有接触冰预冷、冷库预冷、真空预冷、强制通风预冷和冷水预冷等。其中真空预冷具有降温快（一般只需 20～30 min）、效率高、降温均匀、不受包装影响及运行费用低等优点，尤其适用于表面积与体积比大的花卉产品。不足之处是初期投资费用高，且在预冷过程中会造成花卉失水。为避免花卉失水，可在预冷过程中进行喷雾处理或在预冷之前进行吸水、喷水处理。

（2）分级　经预处理后的鲜切花即可进行分级。分级是指将鲜切花采收后，按照各切花的质量等级标准进行分级（参查《中华人民共和国农业行业标准—切花等级标准》)。将采收后的鲜切花按相应的等级标准进行规范分类是鲜切花进入正规市场和进行拍卖的基础。

2. 鲜切花的保鲜

保鲜方法主要分为低温储藏、气调储藏、低压储藏、辐射处理、化学药剂保鲜等。

（1）低温储藏　低温储藏是目前实际应用中较成熟的技术，工作原理是通过低温处理使花卉生命活动减弱、呼吸减缓、能量消耗减少、乙烯产生受抑，从而延长花卉的观赏期，并保持较好的品质。生产上常置于 2～4℃的冷库中储藏。

（2）气调储藏　通过控制 O_2、CO_2 的含量，达到降低鲜切花呼吸频率和养分消耗的目的。

（3）低压储藏　低压储藏是当今鲜切花保鲜储藏技术的又一发展领域。低压储藏是将储藏环境的空气减压到 1/10 个大气压，同时不断地更新减压室内的空气，排除 CO_2、乙烯等有害气体挥发物，输入用水蒸气饱和的新鲜空气并保持较高的空气湿度，一般湿度在 85%～100%，使切花在整个储藏期间始终处于低压和新鲜湿润的气流中。

（4）辐射处理　辐射处理是用一定的辐射剂量处理切花，改变其生理活性，抑制呼吸作用和内源乙烯及过氧化物酶的活性，延缓衰老，杀灭虫害和寄生虫，抑制病原微生物的生长活动及由此而引起的腐烂，延长寿命。该方法在实际生产中运用较少。

（5）化学药剂保鲜处理　采用化学药剂进行保鲜的方法称为化学保鲜，所用的化学药剂称为保鲜剂。化学保鲜由于成本低、易操作、效果明显，深受生产者、流通环节及消费者的欢迎。保鲜剂的品种较多，大部分保鲜剂都含有营养成分、生长调节剂、乙烯抑制剂和杀菌剂等。

任务实施

一、切花月季周年生产（见图 4—4—3）

科属：蔷薇科蔷薇属。

拉丁学名：*Rosa cultivars*。

主要品种：切花月季的品种繁多，如‘红衣主教’、‘达拉斯’、‘金徽章’、‘索尼亚’、‘婚礼白’、‘黑美人’和‘金门’等。

花期：5—10 月。

图 4—4—3　不同品种的切花月季

1. 切花月季品种选择标准

（1）**花形**　花形优美，尤其是开放 1/3～1/2 时花朵优美大方、含而不露，高心卷边或高心翘角。

（2）**重瓣性**　重瓣性强，层数多且排列紧凑。

（3）**花瓣质地**　花瓣质地硬、厚实且质感好。

（4）**花色**　花色鲜艳、明快、纯正，最好带有绒光。

（5）**花枝**　花梗直、长且挺拔。

（6）**开花时间**　花朵开放过程慢，瓶插期长。

（7）**抗性**　冬季保护地栽培供花，应适应较低温度正常开花的品种；夏季炎热季节栽培时，如为露地栽培应选择抗黑斑病的品种，如为温室栽培应选择抗白粉病的品种。

（8）**其他方面**　产花量高，生长势旺，耐修剪，萌芽力强。

2. 繁殖方法

切花月季的生产多采用扦插繁殖和嫁接繁殖进行育苗，如为育种可采用播种繁殖，组织培养是实现快速繁殖的重要方法。具体参见模块二任务五中的“一、月季的栽培与养护”。

3. 周年栽培

（1）**整地做畦** 高品质切花多在温室或大棚内栽培，不与其他花卉混栽。栽植地要地势高爽，通风良好，栽种前深翻，施足基肥，床一般宽 120～125 cm，每行 4 株，每平方米 10 株。为保证排水良好，床底应呈"V"形，底铺排水管，管上覆盖碎石，表面用营养土覆盖。基质最好含 15%～20% 的疏松物质，如锯木屑、谷壳等，同时应富含有机质。床土最好在栽植前 2 个月准备好，pH 值调至 6.5 左右，一般每立方米加过磷酸钙 500～1 000 g，氮肥视土壤原有肥力而定，土深 25 cm 左右。

（2）**定植** 小苗定植时间根据苗龄而定，可在春季和梅雨季节初期进行，通常为 5—6 月；保护地也可在秋季进行，自繁殖苗取出后即栽。定植密度（按 70% 有效面积算）：9～10 株 /m^2，株行距 30 cm × 35 cm。若幼苗有干枯现象，立即充分浇水或将根浸水 24～48 h 使其尽快复原，放于 21～27℃环境下 3～4 天保持湿润，根及芽开始膨大时定植，移栽必须在休眠期完成，一般为 1—3 月。受冻苗木应在 1～2℃的黑暗处放置 2～3 天，使其逐渐恢复。

定植前先修剪，过长的根要剪短，剪除受伤部分。未分枝小苗距土面 15 cm 剪短，将来留 5 个分枝能获得最佳效果。大株距地 60～80 cm 处剪短。嫁接苗接口应离土表 2.5～5 cm，若埋入土中则易从接穗生根。定植株行距：以 6 m 宽的花棚为例，做 1 m 宽畦 4 条，每畦 2 行，行距 50 cm，株距 20 cm。株行距因品种不同而略有差异。

移栽后最初 6 周的管理很重要，应充分灌水，使根与土粒紧密结合，几次充分灌水后可转入正常浇水。移栽后用薄膜覆盖保湿，夜温 16℃，7～10 天新梢开始生长，揭去覆膜。

（3）**壮苗养护** 在定植后的前 3～4 个月，进行营养体养护，应及时摘蕾（当芽体小于 0.5 cm 时进行），选留基生直立枝，粗度在 0.6 cm 以上的为开花母枝。切花月季栽培中采用折枝技术，其方法是：在枝条基部 5 cm 处将其弯折，折断木质部但不折断韧皮部，并使这些枝条沿水平方向伸展；其意义是：使水分较少地运往折断的枝条，而这些枝条上的叶子所制造的光合产物仍可通过韧皮部运往整个植株，这样有利于营养体生长，又避免营养枝与新抽生的开花母枝争夺日光和空间，以利于提早开花和提高切花质量。

（4）**切花生产过程管理**

1）补光。由于月季是喜光植物，长时间日照不足，会造成盲枝增加，因此在阴天或冬季日照不足时需补光。

2）通风。通风不良会引起白粉病和蚜虫、红蜘蛛虫害，因此当温室温度接近 28℃时应及时通风。

3）浇水。切花月季的需水、需肥量较大，春、夏、秋三季应隔天浇水，夏季高温时配合沟灌效果较好，冬季每 5 天浇 1 次水。旺盛生长期需水量大，不断浇水容易造成土壤板结，应及时松土。盛花期宜采用稻壳、泥炭、枯草等进行土壤覆盖，滴灌时可不加覆盖。

4）施肥。月季需肥量较多，以有机肥为主，配合使用化肥，适当提高钾肥供给可提高切花产量和品质。除基肥外，在生长期随灌水加入少量含钾量高的多元肥料。月季喜肥，一般 180 m^2 的温室施用腐熟的干饼肥 50 kg，营养生长期每周施用尿素 5 kg，进入开花期要增加磷、钾肥，减少氮肥，连续栽种三年的温室要增施微量元素肥料，定期施肥的适期是春季发芽前 1 个月及每次剪花后。

5）CO_2 施肥。CO_2 施肥是另一个提高切花质量和产量的途径，施用时在畦面铺 10 cm 厚的稻草，并保持湿润。

6）修剪。定植初期为促使植株基部萌发更多枝条，可在萌发的枝条茎尖开始形成花蕾时，将枝条先端摘除，以促进侧枝发育。新梢花蕾长到黄豆大小，枝条较为挺拔时，将植株从下往上数第 5 片或第 5 片以上腋芽摘除，以培养花枝，枝上的侧芽以中部发育最好。一般情况下，紧接花朵的第 1 片叶只具 1 片小叶，第 2 片叶具 3 小叶，其下方具 5 小叶。第 1 片 5 小叶及其上方具 3 小叶或 1 小叶的腋芽不充实，抽出的枝梢虽能开花但质量较差，第 2 片 5 小叶及其下方发育饱满、先端钝圆的芽抽出的枝条长而粗壮，开花质量高。

顶花盛开后，花瓣将要开始下落时，留下枝条下部具有充实腋芽的 5 枚叶片剪枝摘心。盛夏形成的花蕾因气温较高，花蕾未发育完全就会开花，浪费养分，因此应控制夏蕾，节省养分供给花枝发育，使其开好秋花。

生长期中，采花时或调整花期时均需短剪部分枝梢，一般在采花或新梢停止生长时进行，对未产生花的盲枝或不够规格的花枝及时在较低部位短剪，使其另抽枝开花，一般剪后 6～9 周可再次开花。

休眠期进行一次重修剪，使植株保持一定的高度，去掉老枝、弱枝、枯枝、冗枝，促进枝条旺盛生长。根据品种高低不同，一般在距地面 45～90 cm 处短剪，剪除下部交叉、病弱枝条。低温或高温干旱都能迫使月季休眠，在我国北方种植的月季入冬后休眠，而许多地区入夏后气温太高，又使月季生长停滞或进入休眠状态，应在夏季某一次花采收后停止浇水，使土壤逐渐干燥至裂缝，以迫使其休眠。在休眠期进行修剪，约干燥 1 个月，再浇水施肥，则又能抽枝开花。

7）病虫害防治。月季常见病害有根癌病、白粉病、黑斑病等。经常变化的地下水位是根癌病发病的主要原因。栽培地土壤的 pH 值以 6～7 为宜，种植前在土壤中加入一定量的砻糠灰，可有效地防止根癌病的发生。一旦发现有根癌病植株应立即拔除销毁，以

避免影响其他植株。白粉病是目前切花月季最重要的病害，可用 15% 粉锈宁可湿性粉剂 500～1 000 倍液并加入少量的杀毒矾混合使用，效果极佳。发病严重的 5 天左右喷药 1 次，连续喷 3～4 次，控制病情后可每 10 天喷药 1 次，并和甲基托布津、多菌灵、百菌清等药剂交替使用。防治黑斑病可用 50% 多菌灵、百菌清 800 倍液，或用等量式波尔多液喷雾，发病严重的要用扑海因或杜邦福星高效药物防治。

月季虫害主要有蚜虫、红蜘蛛和青虫等。蚜虫、红蜘蛛多在高温高湿条件下发生，可用必林、一遍净、三氯杀螨醇、尼索朗、杀螨酮等药剂喷施，青虫可用百事达、抑太保等药剂防治。

4. 采收与采后处理

（1）适期采收 通常为开花前 1～2 天采收，南方地区花蕾尚未开口就可采收。采收的时间还与品种有关，红色和粉红色品种一般在第 1～2 片花瓣开始展开、萼片处于反转位置时采收，黄色品种稍早于红色和粉红色品种，白色品种则稍晚于红色和粉红色品种。采收过早，花萼尚未张开，花茎未充分吸水，容易发生弯颈，甚至花不能吸水开放；采收过迟，既不利于处理、包装、运输和贮藏，也会缩短瓶插寿命。月季切花采收时间和采收次数因季节而异，春、夏、秋季一般每天采收 2 次，早晚各 1 次；冬季一般每天早上采收 1 次。

（2）采后处理 花枝剪下后，立即将基部 20～25 cm 浸入与室温一致的清洁水中，再移入 5～7℃环境下放几小时使花枝充分吸水，同时按照相应等级标准（见表 4—4—2）进行整理分级。每 20 枝扎成一束，取出后、运输前都必须将花枝基部剪去一小段，最好再浸入保鲜液中 4～8 h，装入具透气孔的衬膜瓦楞纸箱内，置于相对湿度 90%～95%、温度 0.5～2℃的环境中进行贮藏。需要注意的是红色品种的月季逆境情况下容易出现蓝化现象，其保鲜剂配方、瓶插时间受品种、气温等因素影响较大。

表 4—4—2　　中华人民共和国农业行业标准——月季切花

评价项目		等级			
		一级	二级	三级	四级
1	整体感	整体感、新鲜程度极好	整体感、新鲜程度好	整体感、新鲜程度好	整体感、新鲜程度一般
2	花形	完整优美，花朵饱满，外层花瓣整齐，无损伤	完整优美，花朵饱满，外层花瓣整齐，无损伤	花形完整，花朵饱满，有轻微损伤	花瓣有轻微损伤
3	花色	花色鲜艳，无焦边、变色	花色好，无褪色失水，无焦边	花色良好，不失水，略有焦边	花色良好，略有褪色，有焦边

续表

评价项目		等级			
		一级	二级	三级	四级
4	花枝	①枝条均匀、挺直 ②花茎长度 65 cm 以上，无弯颈 ③重量 40 g 以上	①枝条均匀、挺直 ②花茎长度 55 cm 以上，无弯颈 ③重量 30 g 以上	①枝条均匀、挺直 ②花茎长度 50 cm 以上，无弯颈 ③重量 25 g 以上	①枝条均匀、挺直 ②花茎长度 40 cm 以上，无弯颈 ③重量 20 g 以上
5	叶	①叶片大小均匀，分布均匀 ②叶色鲜绿有光泽，无褪绿叶片 ③叶面清洁，平整	①叶片大小均匀，分布均匀 ②叶色鲜绿，无褪绿叶片 ③叶面清洁，平整	①叶片分布较均匀 ②无褪绿叶片 ③叶面较清洁，稍有污点	①叶片分布不均匀 ②叶片有轻微褪色 ③叶面有少量残留物
6	病虫害	无购入国家或地区检疫的病虫害	无购入国家或地区检疫的病虫害，无明显病虫害斑点	无购入国家或地区检疫的病虫害，有轻微病虫害斑点	无购入国家或地区检疫的病虫害，有轻微病虫害斑点
7	损伤	无药害、冷害、机械损伤	基本无药害、冷害、机械损伤	有极轻度药害、冷害、机械损伤	有轻度药害、冷害、机械损伤
8	采切标准	适用开花指数 1～3	适用开花指数 1～3	适用开花指数 2～4	适用开花指数 3～4
9	采后处理	①保鲜剂处理 ②依品种 12 支捆绑成扎，每扎中花枝长度最长与最短的差别不可超过 3 cm ③切口以上 15 cm 处去叶、去刺	①保鲜剂处理 ②依品种 20 支捆绑成扎，每扎中花枝长度最长与最短的差别不可超过 3 cm ③切口以上 15 cm 处去叶、去刺	①依品种 20 支捆绑成扎，每扎中花枝长度最长与最短的差别不可超过 5 cm ②切口以上 15 cm 处去叶、去刺	①依品种 30 支捆绑成扎，每扎中花枝长度的差别不可超过 10 cm ②切口以上 15 cm 处去叶、去刺

注：开花指数 1：花萼略有松散，适合于远距离运输和贮藏；
开花指数 2：花瓣伸出萼片，可以兼作远距离和近距离运输；
开花指数 3：外层花瓣开始松散，适合于近距离运输和就近批发出售；
开花批数 4：内层花瓣开始松散，必须就近很快出售。

二、切花菊周年生产（见图 4—4—4）

科属：菊科菊属。

拉丁学名：*Dendranthema morifolium*。

花期：多为 8—12 月，也有夏季开花品种。

图 4—4—4 不同品种的切花菊

1. 主要形态特征

多年生草本植物。株高 20 ~ 200 cm，通常 30 ~ 90 cm。茎色嫩绿或褐色，茎直立或开展，多分枝，基部半木质化，小叶具短柔毛。单叶互生，卵圆形至披针形，羽状浅裂或深裂，边缘有缺刻及锯齿，叶背有毛。头状花序顶生或腋生，一朵或数朵簇生。舌状花为雌花，筒状花为两性花。舌状花分为平、匙、管、桂、畸五类，色彩丰富，有红色、黄色、白色、墨色、紫色、绿色、橙色、粉色、棕色、雪青色、淡绿色等颜色。花期多为秋、冬季，多为 8—12 月。果实为瘦果，栽培品种极少结实。

2. 生态习性

菊花的适应性很强，喜凉，较耐寒，温度在 5℃以上地上部萌芽、10℃以上新芽生长，生长适温为 18 ~ 21℃，能耐最高温度为 32℃，能耐最低温度为 10℃，地下根茎耐低温极限一般为 -10℃。花期最低夜温 17℃，开花期（中、后）可降至 13 ~ 15℃。喜阳光充足，也稍耐阴，夏季应遮蔽烈日照射。较耐干，最忌积涝。喜地势高燥、土层深厚、富含腐殖质、疏松肥沃而排水良好的沙壤土。在微酸性到中性的土壤中均能生长，pH 值以 6.2 ~ 6.7 较好。忌连作。

菊花为长夜短日照植物，在每天 14.5 h 的长日照条件下可进行茎叶营养生长，在每天 12 h 以上的黑暗与 10℃的夜温条件下则适于花芽发育，但品种不同对日照的反应会不同。

3. 繁殖方法

切花菊可采用扦插、分株或组织培养方法繁殖。

（1）扦插　扦插法扩繁系数高、分株成苗快、开花早。分为芽插、嫩枝插、叶芽插，以带叶全光照喷雾插效率最高，需要制作全光喷雾插床，插穗 3 ~ 6 cm，留 3 片叶，单位面积可插芽 600 ~ 800 株 /m^2，3 周可出圃上钵培养。

（2）分株　分株繁殖适合扦插生根难、营养生长时间长、丛植栽培的菊花。应在每年春、夏季开展分株，一般在清明前后把植株挖出，依据根的自然形态带根分开，从一侧或周边切分蘖芽，每丛应带少许母根，上面保证有 3 个芽。地栽菊花品种较多，大花种类适合分株或早春扦插，利于植株营养生长以达到开花要求。

（3）组织培养　菊花的茎尖、叶片、茎段、花蕾、花瓣等部位均可用作组织培养的外植体，可利用直接再生途径、间接再生途径、体细胞胚胎发生途径获得组织培养苗。

4. 周年栽培

（1）整地　菊花喜湿怕涝，栽培时应选择地势相对较高、通风性好的地块进行种植。培养土宜选择菜园土和腐叶土堆制，并用多菌灵或甲基托布津与福尔马林溶液进行消毒，使用前应与腐熟的猪粪或枯饼等有机肥料充分混合，并过筛清除残存物。宜深沟高畦栽植，以免土壤湿度过大引起烂根。一般畦高 20～25 cm，畦宽 1～1.2 m，沟宽 30～40 cm。

（2）定植　切花菊定植苗一般苗龄为 25 天左右，并在具 6～7 片叶时进行炼苗 2～3 天。定植前应对定植苗进行分选，把病、残苗除掉，把壮苗和细、弱苗分开进行定植，一般把壮苗定植在畦中间，弱苗定植在畦两边，两边上通风透光较好，能使定植苗生长势较快保持一致。定植时要求种苗茎部埋入土中 2 cm 深，使根系舒展，与土壤接触紧密。株行距为 15 cm × 20 cm 或 10 cm × 20 cm，每个网眼定植 1 棵切花苗，一般定植量为 40 株 /m^2，根据品种不同略作调整，多花型品种株行距略宽。定植后立即浇水，浇水量要大，同时用遮阳网进行遮阴。浇水后，马上进行扶苗、补苗，有的菊苗根系裸露在外面，也要重新覆土。一般定植期为春菊 12 月至翌年 2 月，夏菊 3—4 月，秋菊 5—7 月，寒菊 7—8 月，加光栽培在 8—12 月。根据栽培季节不同，定植的时间也不同，一般夏季定植在下午进行，冬季定植在晴天的上午进行，如果定植量大，可在遮阴条件下，全天进行。

（3）提网　幼苗长到 20～25 cm 高时设支架张第一层网，隔 30 cm 张第二层网，网要拉紧，使植株挺直生长。网眼为 10 cm × 10 cm 5 目尼龙支撑网，网面要绷紧，使每一个网眼呈正方形，网的两端用挡板和铁管固定，有条件可使用铁丝网，效果更好。

（4）光照处理　大多数切花菊是短日照植物，只有在短日照条件下才能开花。要使菊花周年开花必须进行光照处理。对光敏感型的品种要在夏季开花，必须进行短日照处理 20～26 天，多花型品种则需进行短日照处理 40 天左右，特别是在遮光处理的前半段时间要求十分严格，一般缩短光照时间在 12 h 以内。秋季夜间加光可延迟植株开花。

5. 肥水管理

浇水要浇透，既不能过干，也不能过湿，一般土壤含水量保持在 70% 左右为宜。菊花喜肥，基肥应多施磷、钾肥，追肥不可过多过早，立秋后植株生长旺盛，秋凉后喷施 0.1% 磷酸二氢钾以及 0.5% 尿素溶液 2 次，现蕾后喷 0.1% 磷酸二氢钾以及 0.05% 硼砂 1 次，有利于保证切花质量。

6. 修剪

一般定植后 20 天左右摘心，只留最下部 5～6 片叶，侧芽萌发后，每株留 4～5 枝，其余侧芽抹去。单株密植型的，要经常摘除腋芽，以保证主干生长健壮；多枝型品种，定植后也要经常摘除多余的芽。注意及时清除侧枝花蕾，保证一枝一花。对于生产小菊切花的，要尽早摘心，且多保留分枝。

7. 病虫害防治

切花菊在生产过程中由于密度较大，容易患上病虫害，主要有菊花叶斑病、菊花褐斑病、黑斑病、白粉病、茎腐病、灰霉病、锈病等。首先可在种植初期用甲基托布津、百菌清、粉锈宁、代森铵等药剂交替喷施预防，或在发病初期及时预防；其次严格控水，减少病菌滋生条件。虫害主要有蚜虫、食心虫、菊潜叶蝇、菊虎、尺蠖等，可分别采用氧化乐果、杀灭菊酯、敌百虫等药剂加以防治。

8. 采后管理

采收切花标准与品种、气温有关。切花后续开放能力强或在高温季节采花的，可在花开 5～6 成时采收上市。采收菊花时应在离地 10 cm 处切断，并摘除下部 1/3 以下叶片，预冷后进行分级，分级标准见表 4—4—3，每 10 枝一束进行捆绑码入箱内，然后立即将其置于相对湿度为 90%～95% 的环境中进行贮藏，存放地点不需光照，贮藏温度为 0℃。切花菊以干藏为主，将采收后的切花菊基部在 1 200～4 800 mg/L 的硝酸银溶液中浸泡 5～10 s，可使其寿命延长 8～10 天。保鲜液可选用 200 mg/L 的 8—HQC 加上 4 g/L 的蔗糖，此保鲜液适用于蕾期采收的菊花，贮藏时间可达 21～28 天。

表 4—4—3　　中华人民共和国农业行业标准——菊花切花

评价项目		等级			
		一级	二级	三级	四级
1	整体感	整体感、新鲜程度极好	整体感、新鲜程度好	整体感一般，新鲜程度好	整体感、新鲜程度一般
2	花形	①花形完整优美，花朵饱满，外层花瓣整齐 ②最小花直径 14 cm	①花形完整，花朵饱满，外层花瓣整齐 ②最小花直径 12 cm	①花形完整，花朵饱满，外层花瓣有轻微损伤 ②最小花直径 10 cm	花形完整，花朵饱满，外层花瓣有轻微损伤
3	小花数	小花 20 朵以上	小花 16 朵以上	小花 14 朵以上	小花 12 朵以上
4	花色	花色鲜艳，纯正，有光泽	花色鲜艳，纯正	花色鲜艳，不失水，略有焦边	花色稍差，略有褪色，有焦边
5	花枝	①坚硬、挺直，花茎长 5 cm 以内，花头端正 ②长度 85 cm 以上	①坚硬、挺直，花茎长 6 cm 以内，花头端正 ②长度 75 cm 以上	①挺直 ②长度 65 cm 以上	①挺直 ②长度 60 cm 以上

续表

评价项目		等级			
		一级	二级	三级	四级
6	叶	①厚实，分布匀称 ②叶色鲜绿有光泽	①厚实，分布匀称 ②叶色鲜绿	①叶长厚实，分布稍欠匀称 ②叶色绿	①叶片分布欠匀称 ②叶片稍有褪色
7	病虫害	无购入国家或地区检疫的病虫害	无购入国家或地区检疫的病虫害，有轻微病虫害症状	无购入国家或地区检疫的病虫害，有轻微病虫害症状	无购入国家或地区检疫的病虫害，有轻微病虫害症状
8	损伤	无药害、冷害及机械损伤	基本无药害、冷害及机械损伤	轻微药害、冷害及机械损伤	轻微药害、冷害及机械损伤等
9	采切标准	适用开花指数 1~3	适用开花指数 1~3	适用开花指数 2~4	适用开花指数 3~4
10	采后处理	①冷藏，保鲜剂处理 ②依品种每 12 支捆成一束，每束中花茎长度最长与最短的差别不可超过 3 cm ③切口以上 10 cm 处去叶	①冷藏，保鲜剂处理 ②依品种每 12 支捆成一束，每束中花茎长度最长与最短的差别不可超过 5 cm ③切口以上 10 cm 处去叶	①依品种每 12 支捆成一束，每束中花茎长度最长与最短的差别不可超过 10 cm ②切口以上 10 cm 处去叶	①依品种每 12 支捆成一束，每束基部切齐 ②切口以上 10 cm 处去叶

注：开花指数 1：舌状花紧抱，其中有 1~2 个外层花瓣开始伸出，适合于远距离运输；
开花指数 2：舌状花外层开始松散，可以兼作远距离和近距离运输；
开花指数 3：舌状花最外两层都已开展，适合于就近批发出售；
开花指数 4：舌状花大部开展，必须就近很快出售。

三、切花非洲菊周年生产（见图 4—4—5）

科属：菊科大丁草属。

拉丁学名：*Gerbera jamesonii*。

主要品种：常见有橙色品种、粉色品种、大红品种、黄色品种等 12 个色系品种。

花期：多为 8—12 月，也有夏季开花品种。

1. 形态特征

非洲菊，又名扶郎花、灯盏花、太阳花、猩猩菊等，是中国目前传统的五大切花之一。非洲菊为多年生草本花卉，株高 30~45 cm，叶基生，叶柄长，叶片长圆状匙形，羽状浅裂或深裂。头状花序单生，高出叶面 20~40 cm，花径 10~12 cm，总苞盘状，钟形，舌状花瓣 1~2 或多轮呈重瓣状，花色有大红、橙红、淡红、黄色等。通常四季有花，

图 4—4—5 不同品种的非洲菊

以春、秋两季最盛。

根据花的大小有大花型和小花型。大花型一般花梗长 55 ~ 60 cm，花径 11 ~ 15 cm，每株年产量 35 ~ 40 支；小花型花枝长 50 ~ 60 cm，花径 6 ~ 8 cm，每株年产量 70 ~ 80 支。近年育成的新品种中，有的花瓣为管状，整个花盘呈放射状，颇具特色。市场以红花黑芯的品种为主，红花绿芯的品种也逐渐流行。

2. 生态习性

非洲菊喜冬暖夏凉、空气流通、阳光充足的环境，不耐寒，忌炎热。喜肥沃疏松、排水良好、富含腐殖质的沙质土壤，忌黏重土壤，宜微酸性土壤，生长最适土壤 pH 值为 6.0 ~ 7.0，生长适温为 20 ~ 25℃，冬季适温为 12 ~ 15℃，低于 10℃时则停止生长，属半耐寒性花卉，可忍受短期的 0℃低温。

3. 繁殖方法

切花非洲菊可采用播种、分株和组织培养方法育苗。但目前生产上为了实现优质高产，基本上都采用组织培养方法来育苗，种植组培苗利于实现工厂化生产和周年供应。

4. 周年栽培

（1）种苗选择　非洲菊种苗分播种苗、分株苗和组培苗三类。播种苗后代分离严重，失去原有种性，一般仅育种时采用。分株苗繁殖系数低，且易被病虫害侵染，也不用来大面积生产。切花生产要选择优质的组培苗，其标准为株高 15 ~ 20 cm、5 ~ 6 片叶、根系发育良好、叶色鲜绿、无病虫害。根据要求，确定非洲菊的各色系的数量与规格。

（2）整地做畦　非洲菊喜疏松透气、富含有机质的沙壤土，若土质不够好时，可先用有机肥进行改良后使用。不管何种土壤，定植前均要重施有机肥，以腐熟鸡粪为主，施用量为每 400 m^2 的温室，施腐熟鸡粪 200 ~ 250 kg、过磷酸钙 50 kg、复合肥 25 kg，均匀撒施后，用铁耙深翻再做畦，一般畦高 30 cm，畦顶宽 60 cm，沟宽 40 cm。

（3）定植　因非洲菊从定植到开花需 70 ~ 80 天，因此以 4—9 月进行定植较好，元旦前可进入盛花期。高畦双行三角形定植，种植密度随品种不同稍有差异，一般窄行距 40 cm，宽行距 60 cm，株距 30 ~ 35 cm。栽植时使根颈部位露于土表，否则易造成烂心和根颈腐烂。定植后，立即浇透定植水。炎热夏季宜选择阴雨天气定植，可缩短缓苗时间，晴天需加盖 70% 遮阳网。

（4）定植后管理

1）温室环境调控。应用栽培设施尽量满足非洲菊苗期、生长期和开花期对温度的要求，以利其正常生长和开花。非洲菊生长发育适温为 18～25℃，除我国华南地区外均不能露地越冬，需进行温室栽培，长江流域以南可用不加温的大棚栽培。在夏季，棚顶需覆盖遮阳网，并掀开大棚两侧塑料薄膜降温。冬季外界夜温接近 0℃时，封紧塑料薄膜，可按需要增盖塑料薄膜，遇晴暖天气，中午可揭开大棚南端薄膜通风约 1 h。

非洲菊为喜光花卉，冬季需全光照，但夏季应注意适当遮阴，夏季一般选用 70% 的可移动遮阳网，用于调节温室内光照与降低温度并加强通风，防止高温引起植株休眠。10 月上中旬完全去除遮阳网，加强光照及通风，以尽快形成秋季产量高峰。当温室内最低气温降到 12℃时，需加盖薄膜，白天温度保持在 18～25℃，夜间温度保持在 12～16℃。

2）肥水管理。非洲菊喜干不喜湿，忌积水，土壤含水量以 65%～80% 为宜。定植后苗期应保持适当湿润并蹲苗，以促进根系发育、迅速成苗。浇足定植水后 3～5 天，基本返苗时再浇 1 次返苗水，整个生长期以土表“见干见湿”为原则。生长旺盛期应保持供水充足，夏季每 3～4 天浇水 1 次，冬季约半个月浇水 1 次，另外，灌水时可结合施肥。

非洲菊喜肥，对肥料需求大，追肥时应特别注意补充钾肥，常以氮、磷、钾复合肥为主（15∶15∶15），结合叶面喷施硼、镁、铁、锌等微肥，浓度控制在 2‰。夏季花量减少应适当减少施肥量，春、秋季产花高峰期酌情增加施肥量。春、秋季每 5～6 天施肥 1 次，冬、夏季每 10～15 天施肥 1 次，连续 2～3 次。若高温或偏低温引起植株半休眠状态，则停止施肥。

3）摘叶和疏蕾。非洲菊整个生育期需要不断地进行合理摘叶及疏蕾，摘除老叶、病叶和过密叶，改善通风透光条件，调整植株长势，减少病虫害发生。

4）病虫害防治。非洲菊的主要病害有根腐病、白粉病、叶斑病等，其中以根腐病危害最大。主要虫害有白粉虱、潜叶蝇、叶螨等。生产中要以预防为主，综合防治，通过选用抗病虫品种、做好环境调控、合理使用肥水、增设防虫网、张挂诱虫黄板等措施，降低病虫害的发生率。

化学防治：根腐病可在发病初期用甲霜灵 500 倍与甲基托布津 500 倍混合液灌根。白粉病、叶斑病分别用粉必清、甲基托布津喷雾防治。白粉虱、潜叶蝇分别用蚜虱净、虫螨克喷雾防治。叶螨可选用 50% 尼索朗 2 500 倍液喷雾防治。

（5）采收　当花朵完全开放，花心部分出现 2～3 圈雄蕊散粉时即可采收。采收时，用手握住花葶中下部来回旋折，即可从花葶基部折断。采摘后，立即将花放入盛有清水的桶中，然后进行分级、包装、销售。

5. 常见问题及处理

（1）烂根　非洲菊一旦发生烂根就很难根治，主要原因是土壤湿度过大或长期积水，因此在栽培过程中要注意。

（2）花枝断裂　花枝上出现横向裂口，严重的出现花枝断裂，裂口呈切口状。

解决措施：可用 1‰～2‰硝酸钙，每周喷 1 次。

（3）叶片边缘焦枯　因施肥浓度过高引起叶片顶部或羽裂的尖部突然出现焦枯。

解决措施：立即喷清水稀释或冲洗叶片附着的肥液或延长施肥时间间隔和降低施肥浓度，过一段时间会自然恢复。

（4）烂心现象　浇水和施肥时要注意，花期灌水要注意不要使叶丛中心沾水，最好从四周侧面浇水，以防止花芽腐烂。露地栽培时要注意防涝。

（5）叶枯黄　非洲菊基生叶丛下部叶片易枯黄衰老，应及时清除，这样既有利于新叶与新花芽的萌生，又有利于通风，增强植株长势。

思考与练习

1. 解释切花的定义和类型，并列举出 5～10 种常见的切花。
2. 简述国家切花分级的公共标准。
3. 鲜切花保鲜有哪些方法？
4. 试述切花月季品种选择标准与周年生产的技术要点。
5. 如何通过温室的环境因子控制非洲菊的花期？简述其温室生产过程及注意事项。

任务五
园林花卉组织培养技术

任务目标

◇了解花卉组织培养的特点及技术流程

◇掌握培养基的配制与灭菌

◇掌握蝴蝶兰组织培养接种与培养技术

◇了解组培苗木移植与养护的常规技术

◇掌握蝴蝶兰试管苗移植和移植后的养护与管理方法

任务提出

为满足人们日益增长的需要，某花卉公司需规模化地生产出高规格、高品质的蝴蝶兰盆花和切花，但蝴蝶兰繁殖栽培时对环境条件具有特殊的要求，常规的播种、扦插、嫁接等不能成功实现繁殖，因此需采用组织培养。现要求用 2 年左右的时间，让蝴蝶兰通过接种与培养、幼苗移栽等过程，实现栽培开花。

任务分析

组织培养因具有繁殖系数高、繁殖效率高、育苗时间短等优点，成为优良苗木现代快繁技术和工厂化育苗的重要途径。蝴蝶兰因其花形优美、花色鲜艳、花期长，已成为兰科植物中栽培最广泛、最普及的种类之一，享有“兰中皇后”的美誉。

蝴蝶兰（见图 4—5—1）的繁殖以组织培养为主，组培苗只有经过有效的驯化培养，才能适应自然环境，正常生长，因此需掌握组织培养的一般技术流程及蝴蝶兰组培时各项工作的特殊要求。

图 4—5—1　不同品种的蝴蝶兰

相关知识

一、组织培养的定义和特点

植物组织培养又称离体培养，指从植物体分离出符合需要的组织、器官、细胞、原生质体等，通过无菌操作，在人工控制条件下进行组织培养以获得再生的完整植株或生产具有经济价值的其他产品的技术。与其他繁殖方法相比，组织培养具有以下特点：

1. 培养条件可人为控制

组织培养采用的植物材料完全是在人为提供的培养基质和小气候环境条件下进行生长，摆脱了大自然中四季、昼夜的变化以及灾害性气候的不利影响，且条件均一，对植物生长极为有利，便于稳定地进行培养生产。

2. 生长周期短，繁殖率高

人为控制培养条件，根据不同植物不同部位的不同要求提供不同的培养条件，生长较快。因植株比较小，往往 20～30 天为 1 个周期即可完成组织培养。虽然植物组织培养需要一定设备及能源消耗，但由于植物材料能按几何级数繁殖生产，故总体来说成本低廉，且能及时提供规格一致的优质种苗或脱病毒种苗。

3. 管理方便，利于工厂化生产和自动化控制

植物组织培养是在一定的场所和环境下，人为提供一定的温度、光照、湿度、营养、激素等条件，既利于高度集约化和高密度工厂化生产，也利于自动化控制生产，是未来农业工厂化育苗的发展方向。与盆栽、田间栽培等相比，省去了种耕除草、浇水施肥、防治病虫害等一系列繁杂劳动，可大大节省人力、物力及田间种植所需要的土地。

二、培养基的成分和作用

在完善的培养基配方中至少应包括以下几部分：①无机营养元素，如氮、磷、钾、钙、镁、硫，以及来源于水中的氢、氧元素等，还应加入碳元素，上述元素被植物组织需要的量较多，称为大量元素。②微量元素，如硼、锰、锌、钼、铜、钴、氯等，上述元素被植物体需要的量较少，称为微量元素。植物组织还不可缺乏微量元素铁，由于铁在配制中容易引起沉淀，因而单独与一种螯合剂相配合制成铁盐溶液。

植物组织在离体之后，难以依靠光合作用维持生存，其所需要的碳素是以各种糖（通常采用蔗糖）的形式提供于培养基中，糖是一种有机营养，不但起着碳源的作用，也是提供能量的来源。植物组织还需要一些维生素、氨基酸等，它们可统称为有机附加成分。为了调节控制植物组织的成长与分化、形态发生及其他生理过程，还经常使用植物激素。在做固体培养基时，通常加入琼脂，使培养基凝固。培养基制作中还应使用氢氧化钾（或氢氧化钠）及盐酸以调整 pH 值。

配制培养基有两种方法，一是购买培养基中所有化学药品，按照需要自行配制；二是购买市场上混合好的培养基基本成分粉剂，如 MS、B5 等。生产蝴蝶兰组培苗时多以 MS 培养基为主。

三、消毒灭菌

灭菌是组织培养重要的工作之一。植物组织培养对无菌条件的要求是非常严格的，甚至超过微生物的培养要求，这是因为培养基含有丰富的营养，稍不小心就会引起杂菌污染，必须根据不同的对象采取不同的切实有效的方法灭菌，才能保证培养时不受杂菌的影响，使试管苗能正常生长。

常用的灭菌方法分为物理和化学两类，物理方法如干热（烘烧和灼烧）、湿热（常压或高压蒸煮）、射线处理（紫外线、超声波、微波）、过滤、清洗和大量无菌水冲洗等措施。化学方法是使用升汞、甲醛、过氧化氢、高锰酸钾、来苏水、漂白粉、次氯酸钠、抗菌素、酒精等化学药品处理。这些方法和药剂要根据工作中的不同材料及不同目的适当选用。

生产上对培养基和接种工具等多采用物理方法中的高压灭菌方法（见图 4—5—2）灭菌，对外植体则采用化学方法灭菌。

图 4—5—2　高压灭菌锅

四、外植体的种类

外植体泛指第一次接种所用的植物组织、器官等一切材料，包括顶芽、茎段、叶片、花蕾、花药、种子、胚、胚乳、根尖、鳞茎、球根等。植物的任何器官在理论上都可以作为外植体进行培养，但不同器官培养成功的难易程度不同，细胞发生和发育方式也不同，因此，在培养时应根据培养目的来选择外植体。就无性繁殖来说，植物种类不同，其无性繁殖的能力不同，同一植物不同的组织和器官的再生能力也有很大差异。通常木本植物、较大的草本植物以茎段为外植体较适宜，能在培养基的帮助下萌发出侧芽，成为进一步繁殖的材料。一些草本植物比较容易繁殖，如本身短小、缺乏明显茎的植物可采用叶片、叶柄、花柄、花蕾、花瓣、花药等作为外植体，其中花蕾作为外植体效果较好。

在快速繁殖中，要选择最幼态的组织或器官，并且这些组织或器官能够尽快诱导形态发生，避免过长的愈伤组织阶段，这是实现快速繁殖的关键。器官培养是花卉快速繁殖的主要途径，应用最普遍的是茎尖培养。在根、茎、叶等器官离体培养时，除茎尖可继续生长外，其他器官通常是先分化，形成愈伤组织，愈伤组织再分化，进一步形成完整的再生植株。

五、接种技术

接种时由于有一个敞口过程，极易引起杂菌污染，所以接种室要进行严格的空间消毒，定期用 1%～3% 的高锰酸钾溶液对设备、墙壁、地板等进行擦洗。除使用紫外线灭菌外，还可在使用期间用 70% 的酒精或 3% 的来苏水喷雾，使空气中灰尘颗粒沉降。无菌操作步骤如下：

1. 接种 4 h 前用甲醛熏蒸接种室，并打开紫外线灯进行杀菌；
2. 接种前 20 min，打开超净台上的风机以及台上的紫外线灯；
3. 接种员洗净双手，在缓冲间换好专用实验服、拖鞋等；

4. 上工作台（见图 4—5—3）后用酒精棉球擦拭双手，特别是指甲处，然后擦拭工作台面；

图 4—5—3　超净工作台

5. 用酒精棉球擦拭接种工具，再将镊子和剪刀从头到尾过火一遍，反复过火尖端处，培养皿过火烤干（见图 4—5—4）；

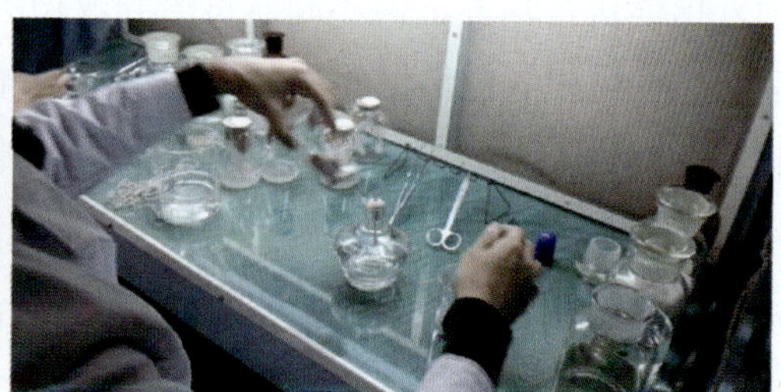

图 4—5—4　无菌接种室（接种）

6. 接种时，接种员双手不能离开工作台，不能随意走动、说话、咳嗽等；

7. 接种完毕要清理干净工作台，可用紫外线灯灭菌 30 min，若连续接种，每 5 天需大强度灭菌 1 次。

六、试管苗驯化移栽

组培苗是在无菌高湿环境下生长和发育的，表面没有蜡质层，既不保湿又不能防止杂菌的侵染。组培苗只有经过有效的驯化培养，才能适应自然环境而正常生长。不同的组培苗需采用不同的驯化方法。

移栽前可将组培苗不开口移到自然光照下炼苗 2～3 天，让其接受强光的照射，使其生长壮实，然后再开口炼苗 1～2 天，经受较低湿度的处理，以适应将来自然湿度的环境。

从试管中取出发根的小苗，用自来水将根部附着的培养基冲洗干净，以防残留的培养基滋生杂菌，动作要轻，避免造成伤根。移植时用一根筷子粗的竹签在基质中插一小孔，然后将小苗插入，注意幼苗较嫩，应防止弄伤。栽前基质要浇透水，栽后将苗周围基质压

实，轻浇薄水，再将苗移入高湿度的环境中，保证空气湿度达 90% 以上。

1. 保持小苗的水分供需平衡

在移栽后 5~7 天内应给予小苗较高的空气湿度条件，减少其叶面的水分蒸发，应尽量接近培养瓶的条件，让小苗始终保持挺拔状态。保持小苗水分供需平衡，首先营养钵的培养基质要浇透水，所放置的床面也要浇湿，然后搭设小拱棚，以减少水分的蒸发，初期要常进行喷雾处理，保持拱棚薄膜上有水珠出现。5~7 天后，发现小苗有生长趋势时可逐渐降低湿度，减少喷水次数，将拱棚两端打开通风，使小苗适应湿度较小的条件。约 15 天后揭去拱棚的薄膜，并给予水分控制，逐渐减少浇水，促进小苗长得粗壮。

2. 防止菌类滋生

由于试管苗原来的环境是无菌的，移出后环境无法保持完全无菌，因此应对基质进行高压灭菌或烘烤灭菌，尽量不使菌类大量滋生，以利小苗成活。可适当使用一定浓度的杀菌剂以有效保护幼苗，如多菌灵、甲基托布津 800~1 000 倍液，7~10 天喷药 1 次。移苗时尽量少伤苗，伤口过多、根损伤过多都是造成死苗的原因。喷水时可加入 0.1% 的尿素，或用 1/2 MS 大量元素的水溶液作追肥，可加快苗的生长与成活。

3. 提供一定的温光条件

试管苗移栽后要保持一定的温光条件，适宜的生根温度是 18~20℃，冬、春季地温较低时，可用电热线来加温。温度过低会使幼苗生长迟缓或不易成活，温度过高会使幼苗水分蒸发，水分平衡受到破坏，并会促使菌类滋生。

另外，在光照管理的初期可用较弱的光照，如在小拱棚上加盖遮阳网或报纸等，以防阳光灼伤小苗和增加水分的蒸发。当小植株有了新的生长时，逐渐加强光照，后期可直接利用自然光照，以促进光合产物的积累，增强植株抗性，促其成活。

4. 保持基质适当的通气性

选择适当的颗粒状基质，保证良好的通气。在管理过程中不要过多浇水，过量的水应迅速沥除，以利于植株根系呼吸。

任务实施

一、蝴蝶兰组培苗接种与培养

1. 蝴蝶兰选种

蝴蝶兰原生种花小而且不鲜艳（见图 4—5—5），因此作为商品栽培的蝴蝶兰多是人工杂交选育品种。经杂交选育出 500 多个品种，有白花系、红花系、黄

图 4—5—5　蝴蝶兰花朵

花系、斑点花系、条纹花系等，以开黄花品种的较为名贵，蓝花品种也很珍贵。

2. 培养基配制

蝴蝶兰组织培养的不同阶段，所用的培养基成分略有不同。

芽诱导培养所用培养基：MS+BA 2.0 mg/L+NAA 5.0 mg/L+3% 蔗糖。

继代培养所用培养基：MS+BA 5.0 mg/L+KT 1.0 mg/L+NAA 0.1 mg/L+ 活性炭 10 g/L。

根诱导培养所用培养基：1/2MS+BA 2.0 mg/L+NAA 0.2 mg/L+ 活性炭 5 g/L。

（1）母液配制　培养基中的许多营养元素含量甚微，如果每次配制培养基时都要称量各种元素，既烦琐又很难称量精确。因此，应先配制成高浓度的母液，然后再吸取一定量的母液配制成要求浓度的培养基。MS 培养基母液配制方法见表 4—5—1。

表 4—5—1　　MS 培养基母液的配制

成分		使用浓度（mg/L）	每升培养基取用量（mL）
大量元素母液（20×）	硝酸钾（KNO_3）	38 000	50
	硝酸铵（NH_4NO_3）	33 000	
	硫酸镁（$MgSO_4 \cdot H_2O$）	7 400	
	氯化钙（$CaCl_2H_2O$）	8 800	
	磷酸二氢钾（KH_2PO_4）	3 400	
微量元素母液（200×）	碘化钾（KI）	166	5
	硼酸（H_3BO_3）	1 240	
	硫酸锰（$MnSO_4 \cdot 4H_2O$）	4 460	
	硫酸锌（$ZnSO_4 \cdot 7H_2O$）	1 720	
	钼酸钠（$Na_2MoO_4 \cdot 2H_2O$）	50	
	硫酸铜（$CuSO_4 \cdot 5H_2O$）	5	
	氯化钴（$CoCl_2 \cdot 6H_2O$）	5	
铁盐母液（200×）	乙二胺四乙酸二钠（Na_2EDTA）	7 460	5
	硫酸亚铁（$FeSO_4 \cdot 7H_2O$）	550	
有机母液（200×）	肌醇	20 000	5
	甘氨酸	400	
	盐酸硫胺素	20	
	盐酸吡哆醇	100	
	烟酸	100	

配制母液时，不同的化合物分别称量、分别溶解，难溶物质应适当加热。完全溶解后倒入体积为 1 L 的容量瓶中，最后用蒸馏水定容、摇匀。配好的母液应澄清、无沉淀，放入冰箱内，在 1～4℃条件下保存。

（2）激素母液的配制

生长素的化合物应溶于酒精中，并加热助溶，或用 1 mol/L KOH（或 NaOH）助溶。配成 0.5 mg/mL 质量浓度的溶液，放在冰箱中备用。

细胞分裂素类化合物易溶于稀盐酸（0.5～1.0 mol/L）中，溶解后加蒸馏水定容，通常配成 0.5 mg/mL 的质量浓度，放于冰箱中备用。

赤霉素可先溶于少量酒精中，再加水定容，通常配成 0.5 mg/mL 质量浓度的母液放于冰箱中备用。

（3）培养基的配制

1）溶解琼脂。500 mL 蒸馏水中加琼脂 715 g，电炉上加热使琼脂充分溶化。

2）营养元素的称量。按照培养基的要求和母液的浓度计算出大量元素、微量元素、有机养分、铁盐、激素等母液的用量，分别用带刻度的移液管将上述母液依次加入容量为 1 L 的容量瓶中，称量蔗糖 20～40 g 加入琼脂溶液中，搅拌均匀，最后用蒸馏水定容到 1 L。

3）调整 pH 值。蝴蝶兰组织培养适宜的 pH 值为 5.5～5.8，用 1 mol 的 KOH 和 1 mol 的 HCl 调整 pH 值，调整后的 pH 值要高于目标值 0.5 个单位，因为在灭菌过程中培养基的 pH 值将有所降低。

4）分装。将配好的培养基趁热分装到培养瓶中（见图 4—5—6），不要把培养基粘到瓶口上以免染菌。培养基的浓度要根据培养时间长短和培养容器的容积来确定。按培养 35 天计，容器容积为 50 mL、100 mL、200 mL 时，分装培养基的量分别为 20 mL、30 mL、50 mL，分装后应盖紧瓶盖。

图 4—5—6　培养液分装图

3. 外植体的种类及选择

蝴蝶兰的茎尖、叶片、根尖、幼嫩花梗、花梗腋芽、花梗节间等外植体均可用于组织培养。但常用的外植体主要为花梗腋芽、花梗节间或试管小植株的叶片。

取已开花的蝴蝶兰花梗，其基部的几个节上都有潜伏的腋芽，经无菌消毒后，切取 2 cm 长的花梗切段，置于培养基中进行培养，可诱导出丛生营养芽。或将蝴蝶兰的幼嫩花梗（花芽抽出至 45 天）消毒后，将花梗节间斜切成 1～1.5 mm 厚的薄片进行诱导培养。

4. 消毒灭菌

（1）培养基灭菌　将分装好的培养基放入高压灭菌锅中灭菌（见图 4—5—7）。灭菌条件为压强 1.05 MPa，温度 121℃，达到要求压强后开始计时，具体时间因容器的体积而异，见表 4—5—2。

图 4—5—7　培养基灭菌

表 4—5—2　培养基的最少灭菌时间

容器的体积（mL）	在 121℃下最少灭菌时间（min）
20~25	15
75	20
200~500	25
1 000	30
1 500	35
2 000	40

（2）仪器和接种工具灭菌　玻璃仪器和金属器械可在干热条件下进行高温灭菌。最少需要在 160~180℃下进行 3 h 消毒。灭菌前必须彻底清洗，并用牛皮纸包好、扎紧。也可用高压灭菌，方法同培养基灭菌。

（3）外植体消毒　取已过盛花期带休眠芽的花梗作为外植体材料。从母株上切下花梗，剪下其带芽茎段，长 2~3 cm，用自来水清洗干净，在饱和漂白粉清液中浸泡 15 min，浸泡时不断搅动，浸泡后的茎段用流水冲洗干净，置于超净工作台上，先用 75% 的酒精消毒 30 s，无菌水清洗 1 次，再用 0.1% 升汞浸泡 10 min，经无菌水洗干净后进行诱导培养。

5. 接种

蝴蝶兰无菌接种（见图 4—5—8）步骤：

（1）将初步洗涤及切割的材料放入烧杯，置于超净工作台上，用消毒剂灭菌，再用无菌水冲洗，最后沥去水分，放置在灭过菌的纱布或滤纸上。

图 4—5—8 蝴蝶兰无菌接种

（2）材料吸干后，一手拿镊子、一手拿剪刀或解剖刀，对材料进行适当的切割，将茎切成含有 1 个节的小段。在接种过程中要经常灼烧消毒接种器械，防止交叉污染。

（3）用灼烧消毒过的器械将切割好的外植体插植或放置到培养基上。具体操作过程（以试管为例）为：先解开包口纸，手持试管保持水平状态，使试管口靠近酒精灯火焰，在火焰上方转动管口，将管口内外灼烧数秒钟。若用棉塞盖口，可先在管口外面灼烧，去掉棉塞，再烧管口里面。然后用镊子夹取一块切好的外植体送入试管内，轻轻插入培养基上。若是叶片直接附在培养基上，以放 1～3 块外植体为宜。材料放置时除茎尖、茎段要正放（尖端向上）外，其他尚无统一要求。接种完毕，将管口放在火焰上再灼烧数秒钟，并用棉塞塞好后包上包口纸，包口纸里面也要过火消毒。

6. 继代培养

诱导培养 40 多天后，将高约 1.5 cm 的不定芽单个切下，接种到已配备好的增殖培养基上。培养条件为每天光照 10 h，光照度 2 000 lx，温度 20～25℃。

二、蝴蝶兰组培苗移植与养护

蝴蝶兰在组织培养接种后需进行组织诱导，诱导出丛生芽后再诱导原球茎，然后再长成小苗，这一阶段的培养都是在培养瓶中进行的。当培养瓶中的小苗长大后不能简单地将苗木从瓶中取出种在栽培基质中，还需进行一系列组培苗的移植与养护过程（见图 4—5—9）。

图 4—5—9 蝴蝶兰组培苗到成品苗

1. 炼苗与出瓶苗管理

瓶苗移植前，将培养瓶放到栽培温室中炼苗 10 天左右，前面 1 周左右时间将瓶苗置于温室中，盖紧瓶盖，后面 3 天将瓶盖打开，在瓶中加入自来水，开一小口后放置在温室中，10 天后将苗小心地从瓶中取出（见图 4—5—10），用清水将培养基及琼脂洗干净，切勿弄伤根系，再用消毒液或高锰酸钾稀溶液（0.05%）浸泡 5 min，以提高移栽成活率。然后将苗取出分级晾干，双叶距大于 5 cm 的苗为特级苗，双叶距 3～5 cm 的苗为一级苗，双叶距 2～3 cm 的苗为二级苗。晾干后的小苗用水苔包裹根系，露出叶片和茎基。通常特级苗直接种植于 7 cm 盆中，盆底需垫 3～5 块塑料粒，以便透水，防止盆孔被水苔堵塞。二级苗种植于 128 孔的穴盘中。小于 2 cm 的苗可弃去或撒植于育苗盘中。

2. 小苗管理

出瓶小苗要有良好的水分保障，因小苗的抗旱能力较低，不耐长时间干燥。光照度最好控制在 5 000～8 000 lx，刚出瓶时需置于较弱的光线下，光照度为 5 000～6 000 lx，随着小苗不断适应和生长可逐步增加光照强度。小苗移栽的温度不得低于 20℃，最适温度为 23℃，并应保持良好的通风，相对湿度以 60%～80% 为佳。栽植后的 1 个月内由于根系尚未伸长，不得急于施肥，应于第 2 个月开始每隔 10 天施肥 1 次。小苗期所施的肥料中氮：磷：钾为 20：20：20。蝴蝶兰对盐类（主要是钠盐）敏感，要求肥料水 EC 值（可溶性盐浓度）在 0.6～0.8 之间。小苗开始施肥时使用的肥料浓度应较低，以后逐渐提高肥料浓度，但不宜超过最高 EC 值。

小苗栽植时必须用特级水苔，使用前浸泡 4 h 左右，并甩干至适当湿度（以用力捏才能捏出水为标准）。一般情况下，5 kg 的水苔可种植 6 cm 的小苗 4 000 株左右（见图 4—5—11）。

图 4—5—10　出瓶苗

图 4—5—11　蝴蝶兰 6 cm 苗

3. 中苗管理

蝴蝶兰小苗在盆中栽培 3.5～4.5 个月后，双叶距达 12 cm 左右，此时需进行第一次换盆。将苗从小盆中取出，用水苔包裹其根系，轻轻压入白色透明的 8 cm 塑料软盆中，盆底同样需垫塑料粒，以便于透水。换盆后喷施杀菌液（可用 1 500 倍多菌灵液），3 天内不可浇水，但需保持环境湿润。换盆后 10 天内喷 2 000 倍灭扫灵液，以杀死藏于水苔中的幼虫及蚊子的虫卵。换盆后每隔 7～10 天浇 1 次透水，并将肥料溶于水中一起浇施。肥料浓度宜低，氮：磷：钾为 20：20：20 或 30：10：20，并添加适量磷酸二氢钾和微量元素，以利根系生长和增强植株抗病力。基质的 EC 值为 1.0～1.2。光照可逐步增强至 12 000～15 000 lx，温度控制在 20～25℃，相对湿度为 70%～85%。

4. 大苗管理

当蝴蝶兰双叶距达 18 cm 以上时，需进行第二次换盆。方法同第一次换盆，将盆换成 12 cm 的塑料软盆（见图 4—5—12）。由于苗的进一步长大，需肥量也有所增加，可将肥料浓度增至 50 mg/L，肥料水的 EC 值为 1.2～1.5。在进行花期调节前的 2～3 个月，需将肥料改为磷、钾含量较高的肥料，并提高光照度到 15 000～20 000 lx。当双叶距达 20 cm 时可进行催花。蝴蝶兰催花所用肥料中氮：磷：钾为 9：45：15 或 10：30：20。蝴蝶兰不同生长期所需的光、温、肥不同，具体见表 4—5—3。

图 4—5—12　蝴蝶兰大苗

表 4—5—3　蝴蝶兰不同生长期所需光、温、肥比较

条件＼阶段		小苗（5 cm）	中苗（8 cm）	大苗（12 cm）	盆花		
					开始催花	花梗长 20 cm 后	开始开花
光照度（lx）		5 000～8 000	12 000～15 000	15 000～20 000	15 000～20 000		
最适温度（℃）	日温	26～28	26～28	26～28	25～28	26～28	26～28
	夜温	23～24	23～24	23～24	18～20	20～22	23～24
肥料	氮：磷：钾	20：20：20（1：1：1）	20：20：20（1：1：1）	20：20：20（1：1：1）	19：45：19	10：30：20（1：3：2）	20：20：20（1：1：1）
	EC 值	0.6～0.8	1.0～1.2	1.2～1.5	1.2～1.5		

每次施肥后隔天需马上测水苔的 EC 值，作为下次施肥的参考，EC 值高则下次降低施肥浓度，反之则提高。不同环境条件下，水苔干的速度不一样，应根据环境条件适当改变施肥的浓度和施肥间隔时间。必须待介质（水苔）干了再浇水、施肥，忌水苔一直保持潮湿，否则易烂根（黑头）、枯叶。若发现根尖有黄化现象或新根一碰到水苔表面就短缩

时，应立即了解原因，根据原因进行断水和淋洗处理。夏天应根据当地水质补充钙、镁、铁等微量元素。在换盆时必须将苗种在塑料软盆的中间，种偏易导致根系发育不良。换盆时尽量做到均匀一致，便于日后的栽培管理。表 4—5—3 中所列蝴蝶兰各生长时期的最适光照度为台湾地区数据，在具体生产中，可根据不同地区、不同季节的光能量高低适当改变光照度，如北京光能量较台湾低，故可将光照度适当调高，且应在其所需光照度下保持一定时间才能充分进行光合作用，否则易出现植株徒长。

5. 苗期常遇问题及解决方法

蝴蝶兰组培苗在苗期常遇问题及解决方法见表 4—5—4。

表 4—5—4　蝴蝶兰组培苗在苗期常遇问题及解决方法

症状	产生原因	解决方法
叶色泛黄，生长正常	光照过强	遮阴
叶色变黄，新芽较小	光照过强，缺少氮肥和必要的湿度	遮阴
老叶黄化脱落	正常老化或翻盆引起	重新上盆
老叶快速黄化脱落	浇水过多、过勤，翻盆栽种不当	暂停或减少浇水，重新上盆
新叶先端灼焦	施肥过量，栽植材料不清洁	减少肥量
新叶和老叶灼焦，尖呈黑色	盆内湿热过度，根系中有烂根	暂停或减少浇水
新芽出土后又停止生长	新芽旁有烂根或周围材料不清洁	翻开新芽周围材料，清除不清洁材料
叶片上有焦斑，周缘无黄色	烈日烧灼斑	遮阴
叶端出现浸烫缩头	浇水的水温过高，浇水时气温过高，夏日高温时淋到阵雨等	降温
新芽烂心	浇水灌入芽心后水分无法蒸散和吸收，盆内植材不清洁产生叶腐病等	减少浇水
叶片上有斑，周缘有水浸状	湿度过度，盆湿和空气湿度相夹产生窒息并伴有叶腐病菌，通风和通气不良	除湿，减少浇水
叶片上有黄褐斑	根部受热	降温
叶片上出现紫黑色，叶背面仍绿色	低温霜冻或缺磷肥	增施磷肥，防霜，增温
叶片脱水，假球茎皱缩	盆内长期过于干燥，植株脱水	浇水

6. 蝴蝶兰日常养护管理

（1）温度管理　蝴蝶兰栽培首先要保证温度。蝴蝶兰喜欢高温高湿的环境，生长期最低温度应保持在 10℃以上，最适生长温度为 18～30℃。秋冬和冬春之交以及冬季气温低时应注意增温，但要注意不要将花直接放在热源上或离热源过近。夏季温度偏高时需要降温，并注意通风，若温度高于 32℃，蝴蝶兰通常会进入半休眠状态，要避免持续高温。花芽分化温度需在 18℃以下，分化后温度提高到 20～25℃，此为诱发花茎生长的最佳温度。

（2）浇水　蝴蝶兰原产于原始森林中，雾气较多，湿度较高。蝴蝶兰没有粗大的假球茎储存养分，如空气中湿度不足，则叶面发皱且软弱无力。因此，蝴蝶兰宜在通风、高湿的环境中栽培养护，适宜生长的空气湿度为 60%～80%。蝴蝶兰新根生长旺盛期要多浇水，花后休眠期要少浇水。春、秋两季每天下午 5 点前后浇水 1 次，夏季植株生长旺盛，每天上午 9 点和下午 5 点各浇 1 次水，冬季光照弱、温度低，可隔周浇水 1 次，宜在上午 10 点前进行。如遇寒潮，不宜浇水，应保持干燥，待寒潮过后再恢复浇水。浇水的原则是“见干见湿”，当栽培基质表面变干时再浇 1 次透水，水温应与室温接近。当室内空气干燥时，可用喷雾器直接向叶面喷雾，见叶面潮湿即可，注意花期喷水不可将水雾喷到花朵上。自来水应储存 72 h 以上方可进行浇灌。

（3）光照　尽管蝴蝶兰较喜阴，但仍需要接受部分光照，尤其花期前后，适当的光照可促使蝴蝶兰开花，并使开出的花艳丽持久。一般应将蝴蝶兰放在室内有散射光处，勿让阳光直射。通常光照强度为太阳光的 40%，不同季节可根据阳光强弱进行遮光处理，夏季遮光 80%，秋季遮光 60%，冬季遮光 40%。

（4）通风　蝴蝶兰的正常生长需要流动的新鲜空气，要保持通风良好，尤其是在夏季高湿期，要以良好的通风来防暑，同时也能避免病虫害的感染。

（5）营养　蝴蝶兰要全年施肥，除非低温持续很久，否则不应停肥。冬天为蝴蝶兰的花芽分化期，停肥很容易导致无花或花少。春、夏季为蝴蝶兰生长期，可每隔 7～10 天施用 1 次稀薄液肥，宜用有机肥，也可施用蝴蝶兰专用营养液，但有花蕾时不可施肥，否则容易提早落蕾。夏天长叶后（即花期过后）可追施氮肥和钾肥。秋、冬季花茎生长期则可用磷肥，但要稀薄，约每隔 2～3 周施用 1 次。施肥的时间在下午浇水以后，施肥数次后，要用大量水冲洗兰盆及兰株，以免残留的无机盐危害植株根部。

（6）花后管理　蝴蝶兰花期一般在春节前后，观赏期可长达 2～3 个月。当花枯萎后，需尽早将凋谢的花剪去，以减少养分的消耗。如将花茎从基部数 4～5 节处剪去，2～3 个月后可再度开花，但这样植株养分消耗过大，不利于来年生长。如想来年再度开出好花，最好将花茎从基部剪下。当基质老化时，应适时更换，否则透气性会变差而引起植株根系腐烂，使其生长减弱甚至死亡。一般在新叶生长出的 5 月换盆为宜。

（7）常遇问题

1）浇水过频。因蝴蝶兰喜湿，因此栽培过程中如不管栽培介质是否干燥而频繁浇水，易造成严重烂根。一般来说，蝴蝶兰的根部忌积水，通常浇水后 56 h 盆内仍十分湿润，就会引起根腐病。浇水要根据栽培基质而定，一次浇水后需等植料及根稍干后再浇水，高

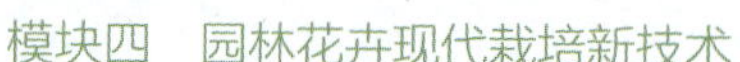

温生长旺盛期需水多，应多浇水，休眠期则少浇水。

2）花期温度过低。为延长花期，蝴蝶兰开花时未进行保温处理，而放于低温室内，造成冻伤。蝴蝶兰盛花期适当降低温度可延长花期，但不能低于10℃，否则植株会因持续低温而冻死。

3）施肥过量。不注意施肥时间、频率及浓度，会影响植株正常生长。蝴蝶兰宜施薄肥，应少量多次。

4）小株种大盆。为给蝴蝶兰生长提供宽松的环境而用大盆栽植，易导致水苔不干燥，造成植株根部通气性变差而出现烂根现象。栽培时应根据植物的大小选择适宜的花盆。

5）花朵干包。目前蝴蝶兰大多是催花生产出来的，离开基地以后，环境的改变很容易使蝴蝶兰花朵出现干包现象。这时不可多浇水，而应增加室内的湿度，并控制室内的温度，温度不宜过高。

思考与练习

1. 解释组织培养的定义及特点。
2. 简述组织培养的程序与流程。
3. 组织培养中培养基的成分有哪些?
4. 请在实验室配制 MS 培养基并进行高压灭菌。
5. 蝴蝶兰组织培养时如何对外植体、培养液及接种工具进行消毒?
6. 简述组培苗炼苗的方法步骤。
7. 简述蝴蝶兰组培苗在不同生长阶段的栽培养护技术要点。

参考文献

1. 王莲英，秦魁杰 . 花卉学（第 2 版）[M] . 中国林业出版社，2011.

2. 王立新 . 园林花卉栽培与养护 [M] . 中国劳动社会保障出版社，2012.

3. 傅玉兰 . 花卉学 [M] . 中国农业出版社，2012.

4. 刘燕 . 园林花卉学（第 2 版）[M] . 中国林业出版社，2009.

5. 吴志华 . 花卉生产技术 [M] . 中国林业出版社，2005.

6. 罗镪 . 园林植物栽培与养护 [M] . 重庆大学出版社，2012.

7. 陈俊愉 . 中国花卉品种分类学 [M] . 中国林业出版社，2001.

8. 张树宝 . 花卉生产技术（第 2 版）[M] . 重庆大学出版社，2010.

9. 龙雅宜 . 切花生产技术 [M] . 金盾出版社，1994.

10. 姬君兆，黄玲燕 . 花木栽培技术问答 [M] . 化学工业出版社，2000.

11. 薛聪贤 . 球根花卉 . 多肉植物 150 种 [M] . 河南科学技术出版社，2000.

12. 薛聪贤 . 图解栽培繁殖技术 [M] . 台湾普绿有限公司出版部，2000.

13. 薛聪贤 . 观叶植物 256 种 [M] . 广东科学技术出版社，2000.

14. Dr.D.G.Hessayon. 彩图花草种养大百科 [M] . 湖南科学技术出版社，1999.

15. 卢思聪，卢炜，朱崇胜等 . 室内观赏植物装饰养护欣赏 [M] . 中国林业出版社，2001.

16. 卢思聪 . 中国兰与洋兰 [M] . 金盾出版社，1994.

17. 吴应祥 . 中国兰花 [M] . 中国林业出版社，1991.

18. 谢维荪，徐民生 . 多浆花卉 [M] . 中国林业出版社，1999.

19. 秦魁杰，陈耀华 . 温室花卉 [M] . 中国林业出版社，1999.